高等职业教育土建专业系列教材

U0162995

BIM技术应用

主　编　吴美琼　廖俊文

副主编　陶　丹　曾　欢　张倩倩

　　　　谢清艳　刘澧源　周若云

参　编　唐善德　庞慧英　刘政权　刘荣超

南京大学出版社

内容简介

本书根据高等职业教育教学及改革的实际需求,以生产实际工作岗位所需的基础知识和实践技能为基础,更新了教学内容,融入课程思政元素和多媒体信息技术,适当扩展了知识面,突出实际性、实用性、实践性,根据现行"1+X"建筑信息模型(BIM)等级证书考核标准和 BIM 技能竞赛评审要点,针对"1+X"培训、考核和工程应用所涉及的基本知识、基本操作、实际应用编制而成,以提高学生的基本能力和素质为目标,按项目化任务结构组织教学内容,注重分析和解决问题的方法及思路的引导,注重理论与实践的紧密结合。

全书共十个项目,每个项目分成几个任务,每个知识点配有微课视频,对应课程建设有精品在线网络资源。每章后面附有拓展知识、技能训练、"1+X"真题,全书最后配有一套完整的项目实例。

本书既可作为高等职业院校、大中专及职工大学土建类相关专业的教材,也可作为相关技术人员继续教育技能提升的参考用书。

图书在版编目(CIP)数据

BIM 技术应用 / 吴美琼,廖俊文主编. —
南京:南京大学出版社,2021.6
　　ISBN 978-7-305-24826-9

　　Ⅰ. ①B… 　Ⅱ. ①吴…②廖… 　Ⅲ. ①建筑设计—计算
机辅助设计—应用软件 　Ⅳ. ①TU201.4

中国版本图书馆 CIP 数据核字(2021)第 156611 号

出版发行	南京大学出版社		
社　　址	南京市汉口路 22 号	邮　　编	210093
出版人	金鑫荣		

书　　名　BIM 技术应用
主　　编　吴美琼　廖俊文
责任编辑　朱彦霖　　　　　　　编辑热线　025-83597482
照　　排　南京开卷文化传媒有限公司
印　　刷　南京百花彩色印刷广告制作有限责任公司
开　　本　787×1092　1/16　印张 20.25　字数 554 千
版　　次　2021 年 6 月第 1 版　2021 年 6 月第 1 次印刷
ISBN 978-7-305-24826-9
定　　价　49.80 元

网　　址:http://www.njupco.com
官方微博:http://weibo.com/njupco
官方微信号:njutumu
销售咨询热线:(025)83594756

前　言

2014 年 7 月 1 日,住房和城乡建设部出台《关于推进建筑业发展和改革的若干意见》(以下简称《意见》),《意见》明确提出,积极推动以节能环保为特征的绿色建造技术的应用,推进建筑信息模型(Building Information Modeling,以下简称"BIM")等信息技术在工程设计、施工和运行维护全过程的应用,提高综合效益。2016 年 8 月 23 日,住房和城乡建设部印发《2016—2020 年建筑业信息化发展纲要》(以下简称《纲要》),《纲要》提出"十三五"时期,全面提高建筑业信息化水平,着力增强 BIM、大数据、智能化、移动通讯、云计算、物联网等信息技术集成应用能力。

2019 年 1 月,《国家职业教育改革实施方案》的颁布开启了职业教育改革的大幕,为新时代职业教育发展指明了道路。"1+X"证书制度是职业教育改革的重要手段,旨在鼓励学生获得学历证书的同时,积极取得多类职业技能等级证书。教育部等四部门联合印发的《关于在院校实施"学历证书+若干职业技能等级证书"制度试点方案》提出从 2019 年 4 月战略性新兴产业开始,面向国家现代农业、先进制造业、现代服务业等 20 个技能人才紧缺领域启动试点工作,建筑信息模型(BIM)等 5 个职业技能成为首批试点领域。

建筑行业发展面临信息化和工业化发展的机遇与挑战,在"新基建"背景下,建筑行业对人才有了信息化、产业化和综合化的新要求,本书基于"以学生为中心、项目导向"的理念编写,以 Autodesk Revit 2019 为操作平台,主要介绍 Revit 建筑(Architecture)及结构(Structure)建模功能。全书共十个项目,每个项目中有若干个任务,主要内容包括 BIM 概述与 Revit 基本操作、项目创建准备、标高与轴网的绘制、墙—柱、梁与基础的创建、门窗的创建、楼板与屋顶的创建、楼梯、栏杆扶手,洞口与坡道的创建、族与体量的创建、场地与漫游、BIM 成果分布等。本书以典型的实际工程案例"建材检测中心"为载体,以建筑、结构建模流程为线索,较为详细地介绍了 Revit 2019 的建模功能及其应用技巧。本书特点如下:

一、配套丰富的学习资源,满足读者线上学习的需求

为使读者更好地学习本书内容,本书附带大量学习资料,包括高清的教学视频、项目施工图纸、项目文件、族文件以及"1+X"建筑信息模型(BIM)等级证书真题等电子资料,均可通过扫描各章节的二维码下载使用。

二、以实际项目为导向,增强学习实用性

本书所有章节均基于"建材检测中心"这一实际项目案例来编写,实践性强,由浅入深,具有很强的实际应用价值及参考价值,能帮助读者较好地掌握知识的重难点。

三、图文并茂、通俗易懂,提高学习效率

本书配置大量的高清图片,图文并茂、操作步骤清晰明了,减少了因操作不明确带来的困扰,极大地提高了学习效率。

四、对接"1+X"证书,提高学习针对性

本书结合"1+X"建筑信息模型(BIM)证书的职业技能等级标准、考评大纲与专业教学标准衔接融通,有针对性地结合考试知识点来讲解,给参加"1+X"证书的读者提供了有价值的学习资料。

本书由广西水利电力职业技术学院吴美琼、湖南水利水电职业技术学院廖俊文担任主编,由广西水利电力职业技术学院陶丹、湖南工程职业技术学院曾欢、柳州城市职业学院张倩倩、湖南高速铁路职业技术学院谢清艳、湖南水利水电职业技术学院刘澧源、湖南水利水电职业技术学院周若云担任副主编,由广西水利电力职业技术学院唐善德、庞慧英、刘政权、刘荣超担任参编。最后由吴美琼负责统筹与审核。

本书配套有丰富的在线课程资源,广大读者可以扫描教材上的二维码观看相关微视频,也可以登录广西水利电力职业技术学院网络教学云平台(BIM 技术 https://www.xueyinonline.com/detail/216411712),选择《BIM 技术应用》课程进行学习。课程提供了大量的 BIM 微视频、并设置了"1+X 专栏",为读者考取"1+X"证书提供便利。与本书配套使用的《建材检测中心施工图》,广大读者可在《BIM 技术应用》课程的"资料"里下载使用。

本书既可作为高等职业技术院校、大中专及职工大学土建类各相关专业的教材,也可作为相关技术人员的参考用书。

本书在编写过程中参考了有关资料与著作,在此向有关作者表示衷心的感谢。由于编者水平有限,书中难免存在疏漏及不妥之处,恳请广大读者批评指正,我们期待得到您宝贵的意见和建议。

编者

2021 年 5 月

目　录

项目一

前世今生——BIM 概述与 Revit 基本操作

项目概述

BIM 是建筑信息模型（Building Information Modeling）的英文缩写，BIM 作为新兴的信息化技术，给建筑行业带来了全新的变革。从建筑的设计、施工、运行直至建筑全寿命周期的终结，各种信息始终整合于一个三维模型信息数据库中，设计团队、施工单位、设施运营部门和业主等各方人员可以基于 BIM 进行协同工作，有效提高工作效率、节省资源、降低成本，以实现可持续发展。

BIM 需要使用不同的软件来实现不同的应用，而 Revit 是 BIM 设计阶段用于建立模型的基础软件，是我国建筑业 BIM 体系中目前使用最广泛的软件之一。

学习目标

知识目标	能力目标	思政目标
了解 BIM	(1) 了解 BIM 的概念； (2) 了解 BIM 特点及发展状况； (3) 了解 BIM 的相关软件； (4) 了解 Revit Architecture 软件。	培养学生具有正确的世界观、价值观、人生观；增强学生的民族自豪感和文化自信；培养具有爱国主义情怀，具有坚定的社会主义信念，为中华民族伟大复兴而奋斗的时代新人。
熟悉 Revit Architecture 软件	(1) 能掌握 Revit Architecture 软件界面； (2) 能掌握 Revit Architecture 文件类型。	
掌握 Revit Architecture 软件基本操作步骤和方法	能运用 Revit Architecture 软件常用修改编辑工具。	

▶ 任务 1　BIM 概述 ◀

案例视频

任务信息

了解 BIM 的基本概念、主要特点以及国内外 BIM 发展现状。了解常用的

BIM 概述

BIM 软件、Revit 软件与 BIM 的关系。

1.1.1 BIM 的概念

BIM(Building Information Modeling)技术是一种应用于工程设计、建造、管理的数据化工具,通过对建筑的数据化、信息化模型进行整合,在项目策划、运行和维护的全生命周期过程中进行共享和传递,使工程技术人员对各种建筑信息作出正确理解和高效应对,为设计团队以及包括建筑、运营单位在内的各方建设主体提供协同工作的基础,在提高生产效率、节约成本和缩短工期方面发挥重要作用。

1. BIM 定义

在美国国家 BIM 标准中,BIM 被定义为:BIM 是一个设施(建设项目)物理和功能特性的数字表达;BIM 是一个共享的知识资源,为该设施从概念到拆除的全生命周期中的所有决策提供可靠依据;在项目不同的阶段,不同利益相关方通过在 BIM 中插入、提取、更新和修改信息,以支持和反映其各自职责的协同作业。

简单来说,BIM 技术是一项应用于项目从设计、施工、运营到拆除的全生命周期的数字化技术,BIM 技术以建筑工程项目的各项相关信息数据作为基础,通过数字信息仿真模拟建筑物所具有的真实信息,通过三维建筑模型,实现可视化设计、虚拟化施工、信息化管理、数字化加工等功能,通过与运维管理的结合以及信息数据的有效传递,最终实现 BIM 价值的最大化。

2. BIM 特点

基于 BIM 应用为载体的工程项目信息化管理,可以提升项目生产效率、提高建筑质量、缩短工期、降低建造成本。BIM 技术被一致认为有以下五方面的特点:

(1)可视化:即"所见即所得"。对于建筑行业来说,可视化在项目建设各个阶段的真正运用所起到的作用是非常大的,例如设计方提供的施工图,是各个建筑构件信息在图纸上的平面表达,而真正的构造形式需要由施工人员自行理解。近几年建筑形式呈多样性,复杂造型不断推出,光靠人脑去想象就比较困难了。BIM 提供了可视化的思路,让人们将以往的平面表达的构件换成一种三维的立体实物模型展示在人们的面前;BIM 提供的可视化是一种能够同构件之间形成互动性和反馈性的可视化,由于整个过程都是可视化的,所以可视化的结果不仅可以用于效果图展示以及报表的生成,更重要的是,项目设计、建造、运营过程中的沟通、讨论、决策都在可视化的状态下进行。

(2)协调性:该特点是建筑业中的重点内容,施工单位、业主及设计单位都做着协调及配合的工作。在设计时,往往由于各专业设计师之间的沟通不到位,出现各专业之间的碰撞问题,例如暖通等设备专业中的管道在进行布置时,正好在此处有结构设计的梁等构件阻碍管线的布置,这就是施工中常遇到的碰撞问题。BIM 可以在建筑物建造前对各专业的碰撞问题进行协调,解决冲突。

(3)模拟性:模拟性并不是只能模拟设计出的建筑物模型,还可以模拟不能够在真实世界中进行操作的事物。在设计阶段,BIM 可以对设计进行模拟实验,例如:节能模拟、紧急疏散模拟、日照模拟、热能传导模拟等；在招投标和施工阶段可以进行 4D(三维模型加项目的发展时间)模拟，也就是根据施工的组织设计模拟实际施工，从而确定合理的施工方案来指导施工；同时还可以进行 5D(基于 4D 模型加造价控制)模拟，从而实现成本控制；后期运营阶段可以模拟日常紧急情况的处理方式，例如地震人员逃生模拟及消防人员疏散模拟等。

(4) 优化性：工程项目的设计、施工、运营过程是一个不断优化的过程。优化受三种因素的制约：信息、复杂程度和时间。没有准确的信息，做不出合理的优化结果，BIM 模型提供了建筑物实际存在的信息，包括几何信息、物理信息、规则信息，还提供了建筑物变化以后的实际信息。复杂程度较高时，参与人员本身的能力无法掌握所有的信息，必须借助一定的科学技术和设备的帮助。现代建筑物的复杂程度大多超过参与人员本身的能力极限，BIM 及与其配套的各种优化工具提供了对复杂项目进行优化的可能。

(5) 可出图性：BIM 模型不仅能绘制常规的建筑设计图纸及构件加工的图纸，还能通过对建筑物进行可视化展示、协调、模拟、优化，出具各专业图纸及深化图纸，使工程表达更加详细。

3. BIM 在国内外的发展现状

扫码阅读 BIM 在国内外的发展现状。

拓展阅读　　　　自主学习

BIM 在国内外的
发展现状

BIM 的软件

*1.1.2　BIM 的软件(自主学习)

1.1.3　Revit 的概述

Revit Architecture 软件专为建筑信息模型(BIM)而构建，是 Autodesk 公司专为 BIM 技术应用而推出的专业产品。它可将所有建筑、工程和施工领域引入统一的建模环境，从而推动更高效、更具成本效益的项目。

使用 Revit Architecture 软件，有助于从概念设计、可视化、分析到制造和施工的整个项目生命周期中提高效率和准确性，因此受到建筑工程行业的普遍关注。Revit 软件主要有以下一些特点：

(1) 工程设计可视化：工程建设人员借助 Revit 软件，可以构建、查看、修改 BIM，从概念模型到施工文档的整个设计流程都在一个直观环境中完成，从而实现工程参与各方更好地沟通协作。

(2) 图纸模型一致性：在 Revit 模型中，所有的图纸、平面视图、三维视图等都是建立在同一个建筑信息模型的数据库中，图纸文档的生成和修改简单方便，因为图纸的生成是基于三维模型，模型和图纸之间有着紧密的关联性，所以模型修改后，所有图纸会自动修改，节省了大量的人力和时间。

(3) 构件建模参数化：Revit 软件提供墙、梁、板、柱等建筑构件进行建模，并在构件中存储相关的建筑信息。通过构件的组合，可以提供更高质量、更加精细的建筑设计，构建的 BIM 可以帮助捕捉和分析设计概念，保持从设计到建造的各个阶段的一致性。

(4) 数据统计实时性：Revit 支持实时设计可视化、快速估算成本和实时分析，可以帮助设计人员更好地进行决策。通过 Revit 可以获取更多、更及时的信息，从而更好地就工程设计、规模、进度和预算等做出决策。

作为建筑行业的新技术,BIM 技术的引入不仅是技术的沉淀,更是理念的创新。读者们不仅要了解 BIM 的基本概念与含义,了解常用的 BIM 软件、Revit 软件与 BIM 的关系,更需要运用现代信息技术进行自我学习,提高自我创新的能力,举一反三,融会贯通。

▶ 任务 2　Revit Architecture 2019 软件基础 ◀

本书将以 Revit Architecture 2019 版本为基础进行软件介绍。任务中将学习 Revit 软件的基础操作,包括开启和关闭软件、视图控制、图元选择,熟悉 Revit 软件的操作界面,了解 Revit 软件的文件类型,会使用修改编辑工具。

案例视频

Revit 操作界面

本书用 Revit 2019 软件完成软件介绍及模型的绘制。Revit 2019 软件推荐安装在 64 位 Windows 7 或 Windows 10 操作系统中,以提高软件的运行速度和数据的处理能力。

1.2.1　专业术语

1. 项目与项目样板

项目文件:是 BIM 模型存储文件,其后缀名为".rvt"。在 Revit Architecture 中,所有的设计模型、视图及信息都被存储在 Revit 项目文件中。项目文件包括设计所需要的建筑三维模型、平面图、立面图、剖面图及节点视图等。

样板文件:是建模的初始文件,其后缀名为".rte"。样板文件中含有一定的初始参数,如默认的度量单位、构建族类型、楼层数量的设置、层高信息等。用户可以自行定义样板文件并保存为新的".rte"文件。

2. 族与族样板

族文件:在 Revit Architecture 中,基本的图形单元被称为图元,例如,在项目中建立的墙、门、窗、文字等都被称为图元,所有这些图元都是使用"族"来创建的。其后缀名为".rfa","族"是 Revit Architecture 的设计基础。

族样板文件:是创建族的初始文件,其后缀名为".rft",在 Revit Architecture 中,族样板文件相当于项目样板文件,文件中包含一定的族、族参数及族类型等初始参数,创建不同类别的族要选择不同的族样板文件。

1.2.2　界面介绍

Revit Architecture界面包括应用程序按钮、快速访问工具栏、帮助与信息中心、选项卡、选项栏、上下文选项卡、工具面板、属性面板、项目浏览器、绘图区域、状态栏、视图控制栏、工作集状态等内容,如图1-2-1所示。下面将对界面中各功能区进行介绍。

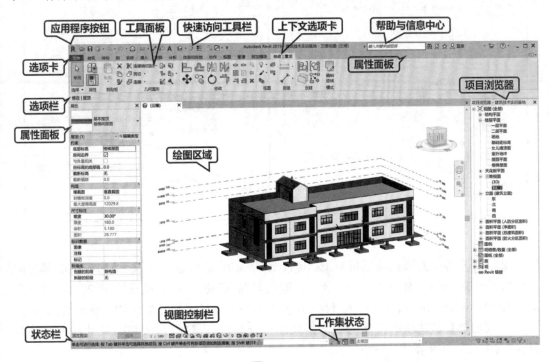

图1-2-1

1.应用程序按钮

单击软件左上角的【文件 ▐ 】按钮,打开应用程序菜单,应用程序菜单中包括对文件的"新建""打开""保存""另存为""导出""打印""关闭"等内容,用于新建、打开、保存、另存为、导出、打印、关闭文件。其中"导出"命令可以将Revit文件存储为其他格式的文件,如CAD格式、FBX格式、IFC格式等,用于其他软件中打开文件。应用程序菜单如图1-2-2所示。

在应用程序菜单中的【选项 选项 】按钮,可以根据个人习惯对Revit软件进行一些设置,包括文件自动保存的时间间隔、菜单的显示内容、界面的背景颜色、文件的存储位置等。

(1)【常规】:该选项可以对保存提醒间隔、日志文件清理、工作共享更新频率、默认视图

图1-2-2

规程等进行设置,如图 1-2-3 所示。

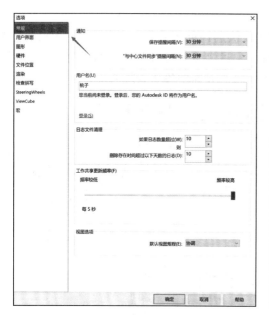

图 1-2-3

图 1-2-4

(2)【用户界面】:该选项里可对 Revit Architecture 是否显示建筑、结构或机电部分的工具选项卡进行选择,如图 1-2-4 所示。取消勾选"启动时启用'最近使用的文件'页面",退出 Revit Architecture 后再次进入,仅显示空白界面;若要显示最近使用文件,重新勾选即可。

(3)【图形】:该选项中常用的功能是修改背景颜色,也可以更改临时尺寸标注文字外观,如图 1-2-5 所示。

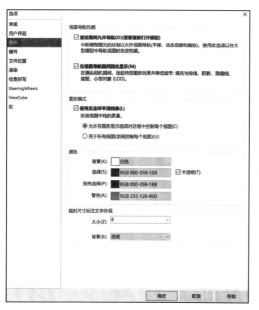

图 1-2-5

图 1-2-6

（4）【文件位置】：该选项中会显示最近使用过的项目样板文件，也可以单击【+按钮】增加新的样板。同时，也可以设置默认的用户文件、族样板文件默认路径及点云根路径，如图1-2-6所示。

2. 帮助与信息中心

Revit Architecture提供了非常完整的帮助文件系统，方便用户在遇到问题时使用和查阅。可以单击【帮助与信息中心】中的【Help】按钮或键盘的【F1】键，打开帮助文件查阅。

3. 选项卡

用鼠标单击【选项卡】，可以在各个选项卡中进行切换，包括"建筑""结构""钢""系统""插入""注释""分析""体量和场地""协作""视图""管理""附加模块""修改"。每个选项卡中都包括一个或多个由各种工具组成的面板，每个面板都会在下方显示该面板的名称，如图1-2-7所示。

图1-2-7

常用到的选项卡包括：

（1）【建筑】选项卡：创建建筑专业模型所需的大部分工具，如构建墙、楼板、屋顶、楼梯、坡道等工具，如图1-2-8所示。

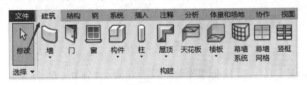

图1-2-8

（2）【结构】选项卡：创建结构专业模型所需的大部分工具，如基础、钢筋等工具，如图1-2-9所示。

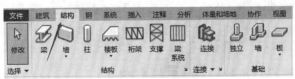

图1-2-9

（3）【钢】选项卡：创建钢结构专业模型所需的大部分工具，如螺栓、焊缝等工具，如图1-2-10所示。

图1-2-10

（4）【系统】选项卡：创建设备专业模型所需的大部分工具，如风管、软管等工具，如图 1-2-11 所示。

图 1-2-11

（5）【插入】选项卡：用于添加和管理外部文件，比如导入 CAD、Revit 文件、载入族等，如图 1-2-12 所示。

图 1-2-12

（6）【注释】选项卡：添加二维信息，比如尺寸标注、文字、标记、线条、详图等，如图 1-2-13 所示。

图 1-2-13

（7）【分析】选项卡：用于和其他软件配合进行楼宇分析，如分析模型的荷载和边界条件、能量分析等，如图 1-2-14 所示。

图 1-2-14

（8）【体量与场地】选项卡：用于建模和修改概念体量族和场地图元的工具，如创建概念体量、场地等，如图 1-2-15 所示。

图 1-2-15

(9)【协作】选项卡：用于项目团队成员协作的工具，如管理协作、同步等，如图 1-2-16 所示。

图 1-2-16

(10)【视图】选项卡：用于管理和修改当前视图、切换视图，并创建明细表、图纸、相机、漫游的工具，如图 1-2-17 所示。

图 1-2-17

(11)【管理】选项卡：用于对项目和系统的参数设置与管理，如图 1-2-18 所示。

图 1-2-18

(12)【附加模块】选项卡：基于 Revit 的各种插件及应用，如图 1-2-19 所示。

图 1-2-19

(13)【修改】选项卡：用于编辑修改和管理现有的图元、数据等，如图 1-2-20 所示。

图 1-2-20

【提示】鼠标停留在任意工具栏的图标上，Revit Architecture 会弹出该工具的名称及相关的操作说明，鼠标继续停留在该工具处，对于复杂的工具，还有动画演示进行说明，方便用户更直观地理解该工具的操作。

4. 上下文选项卡

当激活某些工具或选中图元的时候，该选项卡中将显示相关的编辑、修改工具。如选择【墙】时，将会自动激活【修改｜放置　墙】，如图 1 - 2 - 21 所示，表示此时可以对墙进行进一步编辑和修改。当取消选择时，【上下文选项卡】关闭。

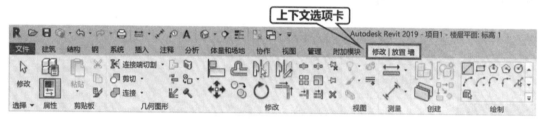

图 1 - 2 - 21

5. 选项栏

选项栏位于面板的下面，在选中图元时，选项栏会出现提示所选中或编辑的对象，并对当前选中的对象提供选项进行编辑，如图 1 - 2 - 22 所示。

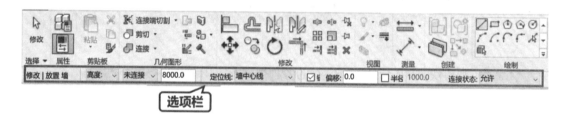

图 1 - 2 - 22

6. 属性面板

【属性】面板是常用工具，主要有"实例属性"和"类型属性"两类，绘图要保持开启状态，以方便随时查看绘制构件的相关属性。

【实例属性】指的是单个图元的属性。以墙体为例，选中一个墙体图元，【属性】栏显示的均为这个墙体的实例属性，如图 1 - 2 - 23 所示。如果我们更改其参数，只有该墙体产生变化，其余墙体不会变化。如选择某已绘制的墙体，在属性面板中就会显示该墙体的约束、结构、尺寸标注等信息，若修改"底部偏移"为"－600"，则该墙体的底部标高会向下移动 600 mm。

【类型属性】指的是一类图元的属性。点击【编辑类型】，在弹出【类型属性】对话框中修改任意信息，如图 1 - 2 - 24 所示，则该类型的墙体的信息均被修改。类型参数是调整这一类构件的参数。例如，更改【类型属性】中的"结构材质"，则其余该墙体都跟着调整。

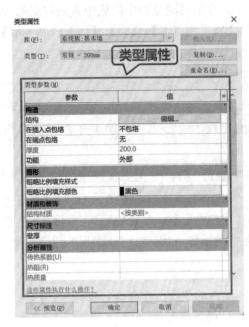

图 1-2-23　　　　　　　　　　　　图 1-2-24

【提示】【属性】面板顶部可以移动并放置在绘图窗口的各个侧面,也可以浮动于窗口之上。单击右上角关闭按钮 ✕ 可以关闭【属性】面板。点击【视图】选项卡→【用户界面】,勾选【属性】选项可以再次显示【属性】面板,或者点击【修改】选项卡的【属性】,又或者将鼠标放至绘图区域,右键单击鼠标,在出现的对话框中选择【属性】即可。

7.项目浏览器

【项目浏览器】是常用工具,绘图时保持开启状态,其包括当前项目所有信息,即所有视图、明细表、图纸、族、组、链接的Revit 模型等项目资源。【项目浏览器】结构呈树状,各层级点击 ⊞ 或 ⊟ 即可展开和折叠,如图 1-2-25 所示。下面将逐一介绍项目浏览器的功能。

(1)切换不同视图。项目浏览器中包含项目的全部视图,如楼层平面、三维视图、立面等。鼠标双击不同的视图名称,可以在不同的视图之间进行切换。

(2)可以自定义视图或图纸明细表等的显示方式。点击【视图】选项卡→【窗口】面板→【用户界面】工具→【浏览器组织】,读者可以根据自己的需要建立一个新的样式的项目浏览器。

(3)搜索功能。鼠标右键单击【项目浏览器】中的【视图

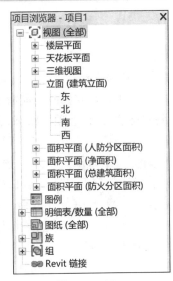

图 1-2-25

（全部）→【搜索】,在弹出对话框中输入要搜索的内容,可快速、准确地找到要搜索的内容。

（4）新建和删除。在 Revit Architecture 中用户可以根据项目需要新建明细表或图纸。鼠标右键单击【项目浏览器】中的【明细表/数量】可新建明细表。项目中所有新建的族类型都可以在项目浏览器中的族中找到并删除,例如,删除"常规－200 mm"墙体这一族类型,可以在【项目浏览器】→【族】→【墙】→【基本墙】下找到"常规－200 mm",右键选中即可删除。

> 【提示】每次切换不同视图,都会在新的窗口新建对应的视图,如果切换视图的次数很多,过多的视图窗口可能会占用计算机较多内存。在操作时应及时关闭不需要的窗口,可按下述方法关闭不活动的视图窗口。点击【视图】选项卡→【窗口】面板→【关闭隐藏对象】工具,可以一次性关闭所有隐藏对象,仅保留当前活动视图。

> 【提示】【项目浏览器】面板顶部可以移动并放置在绘图窗口的各个侧面,也可以浮动于窗口之上。单击右上角关闭按钮【×】可以关闭【项目浏览器】面板。在【视图】选项卡的【用户界面】中,勾选【项目浏览器】选项可以再次显示【项目浏览器】面板,或者将鼠标放至绘图区域,右键鼠标,在出现的对话框中选择【项目浏览器】即可。

8. 绘图区域

绘图的主要工作界面,显示项目浏览器中所涉及的视图、图纸、明细表等相关具体内容。

9. 视图控制栏

主要功能为控制当前视图显示样式,包括视图比例、详细程度、视觉样式、日光路径、阴影控制等工具,如图 1－2－26 所示。

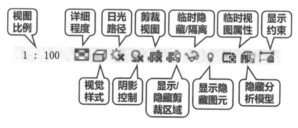

图 1－2－26

10. 状态栏

用于显示和修改当前命令操作或功能所处状态。状态栏主要包括当前操作状态、工作集状态栏、设计选项栏状态、选择基线图元等。

11. View Cube

图 1－2－27

该工具默认位于三维视图中的右上角,如图1－2－27所示,该工具可方便地将三维视图定位至各轴测图、顶部视图、前视图等常用的三维视点。View Cube 立方体的各顶点、边、面（上、下、前、后、左、右）和指南针（东、南、西、北）的指示方向,代表三维视图中的不同视点方向,单击立方体的各个部位,可使项目的三维视图在各方向视图中切换。

【小技巧】在三维视图下同时按键盘的 Shift 键及鼠标滚轮可以进行不同方向视图的切换。

1.2.3 常用修改编辑工具

在【修改】选项卡的【修改】面板中提供了常用的修改编辑工具,包括移动、复制、旋转、阵列、镜像、对齐、拆分、删除等命令,如图 1-2-28 所示。

图 1-2-28

1. 删除

删除是去掉不需要的图元的操作。该操作是图元编辑命令中使用频率较多。

单击选择某图元后,在激活展开的相应选项卡中单击【删除☒】按钮,然后在平面视图上捕捉需要删除的图元上的一点,接着按下回车键,即可完成删除的操作。

2. 移动

移动是图元的重定位操作,是对图元对象位置的改变,而方向和大小不变。该操作是图元编辑命令中使用最多的操作之一。

(1) 单击拖拽

启用状态栏中的【选择时拖拽图元】功能,然后在平面视图上单击选择相应的图元,并按住鼠标左键不放,此时拖动光标即可移动该图元。

(2) 箭头方向键

单击选择某图元后,用户可以通过单击键盘的方向箭头来移动该图元。

(3) 移动工具

单击选择某图元后,在激活展开的相应选项卡中单击【移动❖】按钮,然后在平面视图中选择一点作为移动的起点,并输入相应的距离参数,或者指定移动终点,即可完成该图元的移动操作。

3. 对齐

单击选择某图元后,在激活展开的相应选项卡中单击【对齐 ┗】按钮,系统将展开【对齐】选项栏。在该选项栏的【首选】列表框中,用户可以选择相应的对齐参照方式,如图 1-2-29 所示。

图 1-2-29

4. 复制

复制主要用于绘制两个或两个以上的重复性图元,且各重复图元的相对位置不存在一定的规律性。复制操作可以省去重复绘制相同图元的步骤,大大提高了绘图效率。

单击选择某图元后,在激活展开的相应选项卡中单击【复制 ▧】按钮,然后在平面视图上单击捕捉一点作为参考点,并移动光标至目标点,或者输入指定距离参数,即可完成该图元的复制操作。

5. 镜像

该工具常用于绘制结构规则,且具有对称性特点的图元。绘制这类对称图元时,只需绘制对象的一半或几分之一,然后将图元对象的其他部分对称复制即可。在 Revit Architecture 中,用户可以通过以下两种方式镜像生成相应的图元对象,具体操作如下所述:

(1) 镜像—拾取轴

单击选择要镜像的某图元后,在激活展开的相应选项卡中单击【镜像—拾取轴 ⿰】按钮,然后在平面视图中选取相应的轴线作为镜像轴即可,如图 1-2-30 所示。

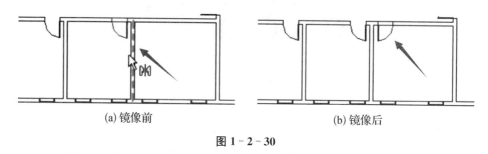

(a) 镜像前　　　　　　　　　　(b) 镜像后

图 1-2-30

(2) 镜像—绘制轴

单击选择要镜像的某图元后,在激活展开的相应选项卡中单击【镜像—绘制轴 ⿰】按钮,然后在平面视图中的相应位置依次单击捕捉两点绘制一轴线作为镜面轴即可,如图 1-2-31 所示。

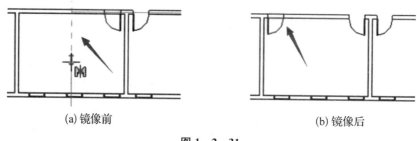

(a) 镜像前　　　　　　　　　　(b) 镜像后

图 1-2-31

6. 阵列

利用该工具可以按照线性或镜像的方式,以定义的距离或角度复制出源对象的多个对象副本。在 Revit Architecture 中,利用该工具可以大量减少重复性图元的绘图步骤,提高绘图效率和准确性。

单击选择要阵列的图元后,在激活展开的相应选项卡中单击【阵列 ⊞】按钮,系统将展开【阵列】选项栏。此时,用户即可通过以下两种方式进行相应的阵列操作:

(1) 线性阵列

线性阵列是以控制项目数,以及项目图元之间的距离,或添加倾斜角度的方式,使选取的阵列对象成线性的方式进行阵列复制,从而创建出原对象的多个副本对象。

在展开的【阵列】选项栏中单击【线性 ⿳】按钮,并启用【成组并关联】和【约束】复选框。

然后设置相应的项目数,并在【移动到】选项组中选择【第二个】单选按钮。此时,在平面视图中依次单击捕捉阵列的起点和终点,或者在指定阵列起点后直接输入阵列参数,即可完成线性阵列操作,如图 1 - 2 - 32 所示。

图 1 - 2 - 32

（2）镜像阵列

镜像阵列能够以任一点为阵列中心点,将阵列源对象按圆周或扇形的方向,以指定的阵列填充角度,项目数目或项目之间夹角为阵列值进行源图形的阵列复制。该阵列方法经常用于绘制具有圆周均布特征的图元。

在展开的【阵列】选项栏中单击【半径】按钮,并启用【成组并关联】复选框。此时,在平面视图中拖动旋转中心符号到指定位置确定阵列中心。然后设置阵列项目数,在【移动到】选项组中选择【最后一个】单选按钮,并设置阵列角度参数。接着按下回车键,即可完成阵列图元的镜像阵列操作,如图 1 - 2 - 33 所示。

| 修改 \| 墙 | ㎜ | 🔄 | ☑ 成组并关联 | 项目数:3 | 移动到:○ 第二' ◉ 最后一' | 角度:360 | 旋转中心:地点 | 默认 |

图 1 - 2 - 33

7. 偏移

偏移是利用该工具可以创建出与原对象成一定距离,且形状相同或相似的新图元对象。对于直线来说,可以绘制出与其平行的多个相同副本对象;对于圆、椭圆、矩形以及由多段线围成的图元来说,可以绘制出成一定偏移距离的同心圆或近似图形。在 Revit 中,用户可以通过以下两种方式偏移相应的图元对象,各方式的具体操作如下所述:

（1）数值方式

该方式是指先设置偏移距离,然后再选取要偏移的图元对象。在【修改】选项卡中单击【偏移】按钮,然后在打开的选项栏中选择【数值方式】单选按钮,设置偏移的距离参数。此时,移动光标到要偏移的图元对象两侧,系统将在要偏移的方向上预显一条偏移的虚线。确认相应的方向后单击,即可完成偏移操作,如图 1 - 2 - 34 所示。

| ○ 图形方式 ◉ 数值方式 | 偏移:1000.0 | □ 复制 |

图 1 - 2 - 34

| ◉ 图形方式 ○ 数值方式 | 偏移:1000.0 | □ 复制 |

图 1 - 2 - 35

（2）图形方式

该方式是指先选择偏移的图元和起点,然后再捕捉终点或输入偏移距离进行偏移。在【修改】选项卡中单击【偏移】按钮,然后在打开的选项栏中选择【图形方式】单选按钮。此时,在平面视图中选择要偏移的图元对象,并指定一点作为偏移起点。接着移动光标捕捉目标点,或者直接输入距离参数即可,如图 1 - 2 - 35 所示。

8. 旋转

旋转是重定位操作,是对图元对象的方向进行调整,而位置和大小不改变。该操作可以将对象绕指定点旋转任意角度。

选择平面视图中要旋转的图元后,在激活展开的相应选项卡中单击【旋转 ⟳】按钮,此时在所选图元外围将出现一个虚线矩形框,且中心位置显示一个旋转中心符号。用户可以通过移动光标依次指定旋转的起始和终止位置来旋转该图元,

9. 拆分

利用拆分工具可以将图元分割为两个单独的部分,也可以删除两个点之间的线段,还可以在两面墙之间创建定义的间隙。

(1) 拆分图元

在【修改】选项卡中单击【拆分图元 ⬓】按钮,并不启用选项栏中的【删除内部线段】复选框,然后在平面视图中的相应图元上单击即可将其拆分为两部分,如图 1-2-36 所示。

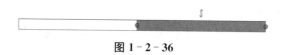

图 1-2-36

若启用【删除内部线段】复选框,在平面视图中要拆分去除的位置依次单击选择两点即可。

(2) 用间隙拆分

在【修改】选项卡中单击【用间隙拆分 ⊡】按钮,并在选项栏中的连接间隙文本框中设置相应的参数,然后在平面视图中的相应图元上单击选择拆分位置,即可以为设置的间隙距离创建一个缺口,如图 1-2-37 所示。

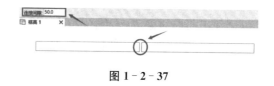

图 1-2-37

10. 修剪/延伸

修剪/延伸工具的共同点都是以视图中现有的图元对象为参照,以两图元对象间的交点为切割点或延伸点,对于其相交或成一定角度的对象进行去除或延长操作。

在 Revit Architecture 中,用户可以通过以下三种工具修剪或延伸相应的图元对象,各工具的具体操作如下所述:

(1) 修剪/延伸为角部

在【修改】选项卡中单击【修剪/延伸为角部 ⬔】按钮,然后在平面视图中依次单击选择要延伸的图元即可,如图 1-2-38 所示。此外,在利用该工具修剪图元时,用户可以通过系统提供的预览效果确定修剪方向。

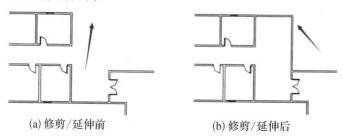

(a) 修剪/延伸前　　　　　　　　　(b) 修剪/延伸后

图 1-2-38

（2）修剪/延伸单个图元

利用该工具可以通过选择相应的边界修剪或延伸多个图元。在【修改】选项卡中单击【修剪/延伸单个图元 ⬚】按钮，然后在平面视图中依次单击选择修剪边界和要修剪的图元即可，如图 1-2-39 所示。

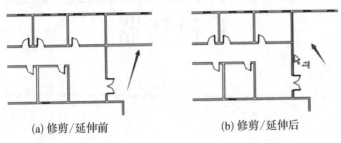

(a) 修剪/延伸前　　　　　　　(b) 修剪/延伸后

图 1-2-39

（3）修剪/延伸多个图元

利用该工具可以通过选择相应的边界修剪或延伸多个图元。在【修改】选项卡中单击【修剪/延伸多个图元 ⬚】按钮，然后在平面视图中选择相应的边界图元，并依次单击选择要修剪和延伸的图元即可，如图 1-2-40 所示。

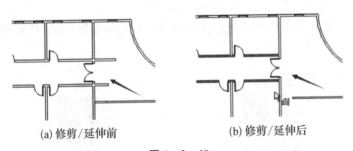

(a) 修剪/延伸前　　　　　　　(b) 修剪/延伸后

图 1-2-40

任务小结

本任务主要学习和掌握了 Revit 软件的操作界面及基础操作，了解 Revit 软件的文件类型，并熟练掌握常用的修改编辑工具。

项目二

工利其器——项目创建准备

📊 项目概述

项目一讲解了 Revit 的基础知识、常用术语、软件界面介绍及基本的操作等内容,从本项目开始,将以建材检测中心项目为例,按照建筑师常用的设计流程,从绘制标高和轴网开始,到模型导出和出图打印结束,详细讲解项目设计的全过程,以便让初学者用最短的时间掌握用 Revit 2019 完成项目建筑与结构建模的方法。

本项目主要讲解项目创建的准备工作,包括熟悉项目、建模依据、创建项目等内容,为后续项目建模打好基础、定好标准。

案例图纸

"建材检测中心"施工图纸

案例模型

"建材检测中心"项目模型

📊 学习目标

知识目标	能力目标	思政目标
(1) 了解项目基本情况; (2) 掌握项目信息填写。	能快速了解项目基本情况,并根据项目情况设定"项目信息"。	培养学生细致、严谨的态度。
(1) 熟悉项目样板的类型及特点; (2) 掌握项目创建及命名的方法。	能够根据项目类型选择正确的项目样板并创建项目。	培养学生标准意识。

任务1　熟悉项目

在用 Revit 建模之前,应先熟悉项目任务,判断该项目是直接用 Revit 进行建筑和结构设计,还是根据现有的图纸进行三维建模。直接进行设计对建筑师要求较高,要从以前的二维设计模式转变成三维直接设计出图。根据现有的二维图纸进行三维建模,实际上比直接三维建模多了两个步骤,从三维到二维再到三维。目前对大多数建模师来说,主要任务是把二维的图纸建成三维的模型。下面主要讲解把二维图纸建成三维模型的方法。

案例视频

熟悉项目

2.1.1　工程概况

工程概况可以帮助我们直接了解项目信息,有些材质和做法都会在工程概况里进行说明,所以,了解和掌握工程概况对于项目的信息录入和建模非常重要。

本工程项目位于××市××学院,为该学院建材检测中心。建筑工程等级为三类建筑,结构设计使用年限为 50 年,工程设计耐火等级为二级,屋面防水等级为二级,地上 2 层,建筑高度 7.80 m,占地面积 495.10 m²,建筑面积 1 014.70 m²。

其他信息详见图纸《建筑设计总说明》。

2.1.2　建模说明

本工程建模内容为建筑和结构的三维模型,包括基础、梁、柱、墙体、门窗、屋顶、楼板、楼梯、幕墙、栏杆扶手、坡道、场地与建筑、注释、明细表、漫游、图纸和模型导出,不涉及 MEP。

任务2　建模依据

三维建模主要有以下几个依据:
(1)建设单位或设计单位提供的通过审查的有效图纸等数据;
(2)有关建模专业和建模精度的要求;
(3)国家规范和标准图集;
(4)现场实际材料、设备采购情况;
(5)设计变更的数据;
(6)其他特定要求。

《建筑信息模型设计交付标准》(GB/T 51301—2018)将建筑工程信息模型精细度分为五个等级(LOD100、LOD200、LOD300、LOD400、LOD500),并对每一个等级的精细度做了具体的规定,如常见的 LOD300 模型建模精度,并应符合表 2-1 的规定。

表 2-1 LOD300 模型精细度的建模精度

需要录入的对象信息	精细度要求
现状场地	(1) 等高距应为 1 m。 (2) 若项目周边现状场地中有铁路、地铁、变电站、水处理厂等基础设施,宜采用简单几何形体表达,但应输入设施使用性质、性能、污染等级、噪声等级等对项目设计产生影响的非几何信息。 (3) 除非可视化需要,场地及其周边的水体、绿地等景观可以二维区域表达。
设计场地	(1) 等高距应为 1 m。 (2) 应在剖切视图中观察到与现状场地的填挖关系。 (3) 项目设计的水体、绿化等景观设施应建模,建模几何精度应为 300 mm。
道路及市政	(1) 建模道路及路缘石。 (2) 建模必要的市政工程管线,建模几何精度应为 100 mm。
墙体	(1) 在"类型"属性中区分外墙和内墙。 (2) 墙体核心层和其他构造层可按独立墙体类型分别建模。 (3) 外墙定位基线应与墙体核心层外表面重合,无核心层的外墙体,定位基线应与墙体内表面重合,有保温层的外墙体定位基线应与保温层外表面重合。 (4) 内墙定位基线应与墙体核心层中心线重合,无核心层的外墙体,定位基线应与墙体内表面重合。 (5) 在属性中区分"承重墙""非承重墙""剪力墙"等功能,承重墙和剪力墙应归类于结构构件。 (6) 属性信息应区分剪力墙、框架填充墙、管道井壁等。 (7) 如外墙跨越多个自然层,墙体核心层应分层建模,饰面层可跨层建模。 (8) 除剪力墙外,内墙不应穿越楼板建模,核心层应与接触的楼板、柱等构件的核心层相衔接,饰面层应与接触的楼板、柱等构件的饰面层对应衔接。 (9) 应输入墙体各构造层的信息,构造层厚度不小于 3 mm 时,应按照实际厚度建模。 (10) 应输入必要的非几何信息,如防火、隔声性能、面层材质做法等。
幕墙系统	(1) 幕墙系统应按照最大轮廓建模为单一幕墙,不应在标高、房间分隔等处断开。 (2) 幕墙系统嵌板分隔应符合设计意图。 (3) 内嵌的门窗应明确表示,并输入相应的非几何信息。 (4) 幕墙竖梃和横撑断面建模几何精度应为 5 mm。 (5) 应输入必要的非几何属性信息,如各构造层、规格、材质、物理性能参数等。
楼板	(1) 应输入楼板各构造层的信息,构造层厚度不小于 5 mm 时,应按照实际厚度建模。 (2) 楼板的核心层和其他构造层可按独立楼板类型分别建模。 (3) 主要的无坡度楼板建筑完成面应与标高线重合。 (4) 应输入必要的非几何属性信息,如特定区域的防水、防火等性能。

续表

需要录入的对象信息	精细度要求
屋面	(1) 应输入屋面各构造层的信息,构造层厚度不小于 3 mm 时,应按照实际厚度建模。 (2) 楼板的核心层和其他构造层可按独立楼板类型分别建模。 (3) 平屋面建模应考虑屋面坡度。 (4) 坡屋面与异形屋面应按设计形状和坡度建模,主要结构支座顶标高与屋面标高线宜重合。 (5) 应输入必要的非几何属性信息,如防水、保温性能等。
地面	(1) 地面可用楼板或通用形体建模替代,但应在"类型"属性中注明"地面"。 (2) 地面完成面与地面标高线宜重合。 (3) 应输入必要的非几何属性信息,如特定区域的防水、防火性能等。
门窗	(1) 门窗建模几何精度应为 5 mm。 (2) 门窗可使用精细度较高的模型。 (3) 应输入外门、外窗、内门、内窗、天窗、各级防火门、各级防火窗、百叶门窗等非几何信息。
柱子	(1) 非承重柱应归类于"建筑柱",承重柱子应归类于"结构柱",应在"类型"属性中注明。 (2) 柱子宜按照施工工法分层建模。 (3) 柱子截面应为柱子外廓尺寸,建模几何精度宜为 10 mm。 (4) 应输入外露钢结构柱的防火、防腐性能等。
楼梯或坡道	(1) 楼梯或坡道应建模,并应输入构造层次信息。 (2) 平台板可用楼板替代,但应在"类型"属性中注明"楼梯平台板"。
垂直交通设备	(1) 建模几何精度为 50 mm。 (2) 可采用生产商提供的成品信息模型,但不应指定生产商。 (3) 应输入必要的非几何属性信息,包括梯速、扶梯角度、电梯轿厢规格、特定使用功能(消防、无障碍、客货用等)、联控方式、面板安装、设备安装方式等。
栏杆或栏板	(1) 应建模并输入几何信息和非几何信息,建模几何精度宜为 20 mm。
空间或房间	(1) 空间或房间高度的设定应遵守现行法规和规范。 (2) 空间或房间应标注为建筑面积,当确有需要标注为使用面积时,应在"类型"属性中注明"使用面积"。 (3) 空间或房间的面积,应为模型信息提取值,不得人工更改。
梁	(1) 应按照需求输入梁系统的几何信息和非几何信息,建模几何精度宜为 50 mm。 (2) 应输入外露钢结构梁的防火、防腐性能等。
结构管井	(1) 应按照专业需求输入全部设备(如水泵、水箱等)的外形控制尺寸和安装控制间距等几何信息及非几何信息,输入给排水管道的空间占位控制尺寸和主要空间分布。 (2) 应输入影响结构的各种竖向管井的占位尺寸。 (3) 应输入影响结构的各种孔洞、集水坑位置和尺寸。

续表

需要录入的对象信息	精细度要求
家具	(1) 设备、金属槽盒等应具有空间占位尺寸、定位等几何信息。设计阶段可采用生产商提供的成品信息模型(应为通用型产品尺寸)。 (2) 应输入影响结构构件承载力或钢筋配置的管线、孔洞等应具有位置、尺寸等几何信息。 (3) 设备、金属槽盒等还应具有规格、型号、材质、安装或敷设方式等非几何信息;大型设备还应具有相应的荷载信息。
其他	(1) 其他建筑构配件可按照需求建模,建模几何精度可为 100 mm。 (2) 建筑设备可以简单几何形体替代,但应表示出最大占位尺寸。

案例视频

知 识 详 解

2.2.1　命名规范

建筑工程设计信息模型中信息量巨大,若缺乏科学的分类以及一致的编码要求,将会极大地降低信息交换的效率和准确性。因此建筑工程设计信息模型应根据使用需求,提供构件分类和编码信息,以保障信息的有效沟通。

《建筑信息模型设计交付标准》对建筑工程设计信息模型及其交付文件的命名做如下规定。

(1) 文件的命名应包含项目、分区或系统、专业、类型、标高和补充的描述信息,由连字符"-"隔开,如图 2-2-1 所示。

项目代码-分区/系统-专业代码-类型-标高-描述

图 2-2-1

(2) 文件的命名宜使用汉字、拼音或英文字符、数字和连字符"-"的组合。

(3) 在同一项目中,应使用统一的文件命名格式,且始终保持不变。建筑工程对象和各类参数的命名应符合《建筑信息模型分类和编码标准》(GB/T 51269—2017)的规定。同一对象和参数的命名应保持前后一致。

例:位于 4 层标高至 5 层标高之间,外墙在图纸中的编号为 WQ2,厚度为 200 mm 的墙可以命名为 4F-WQ-WQ2-200-M15,其中 4F 为所在区域、WQ 为族编码,WQ2 为图纸中的编号,200 为墙的厚度,M15 为材料强度的描述。

以上为建议命名,也可根据图纸的构件名进行命名,但要保持各专业图纸之间的统一,便于后续计量计价等工作的开展。

2.2.2　图纸

图纸是建模的基本依据,可采用".dwg"的 CAD 电子图纸,也可采用打印的蓝图,为方便建模,目前多采用电子版图纸。可以通过软件【插入】选项卡下的【链接 CAD】和【导入

CAD】,如图 2-2-2 所示。

图 2-2-2

【提示】【链接 CAD】保持了模型文件和原 CAD 图纸的关联性,即原 CAD 图纸被修改后可通过 Revit【管理】命令下的【管理链接】进行更新,具体操作详见后续内容;而【导入 CAD】则让 CAD 图纸成为 Revit 里面的独立构件,与原来的 CAD 图纸不再互相关联。

在导入 CAD 图纸时,需要将 CAD 图纸按楼层成块(AUTO CAD 中使用快捷键"W")处理后分别导入到 Revit 对应楼层视图中,如 CAD 图纸"首层平面图"导入到 Revit"一层平面",如图 2-2-3 所示。

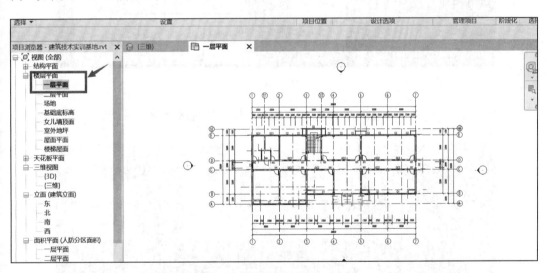

图 2-2-3

▶ 任务3 项目创建 ◀

根据要求,选择"建筑样板",完成"建材检测中心"的 Revit 项目创建,并完善项目信息,保存为"建材检测中心.rvt",如图 2-3-1 所示。

图 2-3-1

案例视频

项目创建

2.3.1　项目创建方式

双击桌面图标【R】，打开 Revit 2019 后可选择如下方式进行项目创建：
（1）如图 2-3-2 所示，点击首页面板，按步骤完成项目新建。

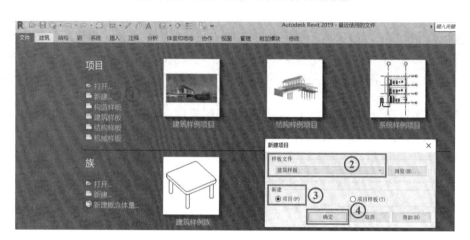

图 2-3-2

（2）如图 2-3-3 所示，点击首页面板，选择样板类型直接进行项目创建。

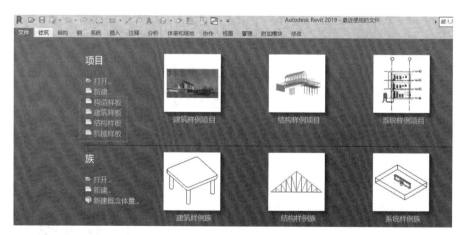

图 2-3-3

（3）如图 2-3-4 所示，点击首页面板，单击【文件】按钮，选择【□ 新建】按钮，最后单击【□ 项目】按钮进入【新建项目】选项卡，选择合适的样板完成项目创建。

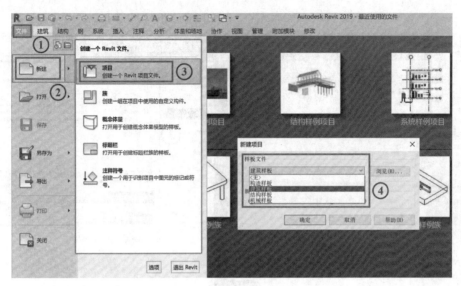

图 2-3-4

2.3.2 样板的选择

新建项目时,需选择一个后缀名为".rte"的样板文件作为建模基础,这里的样板文件类似于CAD中的".dwt"文件,它定义了新建项目中的度量单位、显示设置、线型设置等默认参数,同时Revit允许用户自定义样板,可以让用户根据自己的建模规则和习惯提供初始模板,可以减少后期对项目的设置和调整,从而提高项目设计的效率。

Revit默认自带构造样板、建筑样板、结构样板和机械样板4个样板文件,如图2-3-5所示,它们分别对应了不同专业建模时所需要的预定设置。项目样板的位置可在【文件】→【选项】→【文件位置】中找到,如图2-3-6所示,可以通过【 ✚ 】添加包括自己创建的样板在内的其它样板文件,通过【 ━ 】删除样板文件,通过【 ╬ 】和【 ╬ 】按钮调整样板文件的先后顺序。

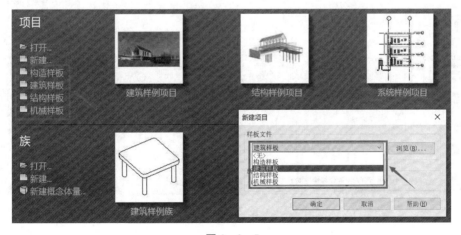

图 2-3-5

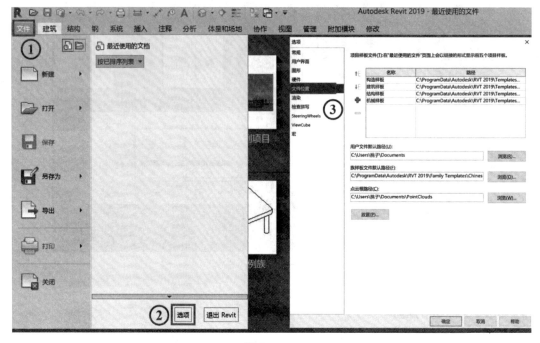

图 2 - 3 - 6

本"建材检测中心"项目主要进行建筑建模和结构建模,可分别选择【建筑样板】和【结构样板】进行建模,图 2 - 3 - 7 所示为基于建筑样板创建的建筑模型初始界面。

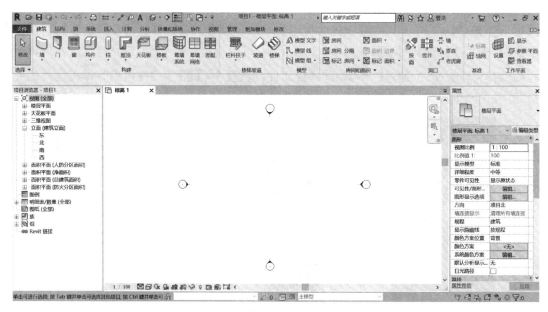

图 2 - 3 - 7

2.3.3　设置项目信息

建模之前,需要根据项目概况,设置项目信息,方便后续的项目管理,项目信息设置方法如下:

(1) 单击【管理】选项卡。

(2) 选择【项目信息】命令(图 2-3-8)。

(3) 弹出【项目信息】窗口(图 2-3-9)。

(4) 在"值"所在的列编辑输入相关项目信息(图 2-3-10)。

(5) 单击【能量设置】按钮,可以进行项目能量设置,单击【高级】里面的【编辑】按钮,可进行更多能量信息设置(图 2-3-11)。

图 2-3-8

图 2-3-9

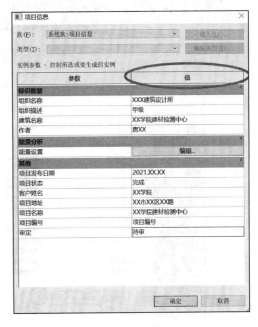

图 2-3-10

图 2-3-11

2.3.4 项目保存

项目创建完成后需先完成项目的保存,单击快速访问工具栏中的【保存 💾】按钮,或者选择【文件】菜单,再单击【保存 💾】按钮,或者使用快捷键【Ctrl＋S】,出现保存窗口后,输入文件名单击【保存】即可。

【提示】在保存文件时,系统会默认保存 20 个以文件名＋编号的备份文件,如 🏢 建材检测中心.0002.rvt,此时备份数量太多,不利于项目查找并且占用空间,可在保存对话框内单击【选项】,将最大备份数改为 3 即可,见图 2-3-12。

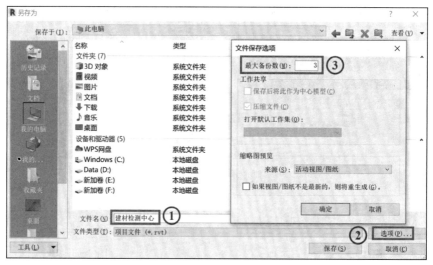

图 2-3-12

为防止电脑突然断电、崩溃带来的数据损失,可选择【文件】菜单下的【选项】命令,进入如图 2-3-13 所示的【常规】设置,一般可设置保存时间间隔为 15 min,如果是协同工作,也可设置"与中心文件同步"。

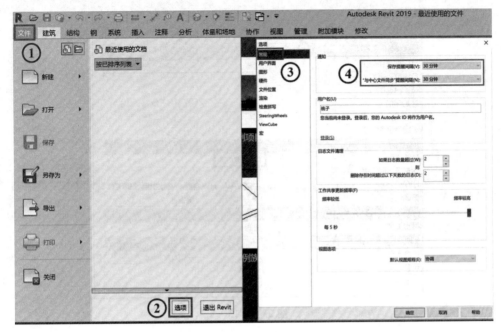

图 2-3-13

本项目准备任务实施步骤如下：

(1) 打开任务书的图纸，熟读工程概况。

(2) 打开 Revit 2019 软件，以建筑样板新建项目。

(3) 设置项目信息

单击【管理】选项卡下【设置】面板中的【项目信息】按钮，在弹出的【项目信息】对话框中，设置"项目名称"为"建材检测中心"，"项目地址"为"广西××市××县"，单击【确定】按钮，完成信息录入，如图 2-3-14 所示。

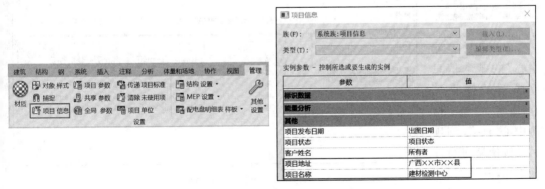

图 2-3-14

在"值"所在的列编辑输入图 2-3-15 中相关项目信息，单击【能量设置】按钮，单击【高级】里面的【编辑】按钮，将【建筑数据】中的【建筑类型】设置为"学校或大学"，如图 2-3-15 所示。

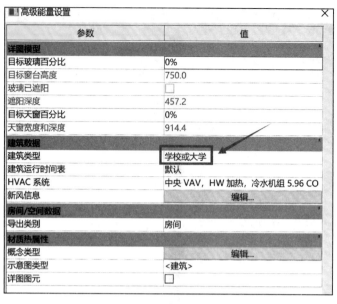

图 2 - 3 - 15

（4）单击【保存 ▣】按钮，将项目命名为"建材检测中心"，单击【选项】，设置自动备份数为 3，保存项目至电脑，见图 2 - 3 - 12。

本教材的教学案例均来源于工程实践，有助于读者们尽可能全面地掌握 BIM 理论知识及 BIM 模型构建的基本技能。

本任务主要为完成建模前的项目准备设置，方便后续项目建模的管理，减少不必要的重复修改工作，提高建模效率，学习本项目后要求能进行正确的项目样板选择，能准确填写项目信息，及时进行项目保存。

任 务 拓 展

以"建材检测中心"的基本信息完成新的样板创建，命名为"建材检测中心.rte"，到项目样板位置进行样板添加，并将"建材检测中心"样板移动到第一位，如图 2 - 3 - 16 所示。

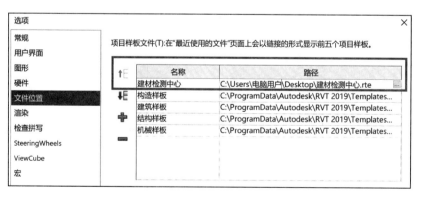

图 2 -   3 - 16

项目 三

经天纬地——标高与轴网的创建

项目概述

自本项目开始,将以创建某建材检测中心为案例,学习整个建模过程。本项目将以创建标高和定位轴网为任务,了解轴网、标高族类型的选择、创建和类型参数的设置,学习建筑轴网、标高的绘制与编辑,掌握轴网与标高的作用。

学习目标

知识目标	能力目标	思政目标
标高与轴网族类型的确定	标高与轴网族类型的选择、类型参数的设置。	精确的建筑定位是模型构建的基础,在创建和编辑标高、轴网的过程中,严格按照图纸进行创建,让学生深刻理解建筑定位的涵义,培养学生严谨细致、实事求是、一丝不苟的职业素养。
熟悉标高与轴网绘制的方法	(1) 能掌握标高的绘制方法; (2) 能掌握轴网的绘制方法。	
掌握标高轴网的创建与编辑	(1) 能完成"建材检测中心"标高的创建与编辑; (2) 能完成"建材检测中心"轴网的创建与编辑。	

▶ 任务 1　标高的创建与编辑 ◀

任务信息

创建"建材检测中心"标高,如图 3-1-1 所示:

图 3 - 1 - 1

案例视频

标高的创建
与编辑

知 识 详 解

3.1.1 标高信息

标高表示建筑各部分的相应高度,是建筑物某一部位相对于基准面(零标高)的垂直距离。标高的单位为米(m)。

新建项目后,在立面视图中可以看到,文件默认有两条标高信息,标高 1(±0.000)和标高 2(4.000),且标高 1 与标高 2 之间的垂直距离为 4 m。同时,项目浏览器的楼层平面视图中也只有标高 1 和标高 2,如图 3 - 1 - 2 所示。

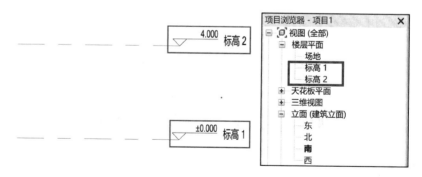

图 3 - 1 - 2

下面我们来认识标高的相关信息,如图 3 - 1 - 3 所示。

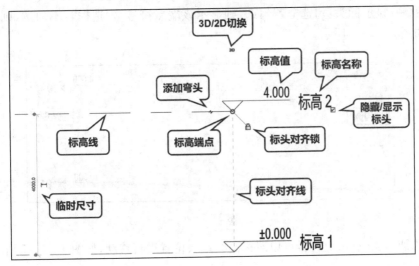

图 3-1-3

（1）标高端点：又称端点拖动点，拖动该圆圈可以对标高线的长度进行修改。如：选中"标高 2"，拖动标头端点，同时当前显示为 3D 状态，即可移动所有对齐的标头位置，且所有立面视图中的标头位置都会跟着移动，如图 3-1-4 所示。

（2）标高值：对应的是楼层的具体层高，单位为米（m）。

（3）标高名称：指的是楼层名称，具体可为一层平面、二层平面或 F1、F2 等。

（4）标高线：对应着楼层相应的标高值及标高名称的直线。

（5）标头对齐线：用于绘制轴线时与已绘制的轴线端点保持一致，在对齐锁定的时候按住标高端点空心圆圈不松，左右滑动鼠标，可以看到标头对齐线上的所有标高都随着拖动；若只想拖动某一条标高线的长度，解锁标头对齐锁，然后再进行拖动即可。

（6）标头对齐锁：锁定标头对齐线，可以将各条轴线一起锁定，解开此锁可以取消与其他轴线间的锁定关系。如果只移动其中一个标头的位置，则选中该标高，单击标头对齐锁，与其他标头解锁，然后进行拖动即可，如图 3-1-5 所示。如果需要与其他标头重新锁定，将标高端点空心圆圈拖动至与其他标高端点一致的位置且出现标头对齐线即可。

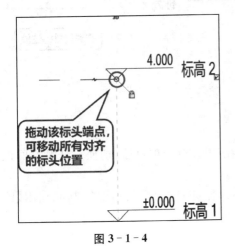

图 3-1-4

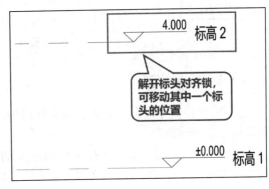

图 3-1-5

（7）隐藏/显示标头：勾选框若勾选，则显示该端点符号；勾选框若不勾选，则隐藏该端点符号，如图 3－1－6 所示。

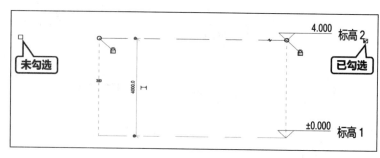

图 3－1－6

（8）添加弯头：点击此符号可以对标高线端头位置进行移动，如图 3－1－7 所示。

图 3－1－7

（9）3D/2D 切换：如果处于 2D 状态，则表明所做修改只影响本视图，不影响其它视图；如果处于 3D 状态，则表明所做修改会影响其它视图。

（10）临时尺寸：选择标高线时会出现与相邻图元之间距离的蓝色标注，称为临时尺寸，修改临时尺寸标注值，即可改变该标高的标高值，如图 3－1－8 所示。此处的临时尺寸标准值单位为毫米（mm）。

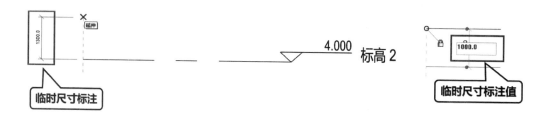

图 3－1－8

3.1.2　绘制标高

标高的创建命令只有在立面和剖面视图中才能使用。打开项目后，切换至任意立面视图，即可开始创建标高。

Revit Architecture 提供了很多绘制标高的方式，比如直接绘制、拾取绘制或利用【修改】选项卡下的复制、阵列等工具均可完成标高的绘制。

1. 直接绘制的方式。

单击【建筑】选项卡→【基准】面板→【标高】工具，进入绘制标高模式，如图 3-1-9 所示，Revit Architecture 自动切换至【修改|放置标高】选项卡，选择绘制方式为【直线 ◪ 】。确认选项栏中已勾选"创建平面视图"选项，设置偏移量为"0"，如图 3-1-10 所示。

图 3-1-9

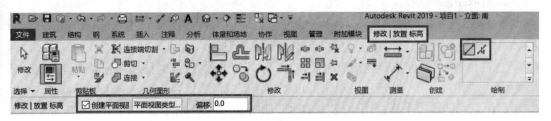

图 3-1-10

移动光标到"标高 2"左端标头上方，待系统自动捕捉到与已有标头端点对齐的蓝色虚线时，输入所需的"临时尺寸标准值"，按【Enter】键，单击鼠标作为标高的起点，如图 3-1-11 所示。沿水平方向向右移动鼠标至已有标高右侧端点位置，待再次出现与已有标头端点对齐的蓝色对齐虚线时，单击鼠标完成标高绘制，Revit 自动命名该标高为"标高 3"，如图 3-1-12 所示，同时在项目浏览器的楼层平面视图生成"标高 3"。按【Esc】键两次退出标高绘制模式。

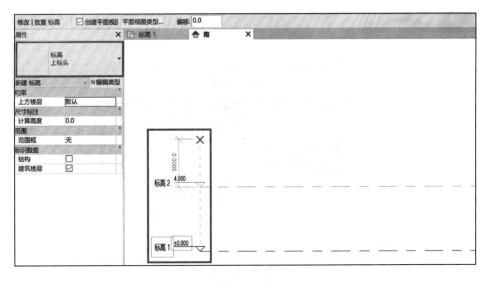

图 3-1-11

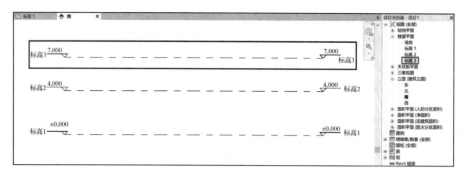

图 3 - 1 - 12

2. 拾取绘制的方式。

单击【建筑】选项卡→【基准】面板→【标高】工具,进入绘制标高模式,选择绘制方式为【拾取线 ⊠】。确认选项栏中已勾选"创建平面视图"选项,设置偏移量为"3000"。拾取"标高 3"标高位置,且鼠标指针在拾取时放在"标高 3"偏上位置,此时待新建标高位置出现一条蓝色虚线,如图 3 - 1 - 13 所示。单击即可创建距离"标高 3"为 3 000 mm 的"标高 4",同时在项目浏览器的楼层平面视图生成"标高 4",如图 3 - 1 - 14 所示。

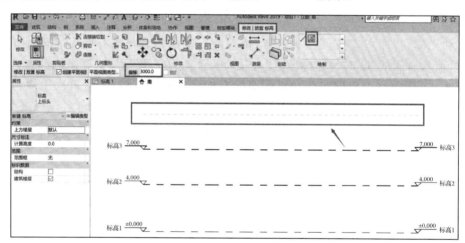

图 3 - 1 - 13

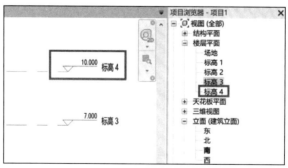

图 3 - 1 - 14

3. 通过【复制 ⊡】和【阵列 ⊞】工具来创建标高。

对于楼层高度不全相同时,可以选择【复制 ⊡】创建标高;而对于楼层高度完全相同时,可以通过【阵列 ▦】创建标高。

采用【复制】创建标高。首先选中标高，在【修改|标高】选项卡的【修改】面板中单击【复制 ▣】按钮，在工具条中勾选"约束"、"多个"，单击"标高 4"的任意位置作为复制的起点，上下移动鼠标指针，可显示复制的距离和角度，如图 3 - 1 - 15 所示。输入标高的距离并按【Enter】键即可创建新的标高，通过这种方法依次创建层高为 3000、4000 的"标高 5""标高 6"。在立面视图中可以看到绘制和拾取创建标高"标高 3""标高 4"标头为浅蓝色，复制创建的标高"标高 5""标高 6"标头为黑色。同时，复制创建的标高"在楼层平面中"没有自动创建相应楼层视图，如图 3 - 1 - 16 所示。完成所需标高的复制后，按【Esc】键结束【复制】命令，也可单击鼠标右键，在弹出的快捷菜单中选择【取消】命令。

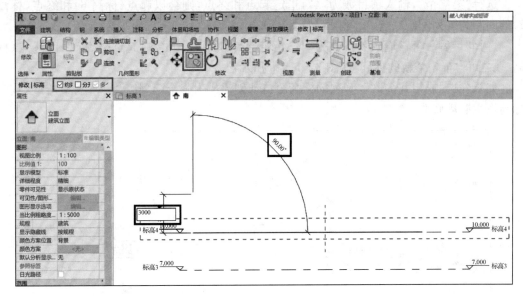

图 3 - 1 - 15

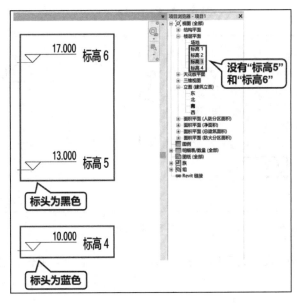

图 3 - 1 - 16

【提示】选项栏中的"约束"选项可以控制垂直或水平复制标高,相当于 AutoCAD 中的"正交"功能;勾选"多个",可连续复制多个标高。

【阵列】创建标高与【复制】创建标高的方法相似,在创建时需要注意阵列的设置:"第二个""最后一个"以及是否"成组并关联",如图 3-1-17 所示。

图 3-1-17

选择"第二个",输入项目数为"4",指定起点和终点,则会以起点(标高 6)和终点(标高 7)的间距为阵列间距新建 3 个标高,如图 3-1-18 所示。

选择"最后一个",输入项目数为"4",指定起点和终点,则会在起点(标高 6)和终点(标高 9)之间均布 3 个新的标高,如图 3-1-19 所示。

如果勾选"成组并关联",阵列的标高会自动创建成为一个模型组。一个标高修改,其余标高发生联动修改。

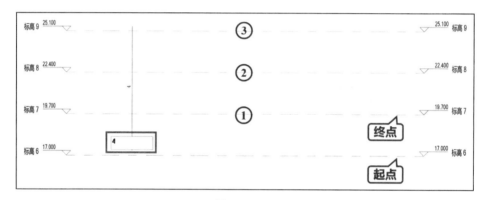

图 3-1-18

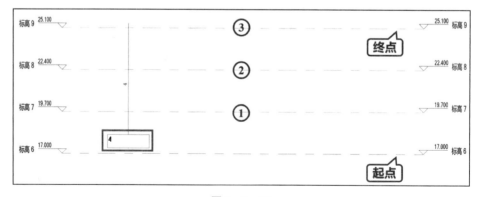

图 3-1-19

通过【复制】和【阵列】工具来创建的标高,其标头均显示为黑色,在【项目浏览器】的"楼层平面"中均未生成相应的平面视图。此时,需在【视图】选项卡的【创建】面板中单击【平面视图】按钮,选择"楼层平面"创建楼层平面视图,如图 3-1-20 所示。在弹出的"新建楼层平面"对话框中选择所有未创建楼层平面的标高,单击【确定】按钮,即可创建相应的楼层平面视图,且自动切换至最后一个楼层平面视图,如图 3-1-21 所示。

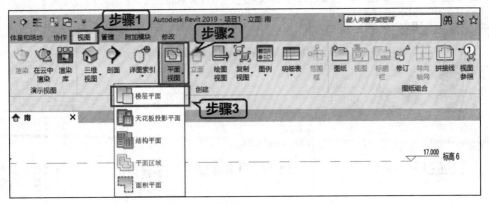

图 3-1-20

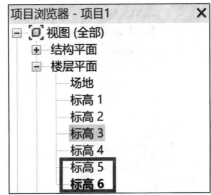

图 3-1-21

3.1.3 编辑修改标高

绘制标高后,根据项目需要可以对标高名称、标高值、标头及标高样式等进行修改。

1. 标高名称的修改

修改标高名称有三种方法:

方法 1:双击绘图区域"标高 1",将文字修改为"F1",后弹出"是否希望重命名相应视图",点击"是",完成"标高 1"名称的修改,如图 3-1-22 所示。

方法 2:单击需要修改的标高图元,将其【属性】面板下的【标识数据】栏的"名称"修改为"F1",后续同方法 1,如图 3-1-22 所示。

方法 3:右键点击【项目浏览器】中的"楼层平面"下的"标高 1",将其重命名为"F1",后续同方法 1,如图 3-1-22、图 3-1-23 所示。

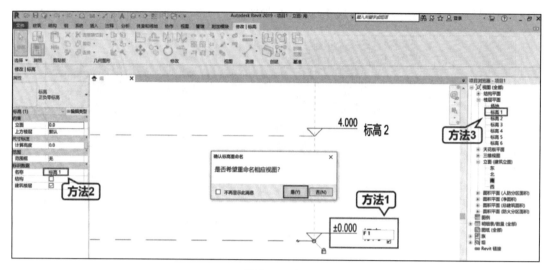

图 3-1-22

图 3-1-23

2. 标高值的修改

修改标高值有三种方法:

方法 1:双击绘图区域"标高 2"的标注值"4.000",将数值修改为"3.000",即可完成标高 2 标注值的修改,如图 3-1-24 所示。

方法 2:单击需要修改的标高图元,将其【属性】面板下的【约束】栏的"立面"修改为"3 000",如图 3-1-24 所示。

方法3：单击绘图区域中的"临时尺寸标注"的数值"4 000"，将其改为"3 000"，如图3-1-24所示。

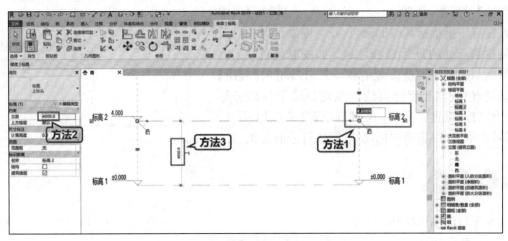

图 3-1-24

3. 标头的修改

在【属性】中可修改标头信息。标高线绘制完成后，鼠标单击任意一条标高线，进入标高线【属性】编辑面板，通过【属性】栏下拉列表，可以看到，软件中默认有"上标头""下标头""正负零标高"，表示的是标高值下的符号的类型，可以根据项目选择类型，如图3-1-25所示。

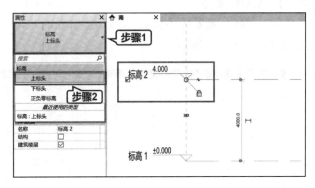

图 3-1-25

也可以通过【编辑类型】，在【类型属性】对话框中选择所需类型，如图3-1-26所示，最后点击【确定】即可。

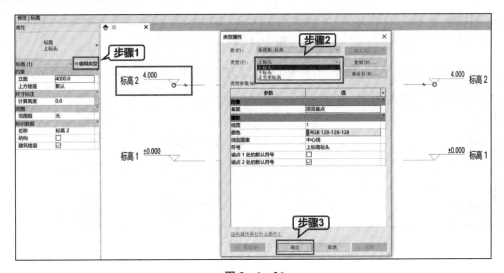

图 3-1-26

4. 标高样式的修改

单击【属性】面板中的【编辑类型】按钮。弹出【类型属性】对话框,如图 3-1-27 所示,在【图形】项中,可以设置该类型标高线的颜色、线型图案、标头符号样式及在端点处的符号是否显示。如同时勾选"端点 1 处的默认符号""端点 2 处的默认符号",单击【应用】,可以观察到,该类型标高线两端均显示了标高符号。【类型属性】设置完毕后,单击【确定】按钮退出【类型属性】对话框,观察视图中标高线、标头符号的变化。

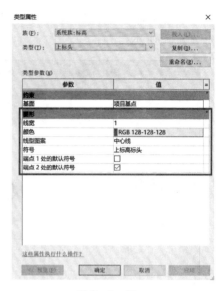

图 3-1-27

本项目的标高绘制步骤如下:

(1) 打开"项目一.rvt"文件,另存为"建材检测中心—标高.rvt"文件。

(2) 在项目浏览器中展开"立面(建筑立面)"项,双击视图名称"南",进入"立面:南"视图,如图 3-1-28 所示。

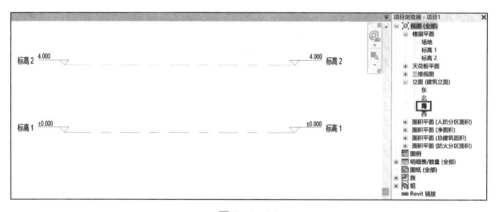

图 3-1-28

(3) 将"标高 1"改为"一层平面","标高 2"改为"二层平面",如图 3-1-29 所示。

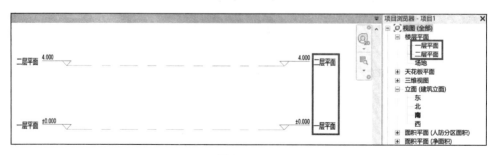

图 3-1-29

（4）设置"一层平面"与"二层平面"间的层高为 3.9 m。将"二层平面"标头上的标高值修改为 3.900，或单击选择"2 楼"标高线，将"一层平面"与"二层平面"标高线间的临时尺寸标注修改为"3 900"，如图 3-1-30 所示。

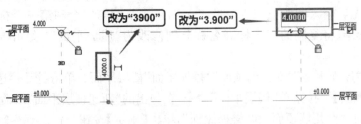

图 3-1-30

（5）绘制"室外地坪"标高。单击【建筑】选项卡→【基准】面板→【标高 】命令，选择【直线 】绘制方式；选项栏中勾选"创建平面视图"选项，在"平面视图类型"中选择"平面视图"；在"一层平面"标高下方适当位置绘制新的标高，修改临时尺寸标注为"150"，修改标高名称为"室外地坪"；在【属性】框"类型选择器"中选择"下标头"；单击【属性】面板中的【编辑类型】，在弹出的【类型属性】对话框中，"线型图案"选择"中心线"，勾选"端点 1 处的默认符号"，单击"确定"按钮，如图 3-1-31 所示。同时注意观察【项目浏览器】中的"楼层平面"下新增了"室外地坪"视图。最终效果如图 3-1-32 所示。

类型参数(M)		
参数	值	=
约束		
基面	项目基点	
图形		
线宽	1	
颜色	黑色	
线型图案	中心线	
符号	标高标头_下	
端点 1 处的默认符号	☑	
端点 2 处的默认符号	☑	

图 3-1-31

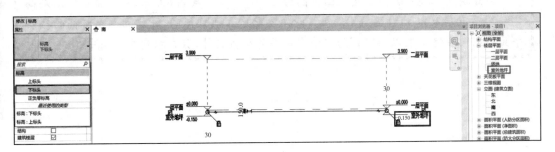

图 3-1-32

（6）利用【复制 】命令创建"屋面平面""女儿墙顶面""楼梯屋面"标高。选择"二层平面"标高,在激活的【修改|标高】选项卡中,单击【修改】面板中的【复制】命令,在选项栏勾选"约束"及"多个"复选框,移动光标在"二层平面"标高线上单击捕捉任意一点作为复制基点,垂直向上移动光标,输入间距值"3 900",单击鼠标复制第一个标高;继续垂直向上移动光标,先后输入间距值"1 500""1 500",单击复制第二个和第三个标高;按【Esc】键结束【复制】命令,将复制的三个标高名称分别修改为"屋面平面""女儿墙顶面"和"楼梯屋面"。

（7）创建"屋面平面""女儿墙顶面""楼梯屋面"楼层平面。单击【视图】选项卡→【创建】面板→【平面视图】下拉菜单"楼层平面"命令,在弹出的"新建楼层平面"对话框列表中,同时选择"屋面平面""女儿墙顶面"和"楼梯屋面",单击【确定】按钮。再次观察【项目浏览器】中【视图】→【楼层平面】项下新增了"屋面平面""女儿墙顶面""楼梯屋面"视图,软件自动切换到"楼层平面:楼梯屋面"视图。

在【项目浏览器】中双击"立面（建筑立面）"下的"南",再次切换回"立面:南"视图,观察标高"屋面平面""女儿墙顶面"和"楼梯屋面"的标头显示为蓝色。

（8）选择【直线 】绘制方式创建"基础底标高",在【属性】框【类型选择器】中选择"上标头",其余同步骤 5。

（9）完成图 3-1-1 中"建材检测中心"所有标高的创建,保存文件。

任 务 小 结

本任务需重点掌握创建和编辑标高的方法,标高样式的设置、标头的显示控制、如何生成对应标高的平面视图等功能的应用。读者们必须认真查阅图纸,按照图纸的要求进行创建。

任 务 拓 展

 "1+X"练兵场：

某建筑共 50 层,其中首层地面标高为±0.000,首层层高 6.0 米,第二至第四层层高 4.8 米,第五层及以上均层高 4.2 米。请按要求建立项目标高,并建立每个标高的楼层平面视图。最终结果以"标高"为文件名保存为样板文件,放在指定文件夹中。

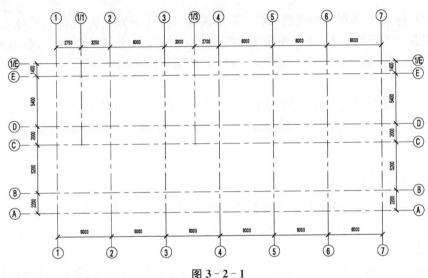

创建"建材检测中心"轴网，如图3-2-1所示：

图3-2-1

案例视频

轴网的创建
与编辑

3.2.1　轴网信息

　　轴线是平面制图中为明确表示建筑物的某一部分的位置并清楚表明局部与整体的关系的参照线，分为水平定位轴线和垂直定位轴线。

　　轴网是在平面视图中用于定位项目的图元。在Revit中，待标高创建完成后，可以切换至任意平面视图（如楼层平面视图）来创建和编辑轴网，其他平面、立面、剖面视图中都将自动显示。

　　轴网中的轴号名称、轴头对齐线、轴头对齐锁、轴号端点、隐藏/显示轴头、临时尺寸等信息均与标高的相关信息类似，在此不做介绍。

　　现对"3D/2D切换"作详细介绍。单击某条轴线时可以看到"3D"或"2D"的符号，当轴线处于3D状态时，轴网端点显示为空心圆圈，当轴线处于2D状

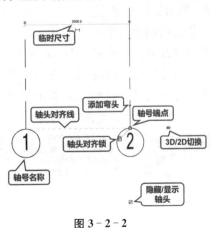

图3-2-2

态时,轴网端点显示为实心圆圈,如图 3 - 2 - 3 所示。

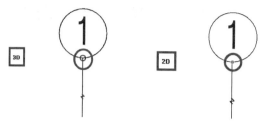

图 3 - 2 - 3

切换至"标高 1"楼层平面视图,选择"1 号轴线",确认下方轴头显示"3D",单击对齐锁定标记,使其变为解锁状态,按住并拖动轴线端点向下移动一段距离后松开鼠标,可修改该轴线的长度而不影响其他轴线。切换至"标高 2"楼层平面视图,该视图中"1 号轴线"长度同时被修改。

切换至"标高 1"楼层平面视图,选择"1 号轴线",轴头由"3D"变为"2D",同时拖动该轴线向下移一段距离后,轴线的长度随之修改。切换至"标高 2"楼层平面视图,"标高 2"楼层中"1 号轴线"并没有变化。

3.2.2　创建轴网

Revit Architecture 提供了很多绘制轴网的方式,比如直接绘制、拾取绘制或利用【修改】选项卡下的复制、阵列等工具均可完成轴网的绘制。

1. 直接绘制轴网

将项目文件切换至"标高 1"平面图,单击【建筑】选项卡→【基准】面板→【轴网】工具,进入绘制轴网模式,如图 3 - 2 - 4 所示,Revit Architecture 自动切换至【修改|放置轴网】选项卡。软件提供了直接绘制(直线、弧形)和拾取绘制轴网两种方式,本章以直线绘制为例。

选择绘制方式为【直线 ◣ 】。选项栏中设置偏移量为"0",如图 3 - 2 - 5 所示。绘制前确认轴网的族类型为"6.5 mm 编号",在绘图区域内移动鼠标指针至区域左下角空白处单击作为轴线起点,当绘制的轴线沿水平方向延伸时,Revit Architecture 会自动捕捉水平方向,并给出蓝色的水平捕捉虚线,如图 3 - 2 - 6 所示。沿水平方向移动鼠标指针至右下角位置时,单击鼠标左键,完成第一条轴线的绘制,并自动将该轴线编号为"1"。当继续向上移动鼠标指针绘制第二条轴线时,Revit Architecture 将在指针与起点之间显示轴线预览,并给出当前轴线方向与水平方向的临时尺寸角度标注,如图 3 - 2 - 7 所示。当临时尺寸标注出现项目所需的标准值时,单击鼠标左键确定轴线的第一点,沿水平方向移动鼠标指针直至捕捉至 1 号轴线另一侧端点时单击鼠标左键,完成第二条轴线的绘制。该轴线将自动编号为"2",按【Esc】键 2 次退出放置轴线命令。

图 3 - 2 - 4

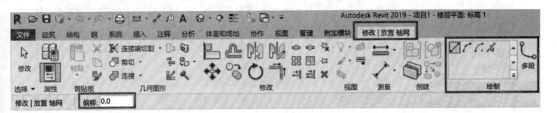

图 3 - 2 - 5

图 3 - 2 - 6

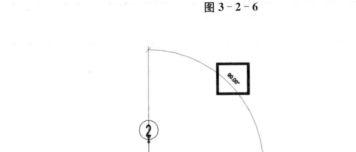

图 3 - 2 - 7

【提示】在 Revit Architecture 软件的平面图中默认有东、南、西、北四个立面图标⊙，对应的是东、南、西、北四个方向的立面视图，在绘制轴网时，需将轴网绘制在立面图标范围之内。

【小技巧】绘制标高或轴线时，确定起点后按住 Shift 键不放，Revit Architecture 将进入正交绘制模式，可以约束在水平或垂直方向绘制。

2. 拾取绘制的方式

单击【建筑】选项卡→【基准】面板→【轴网】工具，进入绘制轴网模式，选择绘制方式为【拾取线🔲】。如 1 号轴线与 2 号轴线的垂直距离为"3 000"，则在选项栏中设置偏移量为"3 000"，拾取"1 号轴线"位置，且鼠标指针在拾取时放在"1 号轴线"偏上位置，此时待新建轴线位置出现一条蓝色虚线时，如图 3 - 2 - 8 所示，单击即可创建距离"1 号轴线"为 3 000 mm 的"2 号轴线"，如图 3 - 2 - 9 所示。

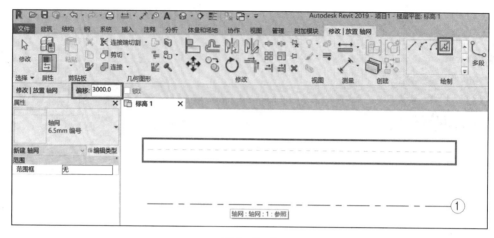

图 3 - 2 - 8

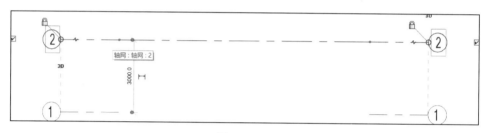

图 3 - 2 - 9

3. 利用阵列或复制方式绘制轴网

绘制轴线除采用上面介绍的方法外,还可以采用"复制 🔲""阵列 🔲"等命令完成轴网的快速绘制。对于轴线间距不全相同时,可以选择【复制 🔲】创建轴网;而对于轴线间距完全相同时,可以通过【阵列 🔲】创建轴网。

首先采用【复制】创建轴网。选中标高,在【修改|轴网】选项卡的【修改】面板中单击【复制 🔲】按钮,单击"1 号轴线"的任意位置作为复制的起点,上下移动鼠标指针,可显示复制的间距和角度,输入轴网的间距并按【Enter】键即可创建新的轴网,完成所需轴网的复制后,按【Esc】键结束【复制】命令,也可单击鼠标右键,在弹出的快捷菜单中选择【取消】命令。

采用【阵列】创建轴网。选择"1 号轴线",自动切换至【修改|轴网】上下文选项卡,选择【阵列】工具进入阵列修改状态,在创建时需要注意阵列的设置:"第二个""最后一个"以及是否"成组并关联",如图 3 - 2 - 10 所示。

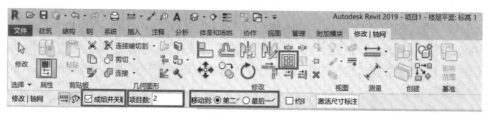

图 3 - 2 - 10

选择"第二个",表示输入的距离为阵列图元两两之间的距离;选择"最后一个",则表示阵列的第一个图元和最后一个图元之间的总距离;如果勾选"成组并关联",阵列的轴网会自动创建成为一个模型组。一个轴网修改,其余轴网发生联动修改;勾选"约束"的含义是约束在水平或垂直方向上阵列生成图元。

4. 利用多段网格绘制轴网

多段轴线可以创建由多段组成的一条轴线。这些组成部分可以是直线、弧线,也可以是拾取线。绘制多段轴网的步骤如下:单击【建筑】选项卡→【基准】面板→【轴网】工具,如图 3-2-11 所示。切换至【修改|放置轴网】选项卡后,选择【绘制】面板中的【多段🔗】工具绘制所需的轴网,如图 3-2-12 所示。

图 3-2-11

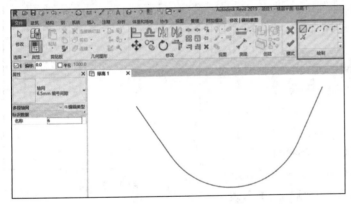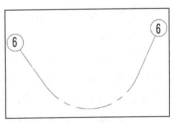

图 3-2-12

3.2.3 编辑修改轴网

绘制轴网后,根据项目需要可以对轴网名称、轴网位置、轴头及轴网样式等进行修改。

1. 轴网名称的修改

修改轴网名称有两种方法:

方法 1:单击需要修改的轴线图元,再单击该轴号修改其编号,如图 3-2-13 所示。

方法 2:单击需要修改的轴线图元,修改其【属性】面板下的【标识数据】栏的"名称"即可,如图 3-2-13 所示。

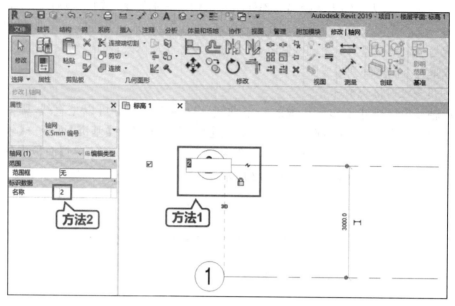

图 3-2-13

2. 轴网间距的修改

修改轴网间距有两种方法：

方法 1：单击需要移动的轴网图元，拖动轴线上任意一点，移动到所需位置即可。

方法 2：单击需要移动的轴网图元，出现"临时尺寸标注"，修改其标注值，如图 3-2-14 所示。

3. 轴头的修改

在【属性】中可修改轴头信息。轴线绘制完成后，鼠标单击任意一条轴线，进入轴线【属性】编辑面板，通过【属性】栏下拉列表，可以看到，软件中默认有"6.5 mm 编号""6.5 mm 编号自定义间隙""6.5 mm 编号间隙"，表示的是轴头的类型，可以根据项目选择类型，如图 3-2-15 所示。

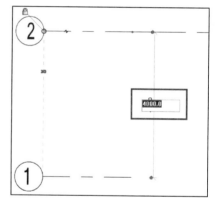

图 3-2-14

也可以通过【编辑类型】，在【类型属性】对话框中选择所需类型，如图 3-2-16 所示，最后点击【确定】即可。

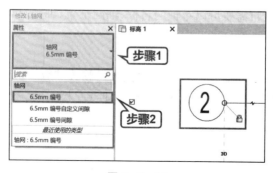

图 3-2-15

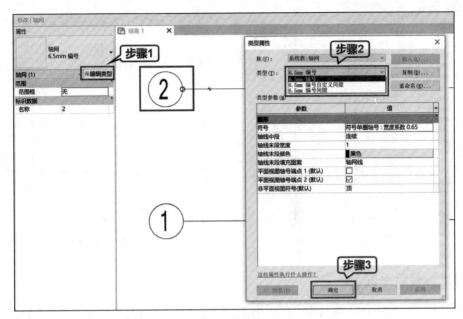

图 3-2-16

软件中"轴网 6.5 mm 编号"的族类型是样板文件中提供的,是按照中国制图标准设置的。

4. 轴网样式的修改

单击【属性】面板中的【编辑类型】按钮。弹出【类型属性】对话框,如图 3-2-17 所示,在"类型参数"项中,可以设置该类型轴线的颜色、线型图案、轴头符号样式及在端点处的符号是否显示。如同时勾选"端点 1 处的默认符号""端点 2 处的默认符号",单击【应用】,可以观察到,该类型轴线两端均显示了轴头符号。【类型属性】设置完毕后,单击【确定】按钮退出【类型属性】对话框,观察视图中轴线、轴头符号的变化。

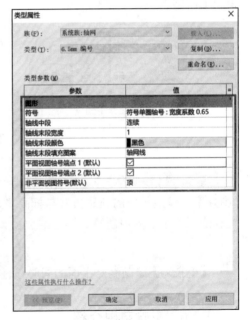

图 3-2-17

3.2.4 锁定轴网

完成轴网绘制后,为了避免误操作而删除或移动轴网,可在任意平面视图中对轴网进行锁定。框选所有轴线,激活【修改|轴网】选项卡中的【修改】面板,单击【锁定 🔲】将所选中轴线锁定,如图 3-2-18 所示。锁定轴线后,将不能对轴线进行移动、删除等修改,但可以修改其轴号名称及轴号位置等信息。

若要删除或移动轴线必须将其解锁,选中轴线,并点击【修改】面板上的【解锁 🔲】进行解锁,如图 3-2-19 所示。若要只解锁某条轴线,可选中轴线点击轴线上的锁定 🔓 即可切

换至解锁 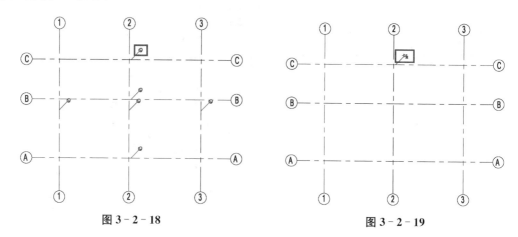 状态。

图 3-2-18 图 3-2-19

3.2.5 参照平面

在 Revit Architecture 项目中,除了使用标高、轴网对项目进行定位之外,还提供了【参照平面】工具用于项目定位,参照平面的作用类似于平面制图中的辅助线。图中绿色的线即为参照平面,如图 3-2-20 所示,用于视图中的定位。在 Revit Architecture 中参照平面实际是有高度的平面,它不仅可以显示在当前视图中,还可以在垂直于参照平面的视图中显示参照平面的投影。

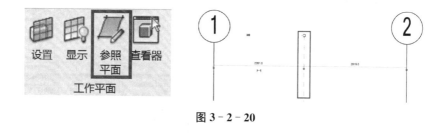

图 3-2-20

【提示】【参照平面】工具用于创建参照平面,灵活使用参照平面工具可以大大提高绘图效率。参照平面的创建方式与标高、轴网的创建方式类似,不同的是,它可以在平面、立面、剖面各个视图中创建。

【小技巧】绘制参照平面的同时按住键盘〈Shift〉键,可以约束绘制方向为正交。

3.2.6 影响范围介绍

当轴网被切换为 2D 状态后,所做的修改将仅影响本视图。如果其他视图要修改,则需选择轴线,自动切换至【修改|轴网】选项卡,单击【基准】面板中的【影响范围】工具按钮,弹出【影响基准范围】对话框,如图 3-2-21 所示,在视图列表中勾选所需视图,单击【确定】按钮退出【影响基准范围】对话框。所选视图的轴网将被修改为与当前视图相同的状态。

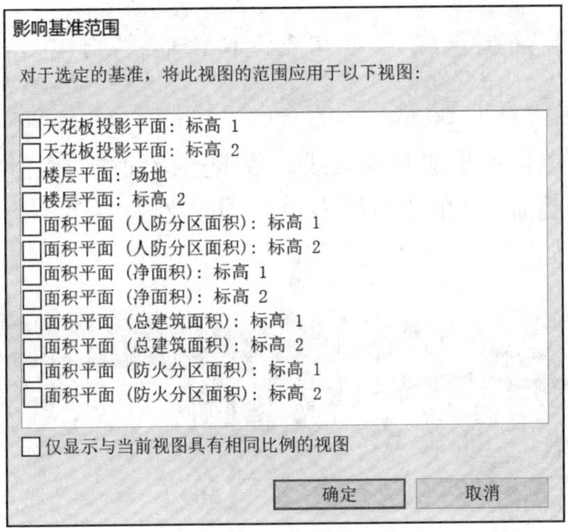

影响基准范围
对于选定的基准，将此视图的范围应用于以下视图：
天花板投影平面：标高 1
天花板投影平面：标高 2
楼层平面：场地
楼层平面：标高 2
面积平面（人防分区面积）：标高 1
面积平面（人防分区面积）：标高 2
面积平面（净面积）：标高 1
面积平面（净面积）：标高 2
面积平面（总建筑面积）：标高 1
面积平面（总建筑面积）：标高 2
面积平面（防火分区面积）：标高 1
面积平面（防火分区面积）：标高 2
仅显示与当前视图具有相同比例的视图
确定
取消

图 3-2-21

当轴网被切换为 2D 状态后，所做的修改将仅影响本视图。在 3D 状态下，所做的修改将影响所有平行视图。【影响范围】工具仅能将 2D 状态下的修改传递给与当前视图平行的视图，例如本例中的楼层 F1 平面和 F2 平面，该操作对标高对象同样有效。

当轴网被切换为 3D 状态下，所做的修改将影响所有平行视图。

【提示】【影响范围】工具仅能将 2D 状态下的修改传递给与当前视图平行的视图。

任务实施

本项目的轴网绘制步骤如下：

（1）打开上节保存的“建材检测中心—标高.rvt”文件。

（2）在【项目浏览器】中双击“楼层平面”下“一层平面”视图，打开“楼层平面：一层平面”视图。单击【建筑】选项卡→【基准】面板→【轴网】命令，激活【修改|放置轴网】选项卡，确认【属性】面板中轴网的类型为“6.5 mm 编号”，同时在【编辑类型】按钮勾选“端点 1 处的默认符号”，在【绘制】面板中选择适当绘图命令（如选【直线】），设置选项栏中“偏移”值为“0.0”。

类型属性
族(F)：　系统族：轴网
载入(L)...
类型(T)：　6.5mm 编号
复制(D)...
重命名(R)...
类型参数(M)
参数　值
图形
符号　符号单圈轴号：宽度系数 0.65
轴线中段　连续
轴线末段宽度　1
轴线末段颜色　黑色
轴线末段填充图案　轴网线
平面视图轴号端点 1 (默认)
平面视图轴号端点 2 (默认)
非平面视图符号(默认)　顶

图 3-2-22

（3）绘制竖向轴线。移动鼠标到绘图区域左下角适当位置，单击鼠标作为轴线起点，自下向上垂直移动光标到合适位置再次单击作为终点，即第一条竖向轴线创建完成，轴号默认为“1”。按键盘【Esc】键一次，退出绘制状态。

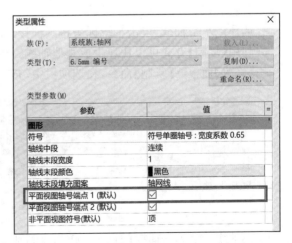

【提示】如果绘制的轴号不是"1",可单击选择该轴线,再单击轴号可将其参数值修改为"1"。

利用【阵列】方式可以快速生成其他轴线。单击选择轴线"1",激活【修改|轴网】选项卡,单击【修改】面板→【阵列】命令,在选项栏中设置项目数为"7",不勾选"成组并关联",选择"第二个",勾选"约束",如图 3-2-23 所示。

图 3-2-23

在轴线"1"上单击捕捉任意一点作为阵列基点,然后水平向右移动光标,输入轴线间距值"6 000"后,按【Enter】键(或单击鼠标左键)完成"2"至"7"号轴线的绘制,如图 3-2-24 所示。绘制过程中,轴号将自动排序。

图 3-2-24

(4)绘制横向轴线。继续使用【轴网】命令绘制水平方向的轴线,移动光标到"1"号轴线标头左上方适当位置,单击鼠标左键作为起点,自左向右水平移动到合适位置再次单击作为终点,即第一条水平轴线创建完成。此时轴号自动延续最后一条竖向轴线的编号,编号为"8"。

选择该水平轴线,单击轴线标头将其轴号修改为"A",即完成该轴线的创建。

利用【复制】方式可以快速生成其他轴线。单击选择轴线"1",激活【修改|轴网】选项卡,单击【修改】面板→【复制】命令,在选项栏中勾选"约束"和"多个",如图 3-2-25 所示。

图 3-2-25

在轴线Ⓐ上单击捕捉任意一点作为复制基点,然后水平向上移动光标,输入轴线间距值"2 200"后,按【Enter】键(或单击鼠标左键)完成"B"号轴线的复制。保持光标位于新复制的轴线上侧,分别输入"5 200""2 000""5 400""1 400"后依次单击,完成"C"至"E"轴线。绘制过程中,轴号将自动排序。

（5）绘制辅助轴线。继续使用【轴网】命令绘制 ①/1 ①/3 ①/E 辅助轴线。

（6）取消轴头。分别选择轴线 ①/1 及 ①/3，取消其下方的"隐藏/显示标头"勾选框的"√"，隐藏该端点符号，如图 3-2-26 所示。

（7）调整轴线标头位置。选择任意一根轴线，如单击选中轴线 1，在"标头端点"符号（空心圆圈）上单击鼠标左键并按住拖动，可整体调整所有标头的位置，如图 3-2-27 所示。

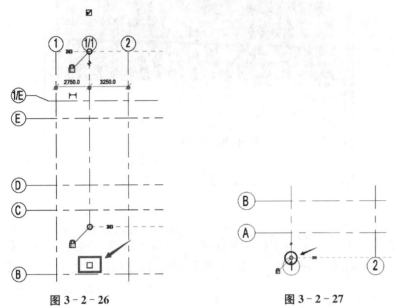

图 3-2-26　　　　　　　　　　图 3-2-27

（8）调整轴号位置。选择轴线 1/E，单击标头附近的折线形的"添加弯头"符号，如图 3-2-28 所示，轴线添加了弯头并显示出两个蓝色实心圆形的"拖动点"，单击"拖动点"即可调整标头的位置。

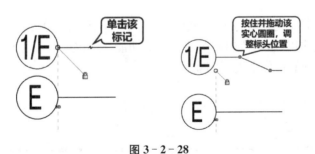

图 3-2-28

同样方法，可以调整其他轴号的位置。

【提示】切换到其他楼层平面视图，可以发现，轴号位置并未发生同样变化。

切换回"楼层平面：一层平面"视图中，框选所有轴网，激活【修改|轴网】选项卡，在【基准】面板中，单击【影响范围】命令，弹出【影响基准范围】对话框，如图 3-2-29 所示，选择需要影响的视图，单击【确定】按钮。可以观察到，所选各平面视图轴网将会产生如同"楼层平

面:一层平面"的变化。

图 3 - 2 - 29

【提示】轴网创建完成后,在任意平面视图中,框选所有轴线,自动激活【修改|轴网】选项卡,单击【修改】面板→【锁定 🔟】命令锁定轴网,以避免后期由于误操作而删除、移动轴网。

(9)完成轴网的绘制与编辑后,将文件保存为"建材检测中心—标高轴网.rvt"文件。

本任务需重点掌握创建和编辑轴网的方法,学会轴网样式的设置、轴头的显示控制、2D、3D 显示的不同作用、影响范围命令的应用等功能。建议先绘制标高,再绘制轴网,读者们必须严格按照图纸的定位来进行创建。

"1＋X"练兵场:

根据图 3-2-30 给定的标高和轴网创建项目样板,无需尺寸标注,标头和轴头显示方式以图示为准,请将模型文件命名为"标高轴网"保存到指定文件夹中。

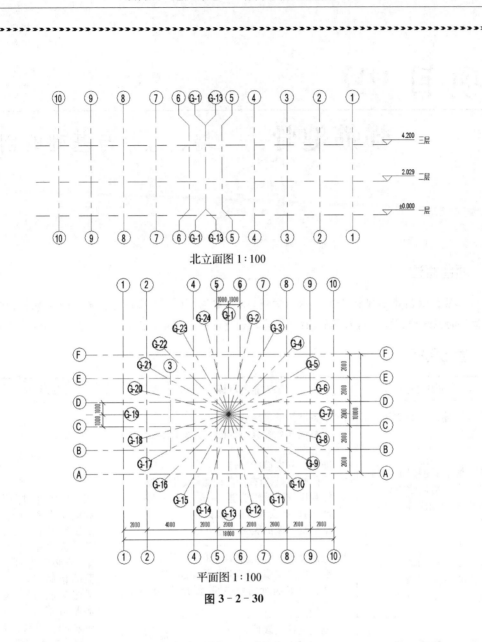

北立面图 1:100

平面图 1:100

图 3 - 2 - 30

项目四

强筋健骨——墙、柱、梁与基础的创建

❋ 项目概述

本项目以创建某建材检测中心为案例,以创建墙、柱、梁、基础为任务,了解墙、柱、梁、基础各构件的系统族、族类型,熟悉墙、柱、梁、基础创建的一般步骤,掌握墙、柱、梁、基础创建的方法。

❋ 学习目标

知识目标	能力目标	思政目标
了解墙体的系统族和族类型	(1) 了解墙体的系统族种类; (2) 了解墙体系统族对应的族类型种类。	(1) 在建模中通过参数设置和模型布置,培养学生的工匠精神,在建筑工程中失之毫厘、谬以千里,务必要保证模型参数的精确性,培养学生遵纪守法、兢兢业业的职业道德,以正确的人生观和价值观为社会主义建设贡献力量。 (2) 在模型构建中还要注意构件间的整体协调性,形成一个统一的整体,注意构件之间的连接,在此过程中培养学生的整体意识和大局观。
熟悉基本墙创建的步骤,掌握基本墙创建方法,能创建墙饰条,能编辑复合墙	(1) 能定义基本墙的属性; (2) 能完成本项目所有外墙、内墙和女儿墙的绘制; (3) 能利用修改编辑功能,完成本项目所有外墙、内墙和女儿墙的编辑; (4) 掌握复合墙的编辑创建方法。	
熟悉叠层墙、复合墙、幕墙创建的步骤,掌握叠层墙、复合墙、幕墙创建方法	(1) 能定义叠层墙、复合墙、幕墙的属性; (2) 能完成叠层墙、复合墙、幕墙的绘制; (3) 能完成专题所列叠层墙、复合墙、幕墙的创建。	
熟悉柱创建的步骤,掌握柱创建方法	(1) 能定义柱的属性; (2) 能完成本项目所有结构柱的绘制; (3) 能利用修改编辑功能,完成本项目所有结构柱的编辑。	
熟悉梁创建的步骤,掌握梁创建方法	(1) 能定义梁的属性; (2) 能完成本项目所有结构梁的绘制; (3) 能利用修改编辑功能,完成本项目所有梁的编辑。	
熟悉结构基础创建的步骤,掌握结构基础创建方法	(1) 能定义结构基础的属性; (2) 能完成本项目所有结构基础的绘制; (3) 能利用修改编辑功能,完成本项目所有结构基础的编辑。	

▶任务 1 墙体的创建与编辑◀

创建"建材检测中心"墙体,如图 4-1-1 所示:

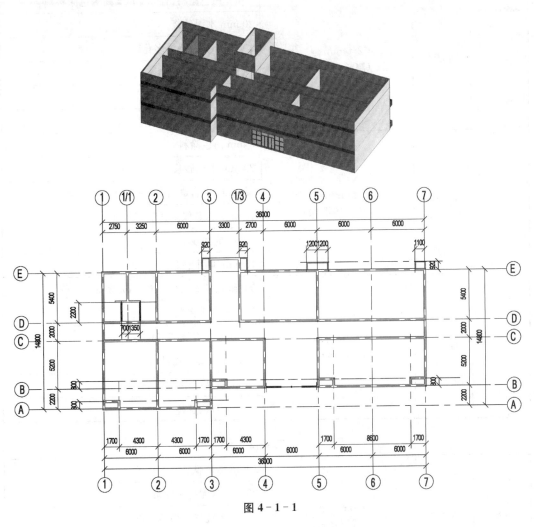

图 4-1-1

"建材检测中心"墙体的类型及材质,如表 4-1、4-2 所示:

表 4－1

外墙	外墙 1	240 mm 厚 （腻子内墙面）	5 mm 白色涂料
			20 mm 水泥砂浆
			190 mm 页岩烧结多孔砖
			15 mm EVB 保温砂浆
			5 mm 抗裂砂浆
			5 mm 白色腻子
	外墙 2	240 mm 厚 （腻子内墙面）	5 mm 白色涂料（含 600 mm 高褐色涂料）
			20 mm 水泥砂浆
			190 mm 页岩烧结多孔砖
			15 mm EVB 保温砂浆
			5 mm 抗裂砂浆
			5 mm 白色腻子
	外墙 3	245 mm 厚 （瓷砖内墙面）	5 mm 白色涂料
			20 mm 水泥砂浆
			190 mm 页岩烧结多孔砖
			15 mm EVB 保温砂浆
			5 mm 抗裂砂浆
			10 mm 釉面瓷砖
	外墙 4	245 mm 厚 （瓷砖内墙面）	5 mm 白色涂料（含 600 mm 高褐色涂料）
			20 mm 水泥砂浆
			190 mm 页岩烧结多孔砖
			15 mm EVB 保温砂浆
			5 mm 抗裂砂浆
			10 mm 釉面瓷砖

表 4－2

内墙	内墙 1	240 mm 厚 （腻子墙面）	5 mm 白色腻子
			20 mm 水泥石灰砂浆
			190 mm 混凝土小型砌块
			20 mm 水泥石灰砂浆
			5 mm 白色腻子

续表

内墙	内墙 2	250 mm 厚 （瓷砖墙面）	10 mm 釉面瓷砖
			20 mm 水泥石灰砂浆
			190 mm 混凝土小型砌块
			20 mm 水泥石灰砂浆
			10 mm 釉面瓷砖
	内墙 3	245 mm 厚 （瓷砖墙面＋腻子墙面）	10 mm 釉面瓷砖
			20 mm 水泥石灰砂浆
			190 mm 混凝土小型砌块
			20 mm 水泥石灰砂浆
			5 mm 白色腻子
	内墙 4	150 mm 厚 （瓷砖墙面）	10 mm 釉面瓷砖
			20 mm 水泥石灰砂浆
			90 mm 混凝土小型砌块
			20 mm 水泥石灰砂浆
			10 mm 釉面瓷砖

4.1.1　墙体信息

墙体是建筑的基本构件，是建筑物的重要组成部分。在实际工程中，根据各部位的墙体功能不同，可以分成多种类型。在 Revit 中，墙属于系统族，并提供了 3 种类型的墙族：基本墙、叠层墙和幕墙，如图 4-1-2 所示。所有墙类型，都可以利用这 3 种系统族，通过建立不同样式和参数来定义。

在 Revit 中创建墙体时，需要先定义墙体的类型，包括墙厚、构造做法、材质、功能等，再指定墙体的平面位置、高度等参数及图纸的详细程度显示等。

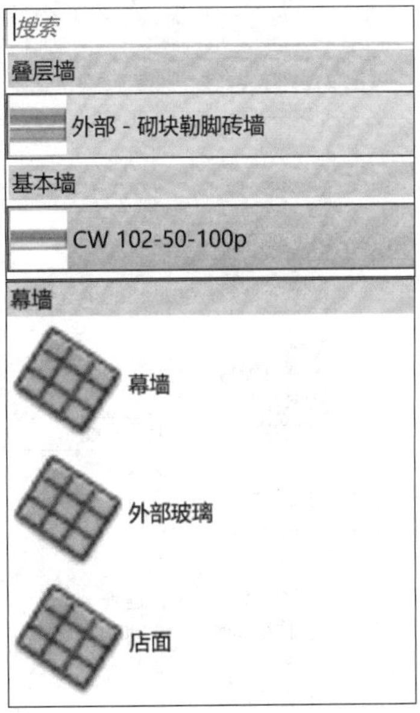

搜索

叠层墙

外部 - 砌块勒脚砖墙

基本墙

CW 102-50-100p

幕墙

幕墙

外部玻璃

店面

图 4-1-2

4.1.2　创建常规墙体

1. 选择绘制墙命令

在平面视图中，如打开"楼层平面：标高 1"视图。单击【建筑】选项卡→【构

案例视频

创建常规墙体

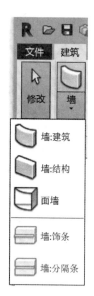

建】面板→【墙🗀】下拉按钮,如图4-1-3所示,在列表中可以选择【墙:建筑】【墙:结构】【面墙】【墙:饰条】【墙:分隔条】5种类型的墙体:

(1)【墙:建筑】用于在建筑模型中创建非承重墙;

(2)【墙:结构】用于在建筑模型中创建承重墙或剪力墙;

(3)【面墙】可以使用体量面或常规模型来创建墙体;

(4)【墙:饰条】、【墙:分隔条】命令在平面视图中灰显,无法调用,只能在三维视图、立面视图中才能激活,用于对已有墙体添加墙饰条、墙分隔条。

以【墙:建筑】为例,选择【墙:建筑】命令后,在选项卡中出现【修改|放置墙】上下文选项卡,在功能区下方新出现相应的选项栏,如图4-1-4所示。【属性】面板由"楼层平面"视图属性变为"墙"属性,如图4-1-5所示。

2. 选择墙类型或设置新的墙类型

要创建墙体图元,首先应选择或创建墙的类型,墙类型设置包括结构厚度、构造做法、材质及显示等。

(1)选择已有墙类型

在【属性】框中,单击【类型选择器】下拉列表,选择需要的墙类型,如选择类型"常规-200 mm",如图4-1-6所示。

图 4-1-3

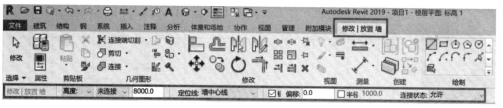

图 4-1-4

图 4-1-5

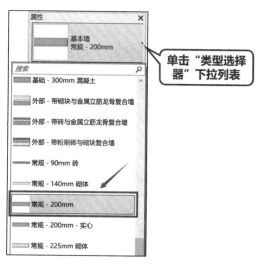

图 4-1-6

（2）新建墙类型

详见第 4.1.4 节《创建复合墙》及第 4.1.5 节《创建叠层墙》。

3. 选择墙体绘制方式

在【绘制】面板中选择绘制方式。如图 4-1-7 所示，【绘制】面板中有【直线 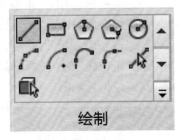】、【矩形 】、【多边形 】、【圆形 】、【弧线 】等若干种绘制方式；如果有导入的二维 DWG 平面图作为底图，可以选择【拾取线 】命令，拾取 DWG 平面图中的墙线，自动生成 Revit 墙体；也可以通过【拾取面 】命令拾取体量的面生成墙。

图 4-1-7

4. 在"选项栏"设置墙体参数

选项栏可以设置墙体的"高度/深度""未连接""定位线"等内容，如图 4-1-8 所示。

图 4-1-8

（1）高度/深度："高度"指从当前视图向上创建墙体的，"深度"指从当前视图向下创建墙体。

（2）未连接：下拉列表中包括各个楼层标高可供选择，在"未连接"选项中，可以在后面的数字栏中设置墙体高度；如选择某楼层标高，则墙体高度由标高确定，后面的数字栏不可输入。如图 4-1-9 所示。

图 4-1-9

（3）定位线：墙的定位线用于指定墙体的哪一个面与将在绘图区域中选定的线或面对齐。在"定位线"栏下拉列表中有 6 种墙定位方式，如图 4-1-10 所示：

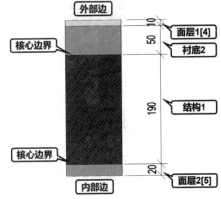

图 4-1-10

①"墙中心线"：指包括各构造层在内的整个墙体的中心线；

②"核心层中心线":指墙体结构层中心线;

③"面层面:外部":指整个墙体的外部线;

④"面层面:内部":指整个墙体的内部线;

⑤"核心面:外部":指墙体结构层外部线;

⑥"核心面:内部":指墙体结构层内部线。

在"定位线"栏中选择不同的定位方式,以某参照平面为捕捉基准,从左向右绘制出的墙体,其定位位置如图 4-1-11 所示。

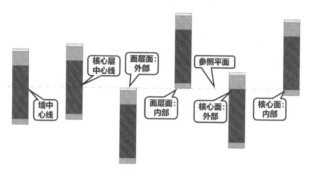

图 4-1-11

【提示】Revit 中墙体有内外之分,顺时针绘制墙体时,墙体外部边位于外侧(从左向右绘制出的墙体,外部边位于上侧)。

(4) 链:勾选"链"选项,则将连续绘制在端点处的墙体。

(5) 偏移:其值为指定墙体的定位线与光标位置或选定的线或面之间的距离。如设置墙体定位线为"墙中心线","偏移"值为"500",则绘制墙体时光标捕捉参照平面或轴线,绘制效果如图 4-1-12 所示。

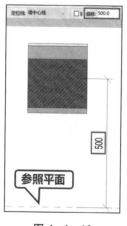

图 4-1-12

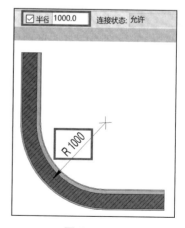

图 4-1-13

(6) 半径:表示在两面直线墙体的端点相连处,根据设定的半径值自动生成圆弧墙,如设置"半径值"为"1 000",则墙体交接处的绘制效果如图 4-1-13 所示。

(7) 连接状态:表示在两面墙体在端点处交接时是否连接,墙体交接处"允许连接"和

"不允许连接"时的绘制效果如图 4-1-14 所示。

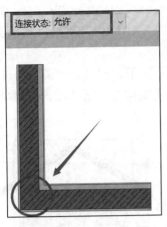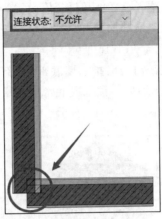

图 4-1-14

5. 设置墙的实例参数

在【属性】框中可以设置墙的实例参数,主要有墙体的定位线、底部和顶部的约束与偏移、结构用途等特性,如图 4-1-15 所示。

图 4-1-15

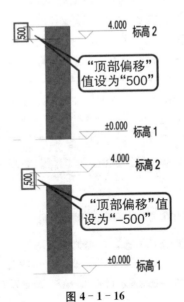

图 4-1-16

(1)定位线:同选项栏中"定位线"设置。需要注意的是,放置墙后,其定位线便永久存在,修改现有墙的"定位线"属性值不会改变墙的位置。

(2)底部约束/顶部约束:表示墙体底部/顶部的约束位置。

（3）底部偏移/顶部偏移：以底部约束/顶部约束位置为基准，通过设置偏移值，调整墙体底部/顶部的位置。如"顶部偏移"值设置为"500"，则墙体底部位置由"顶部约束"位置向上偏移 500 mm；若"顶部偏移"值设置为"－500"，则墙体底部位置由"顶部约束"位置向下偏移 500 mm，如图 4-1-16 所示。

（4）已附着底部/顶部：指示墙底部/顶部是否附着到另一个模型构件，该项为灰显，只读项，不可设置。当墙体与顶部或底部的水平连接构件相连时，【属性】面板中会显示勾选；反之则不勾选。如图 4-1-17 所示。

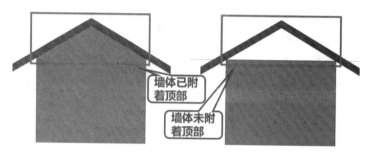

图 4-1-17

（5）房间边界：如果选中，则墙将成为房间边界的一部分。如果清除，则墙不是房间边界的一部分。此属性在创建墙之前为只读。在绘制墙之后，可以选择并随后修改此属性。

（6）结构：结构表示该墙是否为结构墙，勾选后则可用于后期结构受力分析。

6. 设置墙的类型参数

选择已创建的墙体，单击【属性】框中的【编辑类型】按钮，弹出【类型属性】对话框，如图 4-1-18 所示。墙的类型参数设置可以编辑墙的结构、设置墙的粗略比例填充样式，可以对墙体类型进行重命名等。

（1）结构：用于定义墙体的结构构造，在【结构】栏中单击【编辑】，弹出【编辑部件】对话框，如图 4-1-19 所示，可以设置墙体的结构构造。

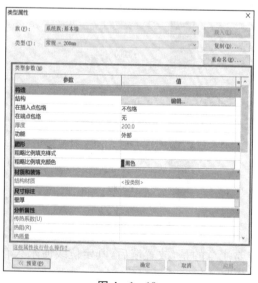

图 4-1-18

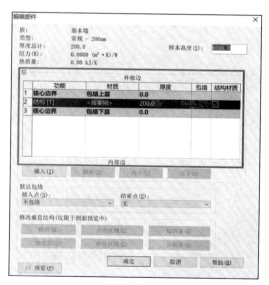

图 4-1-19

（2）功能：用于定义墙的用途，它反映墙在建筑中所起的作用。Revit 提供了内部、外部、基础墙、挡土墙、檐底板及核心竖井 6 种墙功能，如图 4-1-20 所示。"功能"可用于创建明细表以及针对可见性简化模型的过滤，或在进行导出时使用。

（3）粗略比例填充样式/颜色："粗略比例填充样式"指设置粗略比例视图中墙的填充图案。"粗略比例填充颜色"指将颜色应用于粗略比例视图中墙的填充图案。

（4）厚度：指墙体的厚度。

（5）在插入点包络：可设定为在"内

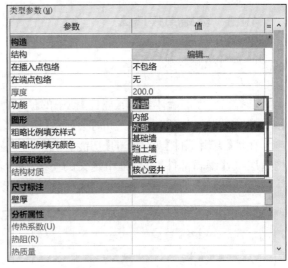

图 4-1-20

部""外部""两者"包络材料，或"无"。"在插入点包络"的位置由插入族中定义为"墙闭合"的参照平面控制。例如窗插入对象的包络，如图 4-1-21 所示。

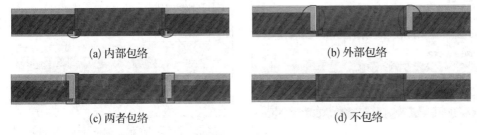

(a) 内部包络　　　　　　　　　　(b) 外部包络

(c) 两者包络　　　　　　　　　　(d) 不包络

图 4-1-21

（6）在端点包络：墙的端点条件可设定为"内部"或"外部"，以控制材质将包络到墙的哪一侧。如果不想对墙的层进行包络，则将端点条件设定为"无"，如图 4-1-22 所示。

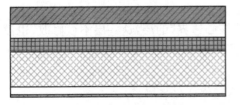

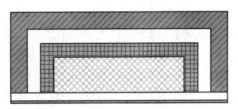

(a) 无端点加盖包络的复合墙　　　　　　(b) 墙端点加盖处的外包络

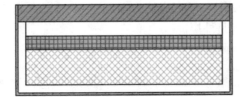

(c) 墙端点加盖处的内包络

图 4-1-22

案例视频

编辑常规墙体

4.1.3 编辑常规墙体

1. 编辑墙体材质

（1）功能

选择已创建的墙体，单击【属性】框中的【编辑类型】按钮。单击【结构】对应的【编辑】，如图 4-1-23 所示。此时会显示【编辑部件】对话框，可以指定图层的材质和厚度。

在墙【编辑部件】对话框的【功能】列表中共提供了 6 种层的功能，"层"用于表示墙体的构造层次，【编辑部件】对话框中定义的墙结构列表中从上（外部边）到下（内部边）对应于墙体构造从外到内的构造顺序，如图 4-1-24 所示。

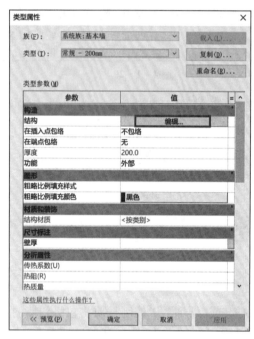

图 4-1-23

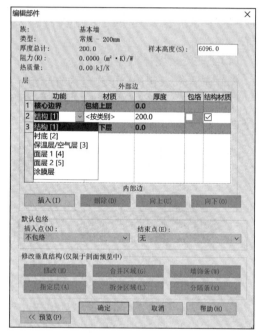

图 4-1-24

默认情况下，每个墙体类型都有两个名为"核心边界"的层，这些层不可修改，也没有厚度。它们一般包拢着结构层，是尺寸标注的参照。部件的各层可被指定下列功能：

结构[1]：支撑其余墙、楼板或屋顶的层。

衬底[2]：作为其他材质基础的材质（例如胶合板或石膏板）

保温层/空气层[3]：隔绝并防止空气渗透。

涂膜层：通常用于防水涂层，厚度应该为零。

面层 1[4]：面层 1 通常是外层。

面层 2[5]：面层 2 通常是内层。

【提示】[]内的数字代表连接的优先级，数字越大，该层的连接优先级越低。结构[1]具有最高优先级，面层 2[5]具有最低优先级。墙体连接时，Revit 会首先连接优先级高的层，然后连接优先级低的层。

（2）材质

1）选择材质：

单击【材质】单元格中的【浏览 ...】按钮，如图 4 - 1 - 25 所示。弹出图 4 - 1 - 26 所示的【材质浏览器】对话框。

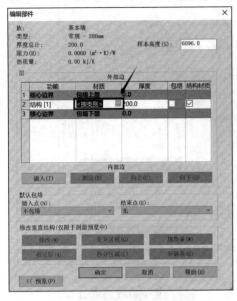

图 4 - 1 - 25

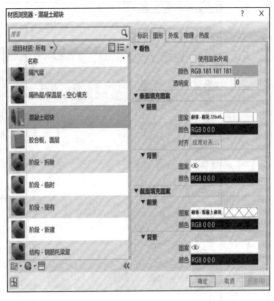

图 4 - 1 - 26

在"材质浏览器"选择材质：

① 在项目材质列表中，单击某个材质，如图 4 - 1 - 27 所示。

② 在材质库列表中，单击某个材质，然后单击【添加 ▲】或【编辑 ✎】按钮，则该材质从库添加到项目材质列表，如图 4 - 1 - 28 所示。

图 4 - 1 - 27

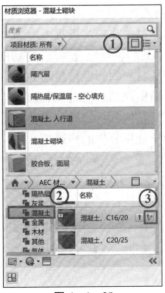

图 4 - 1 - 28

2）查看/编辑材质：

在编辑模式下，【材质编辑器】面板显示所选材质的资源。单击其中某个资源选项卡（例如，"标识"或"图形"），可查看或编辑其属性，如图 4 - 1 - 29 所示。

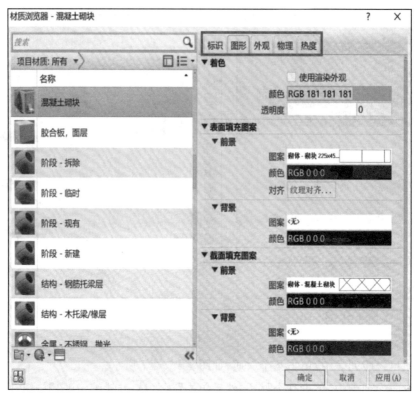

图 4 - 1 - 29

使用材质可以指定以下信息：图形、外观、热度、物理。材质会定义下列内容：

① 控制材质在未渲染视图中的外观的图形特征，如：在着色项目视图中显示的颜色、图元表面显示的颜色和填充样式、剪切图元时显示的颜色和填充样式；

② 有关材质的标识信息，如说明、制造商、成本和注释记号；

③ 在渲染视图、真实视图或光线追踪视图中显示的外观；

④ 用于结构分析的物理属性；

⑤ 用于能量分析的热属性。

要复制/重命名/删除材质，请在项目材质列表中的材质上单击鼠标右键，然后单击【复制/重命名/删除】，如图 4 - 1 - 30 所示。

3）新建材质：

新建一个材质，单击【创建 】按钮，单击【新建材质】选项，在新建材质上单击鼠标右键，然后单击【重命名】即可，如图 4 - 1 - 31 所示。

图 4 - 1 - 30

图 4 - 1 - 31

4）编辑资源

要选择资源进行编辑，在资源编辑器中单击【打开/关闭资源浏览器 ▤】。"资源浏览器"打开后，右键单击要编辑的资源，然后单击"添加到编辑器"，如图 4 - 1 - 32 所示。请单击【应用】，如果要保存更改并关闭资源编辑器，请单击【确定】。

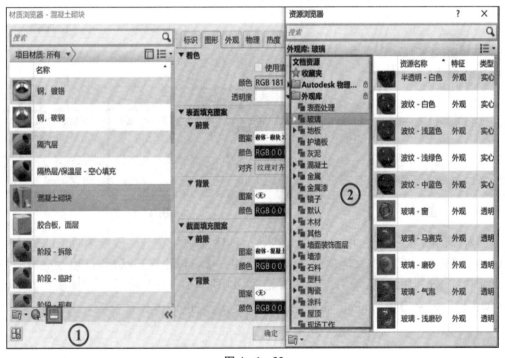

图 4 - 1 - 32

2. 编辑墙体轮廓

选择已创建的墙,激活【修改|墙】上下文选项卡,如图 4-1-33 所示,在【修改】面板中,可以使用移动、复制等编辑命令用于墙体的编辑。

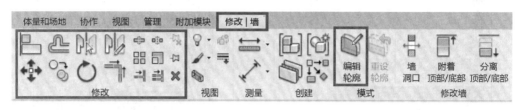

图 4-1-33

（1）编辑墙体立面轮廓

选择已创建的墙,激活【修改|墙】上下文选项卡,如图 4-1-33 所示,单击【模式】面板→【编辑轮廓】命令,如在平面视图进行此操作,会弹出【转到视图】对话框,如图 4-1-34 所示,选择任意立面视图或三维视图,单击【打开视图】按钮,转到所选立面视图或三维视图,同时激活【修改|墙>编辑轮廓】上下文选项卡,进入绘制轮廓草图模式,利用【绘制】面板中提供的绘制工具在墙体立面上绘制封闭轮廓,如图 4-1-35 所示。

图 4-1-34

图 4-1-35

例如:该墙体轮廓修改如图 4-1-36 所示。创建流程为:创建一段墙体,如图 4-1-36a 所示,单击【修改|墙】上下文选项卡→【模式】面板→【编辑轮廓】→【修改|墙>编辑轮廓】上下文选项卡,利用绘制、编辑工具编辑轮廓,如图 4-1-36b 所示,单击【模式】面板中【完成编辑模式】按钮,退出墙体轮廓编辑模式,完成墙体轮廓修改,如图 4-1-36c 所示。

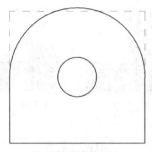

(a) 墙体轮廓修改前　　　　(b) 墙体轮廓修改中　　　　(c) 墙体轮廓修改后

图 4-1-36

如需一次性还原已编辑过轮廓的墙体,选择墙体,单击【模式】面板中的【重设轮廓 】命令,墙体即可恢复为原始状态。

(2) 附着/分离墙体

Revit 中可以通过"附着/分离"墙体功能快速实现墙体与屋顶的附着与分离。选择需要附着到屋顶的墙体,激活【修改|墙】上下文选项卡,单击【修改|墙】面板中的【附着顶部/底部 】按钮,在【选项栏 附着墙:◉顶部 ○底部 】选择"顶部"或"底部",再单击屋顶,则墙自动附着到屋顶下,墙体形状发生变化,如图 4-1-37 所示。

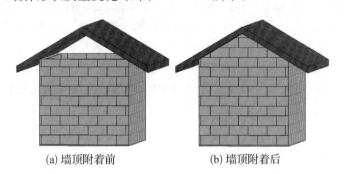

(a) 墙顶附着前　　　　　　(b) 墙顶附着后

图 4-1-37

再次选择墙体,单击【分离顶部/底部】按钮,再选择屋顶,可将所选择的墙体与屋顶分离,墙体形状恢复原状。

【提示】"附着"功能不仅可以使墙连接到屋顶,也可以连接到楼板、天花板、参照平面等。

【小技巧】若需一次性选择全部外墙,可以将鼠标放在某段外墙上,待其高亮显示时,按【Tab】键,即可实现。

3. 连接墙体

墙相交有"平接""斜接""方接""不允许接"四种墙连接配置,如图 4-1-38 所示。Revit 默认情况下会创建平接连接,并通过删除墙与其相应构件层之间的可见边来清理平面视图中的显示。

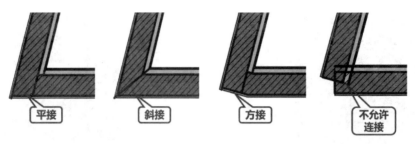

图 4 - 1 - 38

单击【修改】选项卡→【几何图形】面板→【墙连接 ⬒】按钮，将光标移至墙连接的位置，在墙连接处显示预选边框。单击要编辑墙连接的位置，然后在选项栏中修改连接方式，如图 4 - 1 - 39 所示。若要选择多个相交墙连接进行编辑，需在连接周围绘制一个选择框，或在按住【Ctrl】键的同时选择每个连接。

配置 上一个 下一个 ◉平接 ○斜接 ○方接 显示 使用视图设置 ⌄ ◉允许连接 ○不允许连接

图 4 - 1 - 39

Revit 可以确定是否清理显示墙连接位置。在项目中，当不选择任何对象时，Revit 将在【属性】面板中显示当前视图的视图属性。在楼层平面视图属性中提供了当前视图中墙连接的默认显示方式，如图 4 - 1 - 40 所示，在当前视图中所有墙连接将显示为"清理所有墙连接"，表示在默认情况下，Revit 将清理视图中所有墙的连接。

Revit 可以确定是否清理显示墙连接位置。如图 4 - 1 - 41 所示，在完全相同的平接情况下，左侧为不清理墙连接的图元显示情况，右侧为清理墙连接时图元的显示情况。

图 4 - 1 - 40

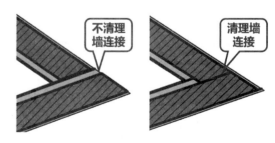

图 4 - 1 - 41

4.1.4　创建复合墙

案例视频

创建复合墙

复合墙就是指包含多个垂直层或区域的墙。既可以由单一材质的连续平面构成(例如普通砖),也可以由多重材质组成(例如石膏板、龙骨、隔热层、砖和涂料)。

1. 创建简单复合墙

下面以创建名称为"外墙 1-240 mm"复合墙为例,材质如表 4–3 所示。

表 4–3

外墙 1	240 mm 厚 (腻子内墙面)	5 mm 白色涂料
		20 mm 水泥砂浆
		190 mm 页岩烧结多孔砖
		15 mm EVB 保温砂浆
		5 mm 抗裂砂浆
		5 mm 白色腻子

(1) 选择【墙:建筑】命令后,在选项卡中自动出现【修改|放置墙】上下文选项卡。

(2) 单击【属性】面板中的【编辑类型】按钮,弹出【类型属性】对话框,如图 4–1–42 所示。单击【族】下拉列表,设置当前族为"系统族:基本墙",在【类型】下拉列表中将显示"基本墙"族中包含的族类型;可任意选择一种墙类型,如将"常规－200 mm"设置为当前类型。单击【复制】按钮,在"名称"对话框中输入"外墙 1-240 mm"作为新类型名称,单击【确定】按钮返回【类型属性】对话框,为基本墙族创建了"外墙 1-240 mm"的族类型,如图 4–1–43 所示。

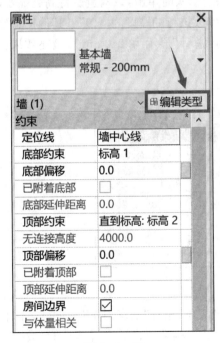

图 4–1–42

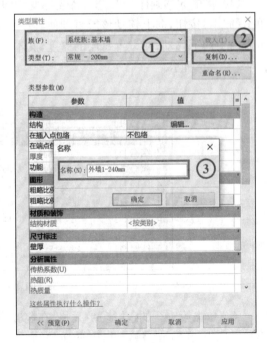

图 4–1–43

（3）如图 4-1-44 所示，单击【结构】参数中【编辑】按钮，打开【编辑部件】对话框，在"层"列表中，墙包括一个厚度为 200 mm 的结构层，其材质为"混凝土砌块"。单击【编辑部件】对话框中的"插入"按钮 5 次，在"层"列表中插入了五个新层，如图 4-1-45 所示。

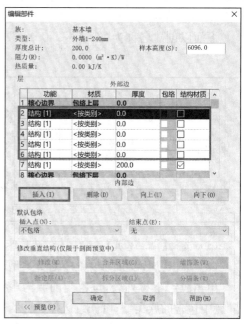

图 4-1-44　　　　　　　　　　　　图 4-1-45

（4）将鼠标移到序号"2"上，待光标变为向右的黑色箭头时单击，该构造层将高亮显示。单击【向上】按钮，向上移动该层直到使其序号为"1"，修改该行的厚度为"5.0"。其他构造层也需向上向下移动，并设置每层的厚度，文本框中"厚度总计"显示为"240 mm"，最终效果如图 4-1-46 所示。

层	外部边				
	功能	材质	厚度	包络	结构材质
1	结构 [1]	<按类别>	5.0	☑	
2	结构 [1]	<按类别>	20.0	☑	
3	核心边界	包络上层	0.0		
4	结构 [1]	<按类别>	190.0		☑
5	核心边界	包络下层	0.0		
6	结构 [1]	<按类别>	15.0	☑	
7	结构 [1]	<按类别>	5.0	☑	
8	结构 [1]	<按类别>	5.0	☑	
	内部边				

图 4-1-46

（5）单击第 1 行的【功能】单元格，在【功能】下拉列表中，选择"面层 1[4]"。同样方法将第 2 行选中，在【功能】单元格中选择"衬底 2"。此时，其他构造层也需设置其功能，最终效果如图 4-1-47 所示。

	功能	材质	厚度	包络	结构材质	
		外部边				
1	面层 1 [4]	<按类别>	5.0	☑		
2	衬底 [2]	<按类别>	20.0	☑		
3	**核心边界**	**包络上层**	**0.0**			
4	结构 [1]	<按类别>	190.0	□	☑	
5	**核心边界**	**包络下层**	**0.0**			
6	保温层/空气 ∨	<按类别>	15.0	☑		
7	保温层/空气层	<按类别>	5.0	☑		
8	面层 1 [4]	<按类别>	5.0	☑		
		内部边				

图 4-1-47

（6）单击第 4 行的【材质】单元格中的【…】按钮，弹出【材质浏览器】对话框，对话框上半部分区域显示当前项目中可用的已定义材质，在对话框上方的"搜索材质"框中，输入"混凝土砌块"，搜索结果中出现该材质，如图 4-1-48 所示。

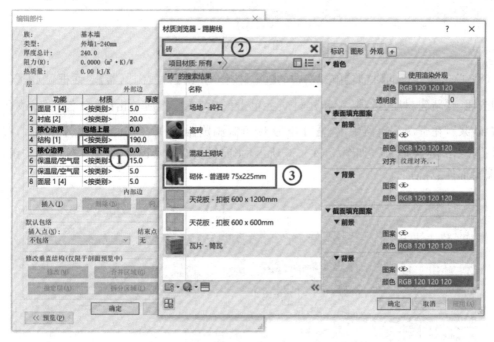

图 4-1-48

（7）单击第 2 行的【材质】单元格中的【…】按钮，弹出【材质浏览器】对话框，在对话框上方的"搜索材质"框中，输入"灰浆"，在材质库的搜索结果中，如图 4-1-49 所示。单击【显示/隐藏库面板】中"灰浆"后的 🔼 按钮，将"灰浆"材质添加到上方的"项目材质"框中，如图 4-1-49 所示，在对话框右侧的【材质编辑器】中可以对材质的"标识""图形""外观"等进行设置。材质编辑器可以通过对话框【材质库】下方的 « 按钮打开和关闭。完成材质选择及设置后，单击【确定】按钮，返回【编辑部件】对话框。

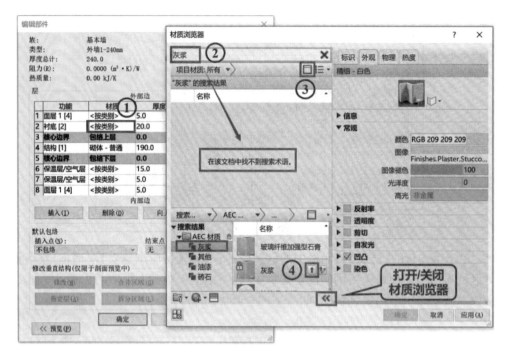

图 4 - 1 - 49

(8) 单击第 6 行的【材质】单元格中的【…】按钮,弹出【材质浏览器】对话框,单击【创建】按钮→【新建材质】选项,在新建材质上单击鼠标右键,然后单击【重命名】并修改名称"保温砂浆",在资源编辑器中单击【打开/关闭资源浏览器】。【资源浏览器】打开后,搜索"砂浆",双击"水泥砂浆",如图 4 - 1 - 50 所示,完成材质选择及设置后,单击【确定】按钮,返回【编辑部件】对话框。

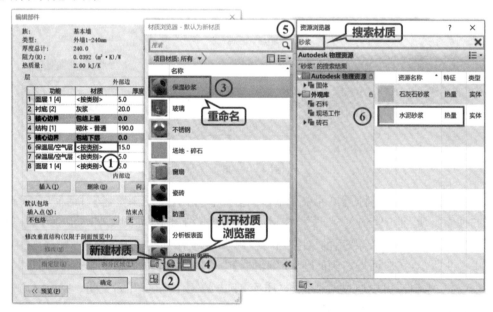

图 4 - 1 - 50

【提示】若材质库中没有需要的材质,可以通过【材质浏览器】对话框中新建材质、复制、重命名等方法设置新材质。

(9) 同样方法完成对第1、7、8层材质的选择和设置,最终结果如图4-1-51所示。单击【确定】按钮,返回【类型属性】对话框,单击【确定】按钮,完成对"外墙1-240 mm"墙体类型的设置。

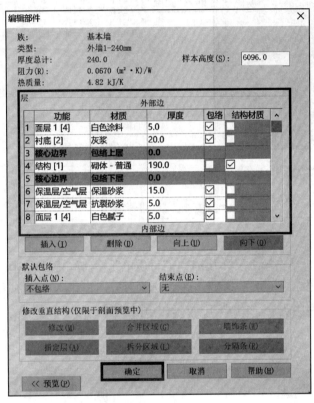

图 4-1-51

2. 创建多重材质复合墙

下面在上一章节"外墙1-240 mm"复合墙的基础上,创建以"外墙2-240 mm"命名的多重材质复合墙,如图4-1-52所示。

图 4-1-52

创建过程:

(1) 创建墙体。单击【建筑】选项卡→【构建】面板→【墙墙:建筑】命令,在【属性】框中单击【编辑类型】按钮,打开【类型属性】对话框,在【类型】下拉列表中选择"外墙1-240 mm",将其复制命名为"外墙2-240 mm";单击【类型参数】→【结构】→【编辑】按钮,打开【编辑部件】对话框,打开对话框下部的【预览】按钮,在预览框下方选择视图为剖面形式 视图(Y): 剖面:修改类型属性 ;单击【插入】按钮1次,在"层"栏中插入1个构造层,通过"向上"按钮将其移动到墙体的外部边,将其"功能"改为"面层",厚度按默认的"0",如图4-1-53所示。

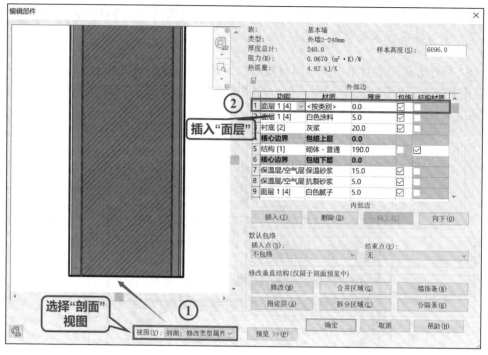

图 4 - 1 - 53

（2）材质设置。单击第1层"面层1[4]"材质单元格，弹出【材质浏览器】对话框，新建材质并重命名为"褐色涂料"，搜索"墙漆"，双击选择"墙漆：白色"，在【材质编辑器】中的"外观"选项卡设置颜色，如图4-1-54所示，最终单击【确定】。

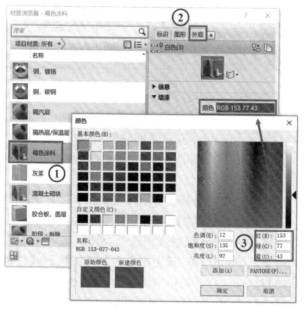

图 4 - 1 - 54

【提示】在【材质编辑器】"图形"页面中，"着色"项与该材质在"视觉样式：着色"模式下显示效果相同；在"外观"页面中，"墙漆"项与该材质在"视觉样式：真实"模式下显示效果相同。

（3）拆分区域。单击【修改垂直结构】下的【拆分区域】按钮，移动光标到预览框中，在墙左侧（外部边）面层上移动光标时会显示临时尺寸，当尺寸标注从墙顶向下显示为"600"时，单击鼠标，会发现面层在该点处拆分为上下两部分，如图 4-1-55 所示。注意此时右侧栏中"褐色涂料"层的"厚度"值由"5"变为"可变"。

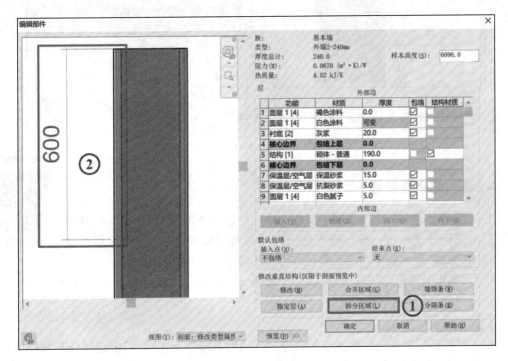

图 4-1-55

（4）指定层。单击面层"褐色涂料"层，再单击【修改垂直结构】下的【指定层】按钮，移动光标到左侧预览框中已拆分的外部边面层 600 mm 下方层上单击，会将"褐色涂料"的面层材质指定给拆分的面。注意"褐色涂料"的面层和原来"白色涂料"面层"厚度"都变为"5"，如图 4-1-56 所示。

单击【确定】关闭所有对话框后，完成创建了"外墙 2-240 mm"类型。

（5）绘制墙体。将视图切换到"标高 1"楼层平面，调用创建墙的命令绘制即可。

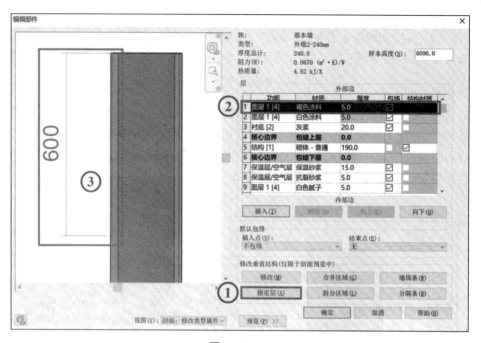

图 4-1-56

案例视频

创建叠层墙

4.1.5　创建叠层墙

叠层墙是一种由两面或多面子墙相互叠在一起的主墙,子墙在不同的高度可以具有不同的墙厚度。叠层墙中的所有子墙都被附着,其几何图形相互连接。仅"基本墙"系统族中的墙类型可以作为子墙。

例如,创建上部为"常规-200 mm",下部为"挡土墙-300 mm 混凝土"且高度为 900 mm 的叠层墙,如图 4-1-57 所示。

创建过程:

(1) 创建叠层墙。调用创建墙的命令,在【属性】框【类型选择器】中选择任意叠层墙,如图 4-1-58 所示,单击【编辑类型】,打开【类型属性】对话框,复制新建名为"常规墙+挡土墙"的墙类型。

图 4-1-57

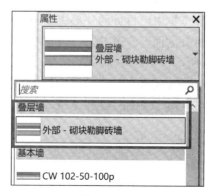

图 4-1-58

（2）修改墙的类型属性。单击【结构】栏中【编辑】按钮，打开【编辑部件】对话框，单击【预览】打开预览窗，用以显示选定墙类型的剖面视图。在【类型】框中，设置顶部（第1层）的墙类型为"常规－200 mm"，高度为"可变"，底部（第2层）墙类型为"挡土墙－300 mm 混凝土"，高度为"900"，其余采用默认值，如图4-1-59所示。

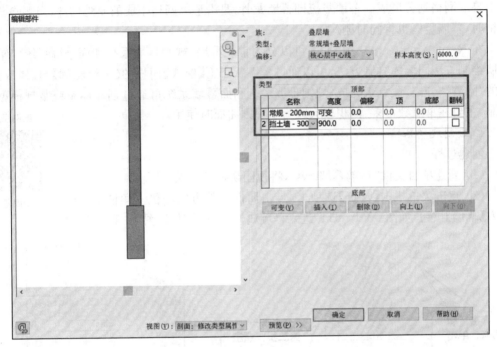

图 4-1-59

【提示】绘制该叠层墙时，墙下段的高度设置后是固定不变的，而高度设置为"可变"的上段，其绘制高度会随着墙体整体高度的变化而变化。

（3）单击【确定】按钮，即完成叠层墙的设置。

4.1.6　创建幕墙

创建"建材检测中心"幕墙，如图4-1-60。

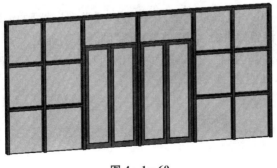

图 4-1-60

　　幕墙是建筑的外墙围护,不承重,像幕布一样挂上去,故又称为"帷幕墙",是现代大型和高层建筑常用的带有装饰效果的轻质墙体。

　　幕墙由"幕墙网格""幕墙竖梃"和"幕墙嵌板"组成。幕墙嵌板是构成幕墙的基本单元,幕墙由一个或多个幕墙嵌板组成,幕墙嵌板可以分别编辑为不同材质。幕墙嵌板的大小、数量由幕墙网格划分形成。幕墙竖梃即幕墙龙骨,是沿幕墙网格生成的龙骨构件,当删除幕墙网格时,幕墙竖梃也将同时删除。

　　在 Revit Architecture 中,幕墙可以分为常规幕墙、规则幕墙系统和面幕墙系统。常规幕墙绘制方法同墙体绘制方法,可以通过幕墙状态下【模式】面板的【编辑轮廓】与【修改】面板的"附着""分离"命令来完成;规则幕墙系统和面幕墙系统可通过创建体量或常规模型来绘制,主要在幕墙数量多、面积较大或为不规则曲面时使用。

案例视频

创建幕墙

　　1. 绘制玻璃幕墙

　　创建过程:

　　(1) 新建项目文件"玻璃幕墙.rvt",将视图切换至平面视图。

　　(2) 点击菜单栏中【建筑】选项卡,点击属性栏下方实心倒三角图标,选择下方【幕墙】按钮,如图 4-1-61。进入幕墙属性设置界面,如图 4-1-62。

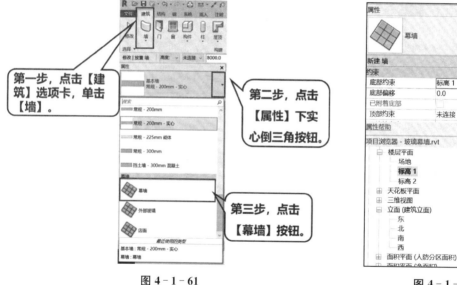

图 4-1-61　　　　　　　　　　　　　　　　　　　　图 4-1-62

　　(3) 点击图 4-1-62 中【编辑类型】按钮,进入【类型属性】的编辑对话框,单击【复制】按钮,如图 4-1-63,将名称重命名为"玻璃幕墙"的新幕墙类型。

　　(4) 勾选【类型属性】对话框中"类型参数"的"自动嵌入",不修改其他类型参数,单击【确定】回到绘图界面,如图 4-1-64。

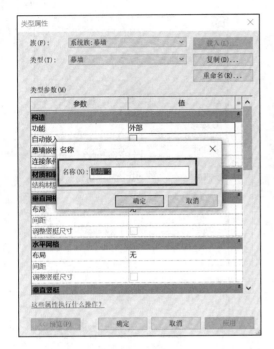
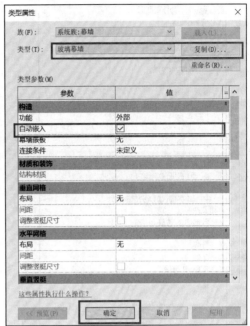

图 4 - 1 - 63 　　　　　　　　　　　　　图 4 - 1 - 64

（5）选择【绘制】面板的"直线"绘制。设置选项栏中的"高度"为"标高 2"，勾选"链"选项，设置"偏移量"为"0"，注意幕墙不允许设置"定位线"，一般定位线均为"墙中心线"。设置【属性】面板"顶部偏移"，可根据实际要求填写，如图 4 - 1 - 65。

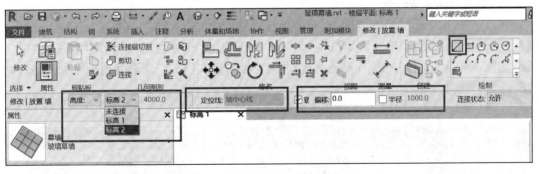

图 4 - 1 - 65

（6）在项目浏览器界面，选择【楼层平面】的"标高 1"，如图 4 - 1 - 66；在【属性】菜单中【约束】栏，依据项目设计文件依次设置"底部约束""底部偏移""顶部约束""顶部偏移"，如图 4 - 1 - 67。

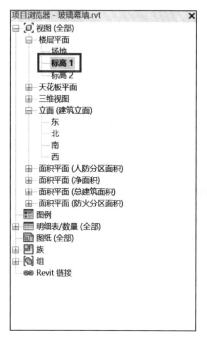

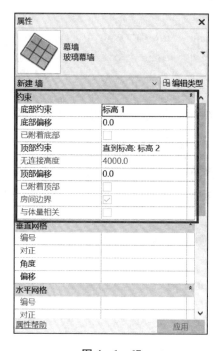

图 4-1-66 图 4-1-67

【小技巧】在基本墙上绘制幕墙时,设置幕墙"类型属性"时,注意勾选"自动嵌入",则在普通墙体上绘制的幕墙会自动剪切墙体。

2. 编辑玻璃幕墙轮廓

(1) 在标高 1 楼层平面视图上,单击鼠标左键选中"幕墙",进入【修改│墙】界面,单击【模式】面板中的【编辑轮廓】,如图 4-1-68,在弹出的"转到视图"对话框中,选择"南立面"如图 4-1-69,打开视图,界面将转到"南立面",进入【修改│墙】的【编辑轮廓】模式,如图 4-1-70。

图 4-1-68

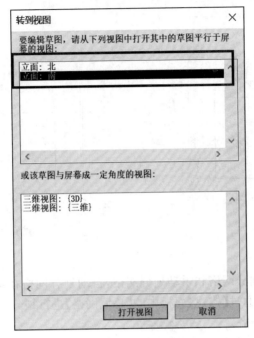

图 4 - 1 - 69

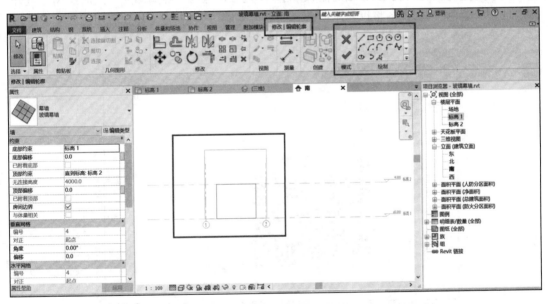

图 4 - 1 - 70

（2）在【绘制】栏选择相应的绘制工具，对玻璃幕墙的轮廓进行编辑。以弧形制作为例，选择【起点—终点—半径弧 】命令，根据提示依次选择弧起点、弧终点、输入直径，如图 4 - 1 - 71，双击键盘【Esc】键退出。点击中间直线，单击【Delete】按键，删除直线，如图 4 - 1 - 72，完成后点击绘制栏左侧【模式】栏，点击【 ✔ 】按钮，完成轮廓编辑。

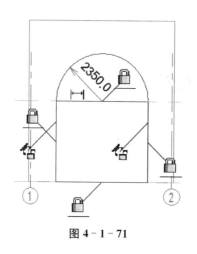

图 4 - 1 - 71

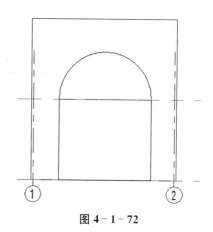

图 4 - 1 - 72

3. 划分幕墙网格

网格划分分为自动划分网格和手动划分网格,自动划分网格在幕墙【类型属性】参数中直接定义,手动划分网格通过【构建】面板中的【幕墙网格】进行划分。

(1) 手动划分幕墙网格

将项目在三维视图模式下,选中幕墙,在项目浏览器中将视图切换至南立面视图。单击绘图区域下侧【视图控制】栏的【临时隐藏/隔离 🕶】按钮,选择"隔离图元",此时绘图区域外侧出现一个蓝色线框,视图将仅显示所选择的玻璃幕墙。如图 4 - 1 - 73 所示。

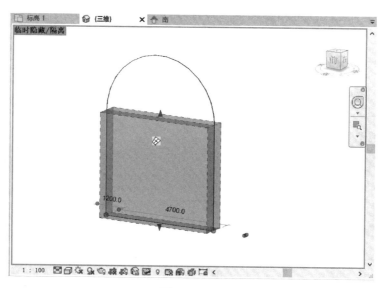

图 4 - 1 - 73

(2) 单击【建筑】→【构建】→【幕墙网格】,进入【修改|放置 幕墙网格】上下文选项卡,如图 4 - 1 - 74,点击后默认为图 4 - 1 - 75 所示的"全部分段"命令,鼠标指针变为一个带移动箭头的光标。

图 4-1-74

图 4-1-75

（3）在"全部分段"命令下，将鼠标指针移至幕墙左侧垂直方向边界位置，将以虚线显示垂直于光标处幕墙网格的幕墙网格预览，如图 4-1-76 所示，在距离底部 900 处放置第 1 根网格线后，再在距离第 1 根网格线 900 处放置第 2 根水平网格线，依次以 900 为间距放置第 3—6 根水平网格线。

（4）继续在"全部分段"命令下，将鼠标指针移至幕墙底部水平方向边界位置，在距离右侧依次在 1 000、3 700、4 700 处放置垂直网格线，如图 4-1-77 所示。

（5）切换【放置】面板的网格划分命令为"一段"，将鼠标移至第 2—3 根、4—5、6—7 水平网格中间位置，放置一段水平网格线，如图 4-1-78 所示。按键盘【Esc】键 2 次，退出网格绘制命令。

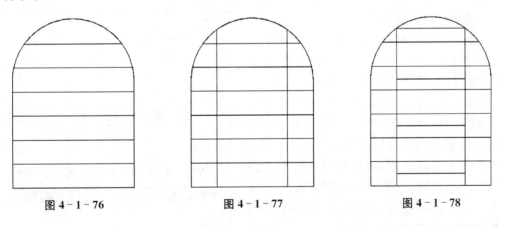

图 4-1-76　　　　　　　图 4-1-77　　　　　　　图 4-1-78

（6）依次单击 1、2、3、4、5、6 根水平网格，界面自动切换至【修改│幕墙网格】，单击【幕墙网格】面板的【添加/删除线段】工具，鼠标移至选中网格的中间网格位置并单击，如图 4-1-79，完成后，按 1 次【Esc】键退出当前操作，将删除单击位置处网格线段，如图 4-1-80 所示。

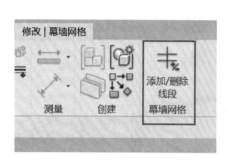

图 4-1-79

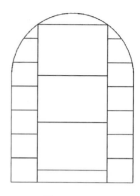

图 4-1-80

【小技巧】网格【添加/删除线段】功能仅对当前所选择网格有效，不能连续应用到不同网格线上。"添加/删除线段"并未真正删除实际的幕墙网格对象，只是将其隐藏。

（7）单击【视图控制】栏的【临时隐藏/隔离】命令，选择【重设临时隐藏/隔离】命令，界面将显示整个建筑南立面构件，保存该项目文件为"玻璃幕墙网格.rvt"至指定目录。

【小技巧】【体量和场地】选项卡下，可通过体量设置异形网格线，详见本书体量与场地的介绍。

4. 自动划分幕墙网格

自动划分幕墙网格，通过【属性】面板进入【类型属性】对话框，修改"类型参数"中的"垂直网格""水平网格"即可实现，如图 4-1-81 所示。修改"布局"值为"固定距离""最大间距"或"最小间距"，可继续设置"间距"值，并勾选调整竖梃尺寸，满足网格设置差异化的要求。修改"布局"值为"固定数量"，在【属性】面板"垂直网格""水平网格"的"编号"中输入网格数量，如图 4-1-82 所示，系统会根据设置的网格数量自动将幕墙尺寸进行均分。同时可通过调整"角度"值设置斜线网格等。

设置幕墙网格后，Revit Architecture 会根据幕墙网格线段将玻璃幕墙划分为独立的幕墙嵌板，可以自由指定或替换各幕墙嵌板。嵌板可以替换为系统嵌板族、载入嵌板族、基本墙和叠层墙中的任一类型。

图 4-1-81

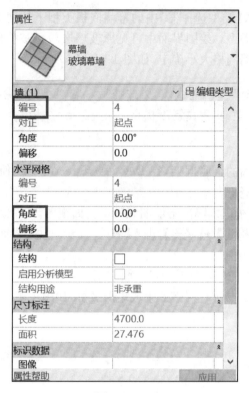

图 4 - 1 - 82

（1）打开上节完成的"玻璃幕墙网格.rvt"项目文件，将文件另存为"玻璃幕墙嵌板及竖梃.rvt"，切换为南立面视图，选中整个幕墙后，单击【视图控制】栏的【临时隐藏/隔离】命令，选择"隔离图元"，进入只有玻璃幕墙的界面。

（2）单击选项卡【插入】→【载入族】，载入"族文件夹"里的幕墙嵌板族"窗嵌板－双扇推拉无框铝窗"，如图 4 - 1 - 83。

（3）将鼠标移至绘制的幕墙底部的网格线，按键盘【Tab】键，直至需要的幕墙网格嵌板呈蓝色高亮显示，单击鼠标左键，选择该嵌板，如图 4 - 1 - 84 所示。自动进入【修改|幕墙嵌板】界面。

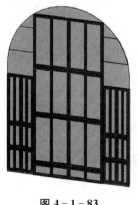

图 4 - 1 - 83

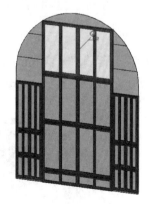

图 4 - 1 - 84

（4）单击【属性】面板【类型选择器】中的幕墙嵌板类型下拉列表，在列表中选择第 2 步载入的"幕墙双开门"族类型。绘图界面中可见原玻璃嵌板已被替换为幕墙双开门嵌板，双开门嵌板尺寸大小由幕墙网格大小确定，如图 4-1-84 所示。

> 【提示】幕墙嵌板类型选择器中，可以选择基本墙、叠层墙、幕墙、系统玻璃与实体、外部载入嵌板等任一族类型，应用灵活度极高。

5. 添加幕墙竖梃

幕墙竖梃即玻璃幕墙的金属框架，在 Revit Architecture 中，使用竖梃工具可将幕墙网格生成指定类型的幕墙竖梃。

（1）接上节内容，继续进入隔离幕墙图元的南立面视图。

（2）单击【建筑】→【构建】→【竖梃】，进入【修改|放置 竖梃】界面。【属性】面板默认"50×150mm"矩形竖梃，此处不做修改。

（3）单击【放置】面板的"全部网格线"，将鼠标移至幕墙网格处，待网格线全部呈蓝色高亮显示时，单击鼠标左键，在所有网格处生成矩形竖梃，如图 4-1-85 所示。单击【Esc】键 2 次，退出当前命令。

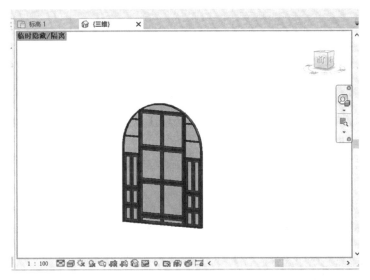

图 4-1-85

（4）将鼠标移至幕墙双开窗底部的水平竖梃处，当该段竖梃呈蓝色高亮显示时，单击鼠标左键，选中该竖梃，按键盘【Delete】键，删除该竖梃。如图 4-1-86 所示。

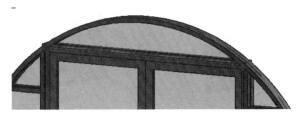

图 4-1-86

（5）单击任一段竖梃，竖梃两端出现竖梃打断指示符号区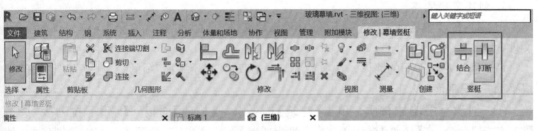，表示该段水平竖梃被打断，竖直方向为连续，单击该符号，指示符号变为，表示该段竖直竖梃被打断，水平方向为连续。也可通过选择该竖梃，单击鼠标右键，选择"连接条件"的"结合"或"打断"，修改幕墙竖梃的连接条件，如图 4-1-87。

图 4-1-87

【提示】使用连接符号和连接条件，修改单段竖梃连接方式较为方便，若需要修改全部幕墙网格，此法略烦琐，可通过"类型属性"对话框修改。

（6）移动鼠标至幕墙网格外部线条处，当整个幕墙外轮廓呈蓝色虚线高亮显示时，单击左键，选中整个玻璃幕墙。单击【属性】面板【编辑类型】进入【类型参数】对话框，修改"连接条件"参数为"边界和垂直网格连续"，如图 4-1-88 所示，即可保持竖梃在边界和垂直方向均为连续竖梃，水平方向竖梃被打断。单击【确定】按钮，退出【类型参数】对话框。

（7）通过【类型参数】对话框，可对竖梃的轮廓类型进行修改，如图 4-1-89 所示。"垂直竖梃"和"水平竖梃"均分为"内部类型"与"边界类型"，均可通过下拉列表选择合适的竖梃类型，还可载入外部竖梃轮廓族，来实现竖梃轮廓形状的改变。

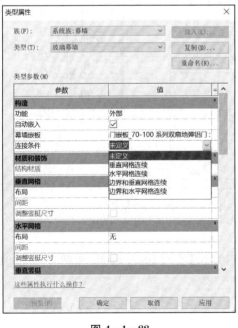

图 4-1-88

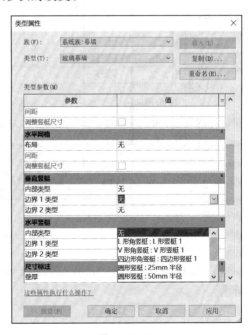

图 4-1-89

本项目的墙体绘制步骤如下：

1. 创建常规墙体

（1）打开"建材检测中心——标高轴网.rvt"文件，另存为"建材检测中心——墙体.rvt"文件。

（2）创建一层平面的墙体。在项目浏览器中双击"楼层平面"项的"一层平面"，打开"楼层平面：一层平面"视图。

（3）创建一层墙体材质。单击【建筑】选项卡→【构建】面板→【墙】下拉列表，选择【墙：建筑】命令，在【属性】框中单击【类型选择器】下拉列表，选择第 4.1.4 章所创建的"外墙 1-240 mm""外墙 2-240 mm"的墙类型。在"外墙 1-240 mm""外墙 2-240 mm"的基础上，按表 4-1、4-2 分别创建"外墙 3-245 mm""外墙 4-245 mm""内墙 1-240 mm""内墙 2-250 mm""内墙 3-245 mm""内墙 4-150 mm"。

（4）绘制一层墙体。单击【绘制】面板下【直线】命令，在选项栏中"高度"设置为"二层平面"，"定位线"选择"核心层中心线"。

① 选择"外墙 1-240 mm"，移动光标单击捕捉⑦轴和 E 轴交点为绘制起点顺时针方向绘制外墙，绘制完成的外墙如图 4-1-90 所示。

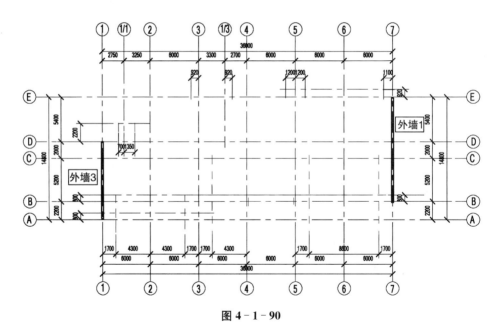

图 4-1-90

② 选择"外墙 3-245 mm"及"外墙 4-245 mm"，单击【直线】命令绘制，如图 4-1-91 所示。

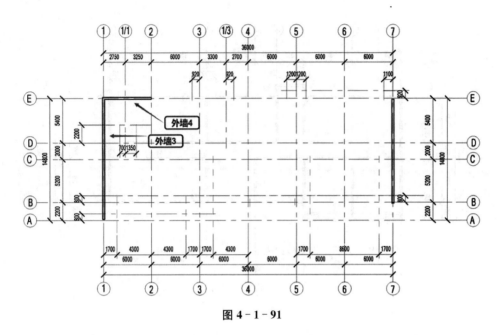

图 4 - 1 - 91

③ 选择"外墙 2-240 mm",单击【直线】命令绘制,如图 4 - 1 - 92 所示。

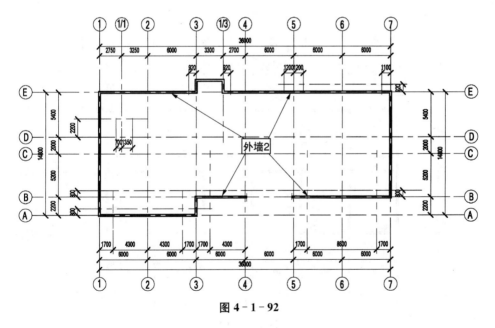

图 4 - 1 - 92

④ 选择"内墙 1-240 mm",单击【直线】命令绘制,如图 4 - 1 - 93 所示。

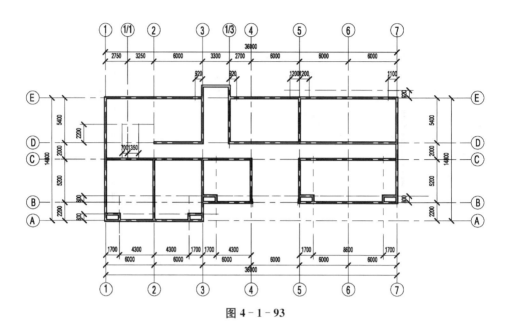

图 4 - 1 - 93

⑤ 选择"内墙 2-250 mm"及"内墙 3-245 mm",单击【直线】命令绘制,如图 4 - 1 - 94 所示。

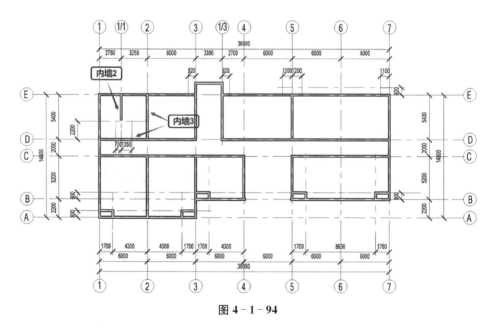

图 4 - 1 - 94

⑥ 选择"内墙 4-150 mm",单击【直线】命令绘制,如图 4 - 1 - 95 所示。

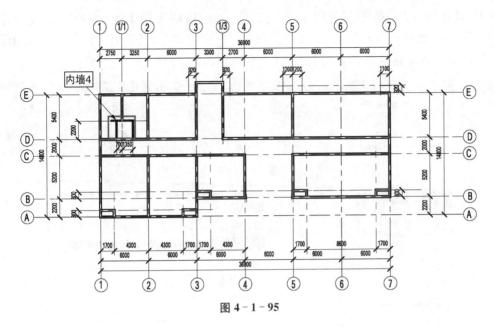

图 4 - 1 - 95

⑦ 完成后的一层墙体。单击全部外墙墙体,将【属性】框中"底部约束"改为"室外地坪",如图 4 - 1 - 96 所示。

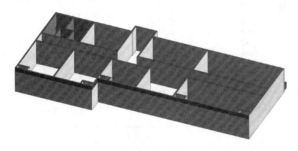

图 4 - 1 - 96

【提示】1. 顺时针绘制,可使绘制的外墙外部边朝外。对于已绘制的墙体,如需修改墙的方向,选中该墙体后,单击墙体附近出现的翻转控件 ↕ 即可。

2. 在绘制墙体时,如果没有轴线,可以绘制参照平面进行定位。

【小技巧】1. 绘制墙时按住【Shift】键可强制正交。

2. 每绘制完一段墙,按【Esc】键可重新绘制另一段墙;若需退出绘制命令,则按【Esc】键两次。

(5) 创建二层平面的墙体。在项目浏览器中双击"楼层平面"项的"二层平面",打开"楼层平面:二层平面"视图。

(6) 创建二层墙体。全选一层墙体,此时激活【修改│选择多个】选项卡,单击【剪贴板】

面板中的【复制到剪贴板 📋】，如图 4-1-97 所示，选择【粘贴 📋】命令中的【与选定的标高对齐 📋】命令，如图 4-1-98 所示，在弹出的对话框中选择"二层平面"，再点击【确定】即可将一层的墙体全部复制到二层，如图 4-1-99 所示。

图 4-1-97

图 4-1-98

图 4-1-99

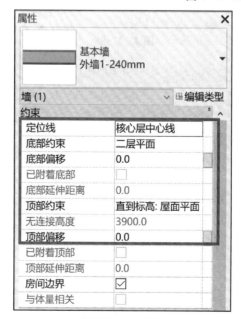

图 4-1-100

（7）编辑二层墙体。将二层墙体中多余的墙体删除，或缺少的墙体进行延伸，如图4-1-101 所示。单击某一墙体，从【属性】框中检查"底部约束/偏移""顶部约束/偏移"等设置是否正确，如设置有误，需进行修改，如图4-1-101 所示。

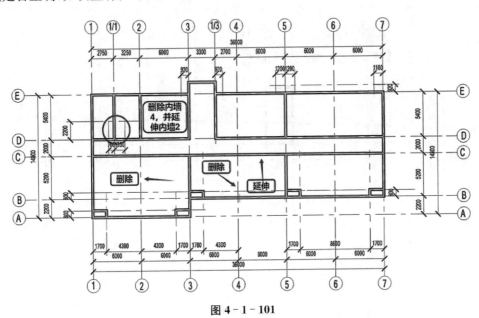

图 4 - 1 - 101

（8）创建女儿墙。在项目浏览器中双击"楼层平面"项的"屋面平面"，打开"楼层平面：屋面平面"视图。选择【墙：建筑】→【属性】框中的"外墙 1-240 mm"，在选项栏中"高度"设置为"女儿墙顶面"，"定位线"选择"核心层中心线"。单击【绘制】面板下【直线】命令，绘制完成的女儿墙如图4-1-102 所示。

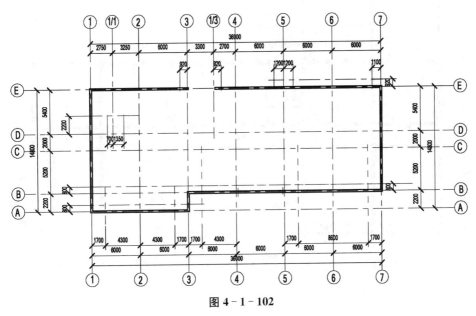

图 4 - 1 - 102

（9）创建楼梯层的墙体。在项目浏览器中双击"楼层平面"项的"屋面平面"，打开"楼层平面:屋面平面"视图。选择【墙:建筑】→【属性】框中的"外墙 1-240 mm",在选项栏中"高度"设置为"楼梯屋面","定位线"选择"核心层中心线"。单击【绘制】面板下【直线】命令,绘制完成的楼梯层墙体如图 4-1-103 所示。

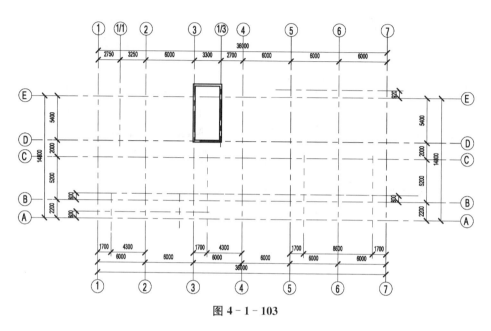

图 4-1-103

2. 创建幕墙

(1) 将界面切换至"一层平面"视图,如图 4-1-104。

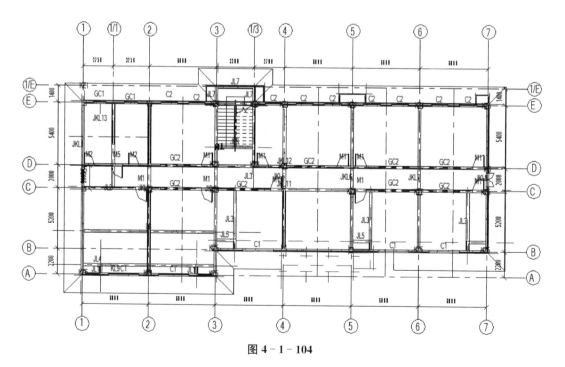

图 4-1-104

（2）点击菜单栏中【建筑】选项卡，点击属性栏下方实心倒三角图标，选择下方【幕墙】按钮，如图 4-1-105。进入幕墙属性设置界面，如图 4-1-106。

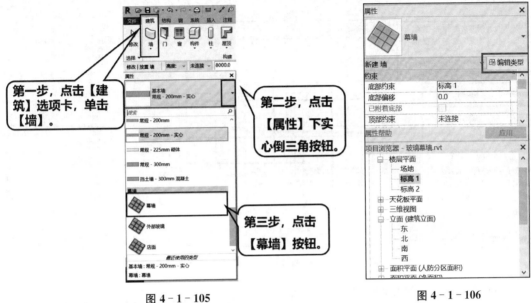

图 4-1-105　　　　　　　　　　　　　图 4-1-106

（3）点击图 4-1-106 中【编辑类型】按钮，进入【类型属性】编辑对话框，单击【复制】按钮，如图 4-1-107，将名称重命名为"建材检测中心幕墙"的新幕墙类型。

（4）勾选【类型属性】对话框【类型参数】中的"自动嵌入"，不修改其他类型参数，单击【确定】回到绘图界面，如图 4-1-107。

（5）确认【绘制】面板勾选"直线"绘制。设置选项栏中的"高度"为"二层平面"，勾选"链"选项，设置"偏移量"为"0"，注意幕墙不允许设置"定位线"，一般定位线均为"墙中心线"。设置【属性】面板"约束栏"，将"底部约束"调整为"一层平面"，"底部偏移"设置为"0"，将"顶部约束"调整为"二层平面"，值得注意的是，在"顶部约束"下"无连接高度"显示灰色字体，是无法更改的，这是因为前期标高的创建已经默认尺寸为 3900，可在下方"底部偏移"设置为"-1200"，进行更改，如图 5-1-108。

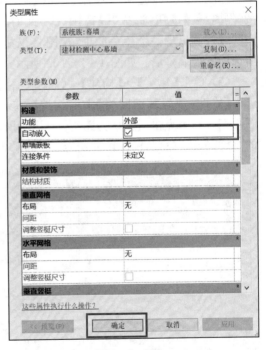

图 4-1-107

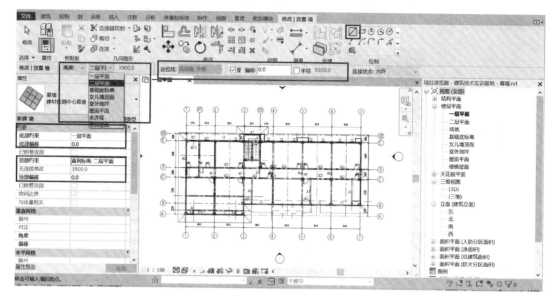

图 4-1-108

（6）将项目在三维视图模式下，选中幕墙，在项目浏览器中将视图切换至南立面视图。单击绘图区域下侧【视图控制】栏的【临时隐藏/隔离👀】按钮，选择"隔离图元"，此时，绘图区域外侧出现一个蓝色线框，视图将仅显示所选择的玻璃幕墙。如图 4-1-109 所示。

（7）单击【建筑】→【构建】→【幕墙网格】，进入【修改|放置幕墙网格】上下文选项卡，如图 4-1-110，点击后默认为图 4-1-111 所示的"全部分段"命令，鼠标指针变为一个带移动箭头的光标。

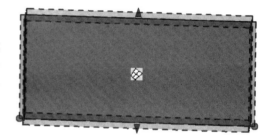

图 4-1-109

图 4-1-110

图 4-1-111

（8）在"全部分段"命令下，将鼠标指针移至幕墙左侧垂直方向边界位置，将以虚线显示垂直于光标处幕墙网格的幕墙网格预览，如图 4-1-112 所示，在距离底部 900 处放置第 1 根网格线后，再在距离第 1 根网格线 900 处放置第 2 根水平网格线，再次在距离第三根水平网格线 450 处放置第三根水平网格线。

（9）继续在"全部分段"命令下，将鼠标指针移至幕墙底部水平方向边界位置，在距离右侧依次在 800、1 650、2 880、4 110、4 960 处放置垂直网格线，如图 4-1-113 所示。

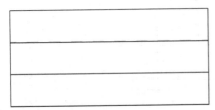

图 4-1-112

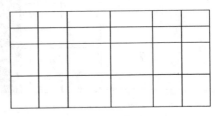

图 4-1-113

（10）依次单击 2、3 根水平网格，界面自动切换至【修改|幕墙网格】，单击【幕墙网格】面板的【添加/删除线段】工具，鼠标移至选中网格的中间网格位置并单击，如图 4-1-114，完成后，按 1 次【Esc】键退出当前操作，将删除单击位置处网格线段，如图 4-1-115 所示。

图 4-1-114

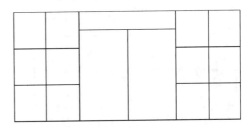

图 4-1-115

（11）单击选项卡【插入】→【载入族】，载入"族文件夹"里的幕墙嵌板族"门嵌板双嵌板无框铝门"，如图 4-1-116。

图 4-1-116

（12）将鼠标移至绘制的幕墙底部的网格线,按键盘【Tab】键,直至需要的幕墙网格嵌板呈蓝色高亮显示,单击鼠标左键,选择该嵌板,如图 4-1-117 所示。自动进入【修改|幕墙嵌板】界面。

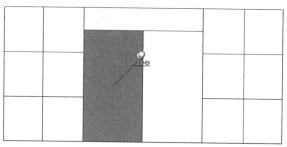

图 4-1-117

（13）单击【属性】面板【类型选择器】中的幕墙嵌板类型下拉列表,如图 4-1-118,在列表中选择第 2 步载入的"门嵌板_双嵌板无框铝门"族类型。绘图界面中可见原玻璃嵌板已被替换为幕墙双开门嵌板,如图 4-1-119,双开门嵌板尺寸大小由幕墙网格大小确定,如图 4-1-120 所示。切换为一层平面视图,可见平面视图上幕墙双开门位置显示为门平面符号,如图 4-1-121。保存项目文件。

图 4-1-118

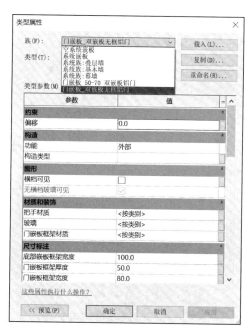

图 4-1-119

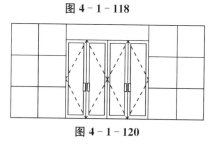

图 4-1-120

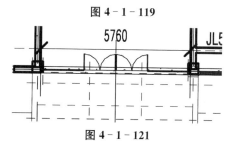

图 4-1-121

（14）单击【建筑】→【构建】→【竖梃】，进入【修改|放置 竖梃】界面。【属性】面板默认"50×150 mm"矩形竖梃，此处不做修改。

（15）单击【放置】面板的"全部网格线"，将鼠标移至幕墙网格处，待网格线全部呈蓝色高亮显示时，单击鼠标左键，在所有网格处生成矩形竖梃，如图4-1-122 所示。按键盘【Esc】键 2 次，退出当前命令。

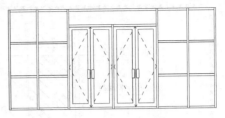

图 4-1-122

（16）单击【视图控制】栏的【临时隐藏/隔离】命令，选择【重设临时隐藏/隔离】命令，界面将显示整个建筑南立面构件。

完成后的所有墙体如图 4-1-123 所示，以"建材检测中心—墙体.rvt"为名保存。

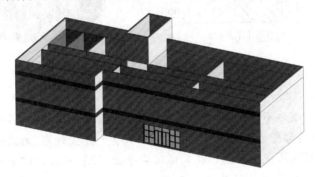

图 4-1-123

在 Revit 中，墙体分为基本墙、叠层墙、幕墙。本任务通过内外墙的绘制，了解墙体系统族、族类型，熟悉基本墙、复合墙、叠层墙创建的一般步骤，掌握墙体的属性（实例参数、类型参数）设置及基本墙、复合墙和叠层墙创建的方法。同时掌握幕墙创建方法，完成幕墙的创建，继而掌握能定义幕墙的属性、能完成幕墙的绘制、网格的划分、嵌板的替换、竖梃的添加和幕墙的编辑等建模能力。

"1+X"练兵场：

1. 按照图 4-1-124 所示，新建项目文件，创建如下墙类型，并将其命名为"等级考试—外墙"。之后，以标高 1 到标高 2 为墙高，创建半径为 5 000 mm（以墙核心层内侧为基准）的圆形墙体。最终结果以"墙体＋考生姓名"为文件名保存在考生文件夹中。

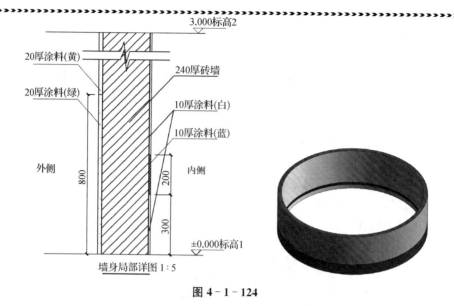

图 4 - 1 - 124

2. 如图 4 - 1 - 125 所示，按要求建立幕墙模型，尺寸、外观与图示一致，幕墙竖梃采用 50×50 矩形，材质为不锈钢，幕墙嵌板材质为玻璃，厚度 20 mm，按照要求添加幕墙门与幕墙窗，造型类似即可。将建好的模型以"幕墙＋考生姓名"为文件名保存到考生文件夹中。并将幕墙正视图按图中样式标注后导出 CAD 图纸，以"幕墙立面图＋考生姓名".dwg 文件为名，保存到考生文件夹中。

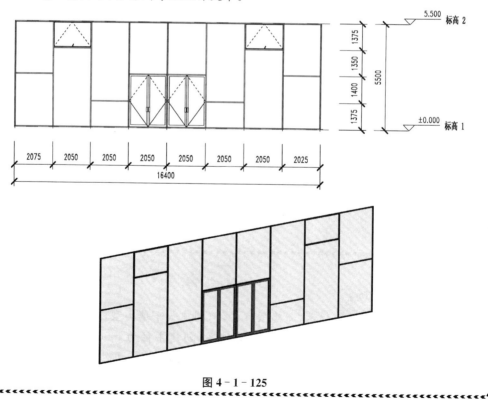

图 4 - 1 - 125

▶ 任务 2　柱的创建与编辑 ◀

创建"建材检测中心"结构柱,如图 4-2-1 所示:

本项目的柱均为钢筋混凝土材质,截面尺寸除了 KZ2 为 450 mm×450 mm,其余均为 400 mm×400 mm,柱的底部标高为:"-1.500 m"或"-1.300 m",具体的柱底标高详见图 4-2-2。

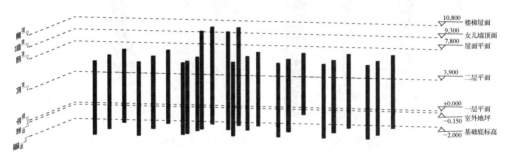

图 4-2-1

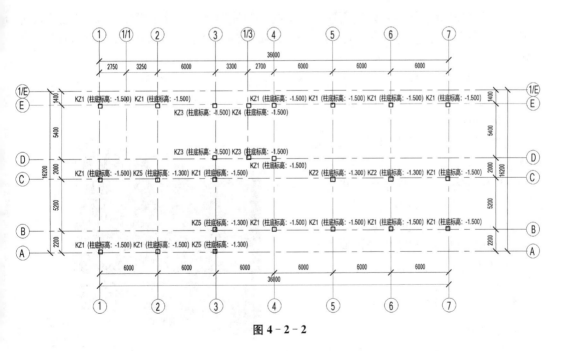

图 4-2-2

4.2.1 柱信息

在建筑工程中,柱是用来支撑上部结构并将荷载传至基础的竖向受力构件。在 Revit 中,有建筑柱和结构柱两种柱,如图 4-2-3 所示。建筑柱和结构柱共享许多属性,但结构柱还具有许多由它自己的配置和行业标准定义的其他属性,可提供不同的行为。

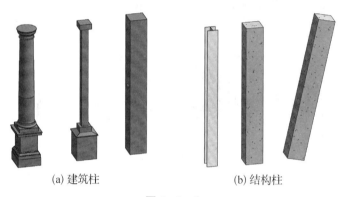

(a) 建筑柱　　　　　　(b) 结构柱

图 4-2-3

(1) 建筑柱(概念柱):可以使用建筑柱围绕结构柱创建柱框外围模型,并将其用于装饰应用。建筑柱将继承连接到的其他图元的材质,如墙的复合层能包络建筑柱,但不适用于结构柱。

(2) 结构柱(承重柱):相比于建筑柱,结构柱只能采用指定的结构材料(如混凝土),当与墙体所用材料不一致时,无法采取墙体的饰面层处理。同时,结构图元(如梁、支撑和独立基础)与结构柱连接,它们不与建筑柱连接。另外,结构柱具有一个可用于数据交换的分析模型。

结构柱还有一些区别于建筑柱的特性,如图 4-2-3、4-2-4 所示:

① 可以是竖直的,也可以是倾斜的。

② 混凝土结构柱里可以放置钢筋等。

③ 结构柱可以安放在建筑柱里。

4.2.2 创建柱

1. 创建建筑柱

(1) 单击【建筑】选项卡→【构建】面板→【柱】下拉列表→【建筑柱】命令。

(2) 在【属性】框的【类型选择器】中选择合

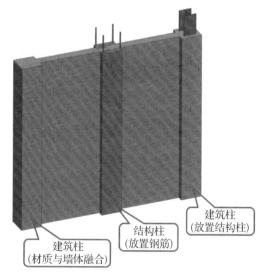

建筑柱
(材质与墙体融合)

结构柱
(放置钢筋)

建筑柱
(放置结构柱)

图 4-2-4

适尺寸、规格的建筑柱类型，如没有，则可单击【编辑属性】按钮，在【类型属性】对话框中，单击【复制】按钮，创建新柱，修改柱的尺寸规格，修改长、宽度尺寸参数，如图4-2-5所示。

（3）如没有需要的柱类型，可通过【载入族】按钮打开相应族库载入族文件，如图4-2-6所示。

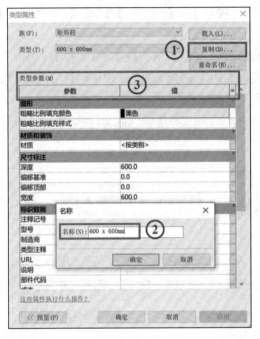

图4-2-5

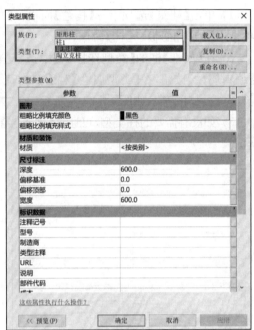

图4-2-6

（4）在【选项栏】中设置柱的高度尺寸（"深度/高度"及"标高/未连接"），如图4-2-7所示，如勾选"放置后旋转"则放置柱子后直接旋转放置柱子，如图4-2-8所示。

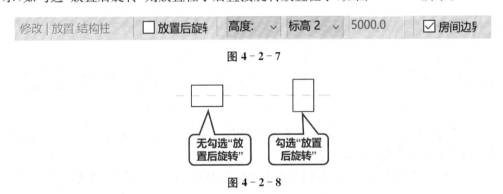

图4-2-7

图4-2-8

① 放置后旋转：选择此选项可以在放置柱后立即将其旋转。

② 标高：仅限三维视图可设置，为柱的底部选择标高。在平面视图中，该视图的标高即为柱的底部标高。

③ 深度：此设置从柱的底部向下绘制。若要从柱的底部向上绘制，请选择"高度"。

④ 标高/未连接：选择柱的顶部标高；或者选择"未连接"，然后指定柱的高度。

（5）单击插入点插入建筑柱。

【提示】放置柱时,使用空格键可更改柱的方向。每次按空格键时,柱将发生旋转,以便与选定位置的相交轴网对齐。在不存在任何轴网的情况下,按空格键时会使柱旋转 90 度。

2. 创建结构柱

（1）单击【建筑】选项卡→【构建】面板→【柱】下拉列表→【结构柱】命令；或单击【结构】选项卡→【结构】面板→【柱】命令。

（2）在【属性】框的【类型选择器】中选择合适尺寸、规格的结构柱类型,如没有,则可单击【编辑属性】按钮,在【类型属性】对话框中,【复制】按钮,创建新柱,修改柱的尺寸规格,修改长、宽度尺寸参数,如图 4-2-9 所示。

（3）如没有需要的柱类型,可通过【载入族】按钮打开相应族库载入族文件,如图 4-2-10 所示。

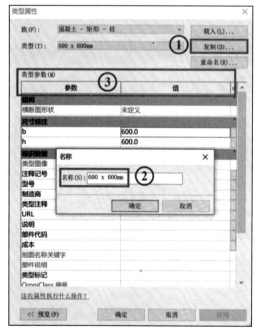

图 4-2-9

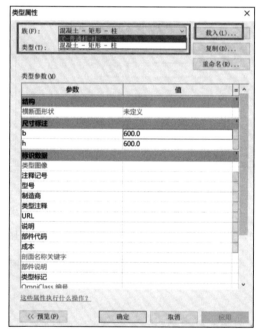

图 4-2-10

（4）在【选项栏】中设置柱子的高度尺寸（"深度/高度"及"标高/未连接"）,如勾选"放置后旋转"则放置柱子后直接旋转放置柱子。

（5）在激活的【修改|放置结构柱】上下文选项卡中出现【放置】、【多个】、【标记】面板,如图 4-2-11 所示。

图 4-2-11

①【放置】面板:有创建垂直柱、斜柱两种。一般为垂直柱,若需创建斜柱,则需要在选项栏中设置两次单击的高度位置,绘制斜柱时如图 4-2-12 所示。

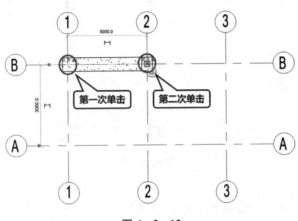

图 4-2-12

【提示】第一次单击:(仅平面视图放置)选择柱起点所在的标高。在文本框中指定柱端点的偏移。第二次单击:(仅平面视图放置)选择柱端点所在的标高。若有偏移,可在文本框中指定柱端点的偏移。

②【多个】面板:可以绘制多个结构柱。单击【在轴网处】命令,选择轴网,在选中的轴网交点处自动放置结构柱,单击【完成】按钮,如图 4-2-13 所示。若将结构柱添加到建筑柱内,则单击【在柱处】命令,选择建筑柱,在选中的建筑柱中心点自动放置结构柱,单击【完成】按钮,如图 4-2-14 所示。

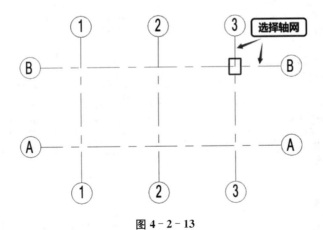

图 4-2-13

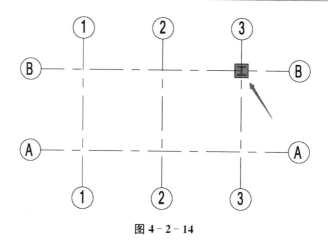

图 4‑2‑14

【提示】使用【在轴网处】放置柱时,若全选轴网,从右下向左上交叉框选轴网即可。

4.2.3 编辑修改柱

建筑柱与结构柱的编辑方式基本相同。

(1)修改柱的实例属性。柱的实例属性可更改其"底部/顶部标高""底部/顶部偏移"和其他属性,如图 4‑2‑15 所示。

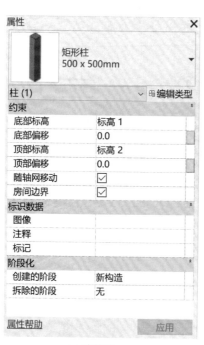

(a)建筑柱

(b)结构柱

图 4‑2‑15

（2）修改柱的类型属性。单击【编辑类型】按钮，在弹出的【类型属性】对话框中可设置建筑柱或结构柱的类型属性，如图 4-2-16 所示。

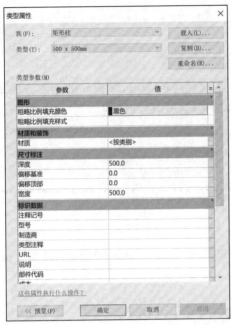

(a) 建筑柱

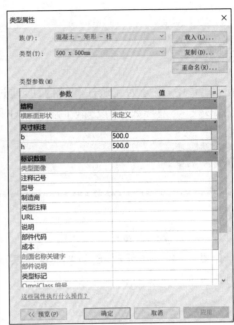

(b) 结构柱

图 4-2-16

本项目的柱绘制步骤如下：

（1）打开"建材检测中心—墙体.rvt"文件，另存为"建材检测中心—柱.rvt"文件。

（2）在项目浏览器中双击"楼层平面"项下的"一层平面"，打开"楼层平面：一层平面"视图。

（3）单击【建筑】选项卡→【构建】面板→【柱】命令下拉菜单，选择【柱：结构柱】，在【类型选择器】中创建类型"KZ1""KZ2""KZ3""KZ4"及"KZ5"，在【选项栏】中设置结构柱的高度尺寸为"高度"及"二层平面"。选择【放置】面板中的【垂直柱】，将光标放置在需要设置结构柱的轴线交点上，单击放置柱即可。结构柱的位置如图 4-2-2 所示。

（4）绘制【参照平面】，调用【修改】面板中的【对齐】命令，如图 4-2-17 所示将"KZ1"的柱边与参照平面对齐。

（5）通过【过滤器】选择全部结构柱，此时激活【修改|结构柱】选项卡，单击【剪贴板】面板中的【复制到剪贴板 】，选择【粘贴 】命令中的【与选定的标高对齐 】命令，在弹出的对话框中选择"二层平面"，再点击【确定】即可将一层的结构柱全部复制到二层。

（6）选择结构柱"KZ3"和"KZ4"，将其复制到"屋面平面"，并在【属性】面板中查看其"底

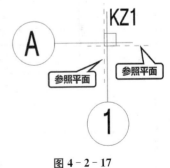

图 4-2-17

部/顶部标高"是否正确。

（7）单击结构柱,在【属性】框中将各结构柱的"底部偏移"分别改为"—1.500 m"或"—1.300 m"。

在 Revit 中,柱分为建筑柱和结构柱,通过本次任务的学习,掌握柱的创建方法及其属性(实例参数、类型参数)的设置,了解建筑柱和结构柱的用途与区别。

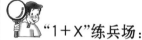

如图 4-2-18 所示,已知某别墅一层柱的尺寸为 300 mm×300 mm,层高 3 m,请绘制出该别墅一层的柱。

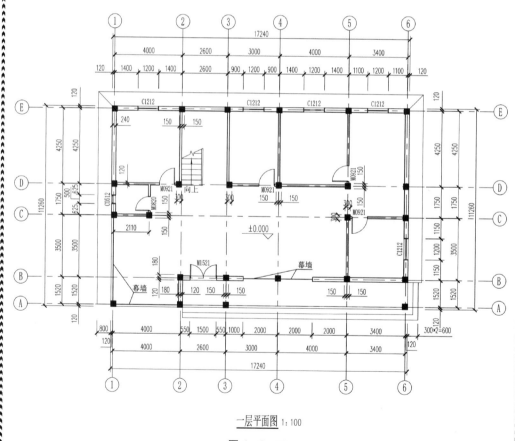

一层平面图 1:100

图 4-2-18

任务3 梁的创建与编辑

创建"建材检测中心"梁,如图4-3-1所示:

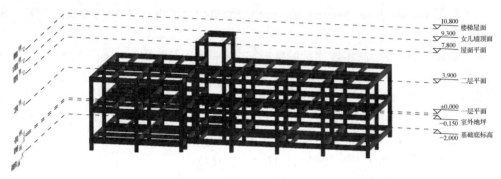

图4-3-1

本项目的梁均为钢筋混凝土材质,梁的截面尺寸及梁顶面标高详见结构施工图。

案例视频

梁的创建
与编辑

4.3.1 梁信息

在建筑工程中,梁是承受竖向荷载,以受弯为主的构件。梁一般水平放置,用来支撑板并承受板传来的各种竖向荷载和梁的自重。

常见的梁如图4-3-2所示。

4.3.2 创建梁

(1)单击【结构】选项卡→【结构】面板→【梁】命令。在【属性】框的【类型选择器】中选择需要的梁类型,如没有,则需通过【载入族】方式从族库中载入。

(2)在【选项栏】上选择梁的"放置平面""结构用途"等。

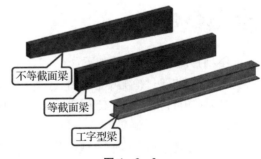

不等截面梁

等截面梁

工字型梁

图4-3-2

① 在"结构用途"下拉列表中选择梁的结构用途或让其处于"自动"状态。梁的"结构用途"属性通常是根据支撑梁的结构图元自动确定的,可以在放置梁之前或者在放置梁之后修改"结构用途"。

② 使用"三维捕捉"选项,通过捕捉任何视图中的其他结构图元,可以创建新梁。

图 4 - 3 - 3

（3）绘制单个梁:在绘制时单击起点和终点即可创建。当绘制梁时,鼠标会捕捉其他结构构件。

（4）创建梁链:当绘制多段连续的梁时,鼠标会捕捉其他结构构件。可勾选【选项栏】中的【链】以依次连续放置梁。在放置梁时的第二次单击将作为下一个梁的起点。按【Esc】键完成链式放置梁。

（5）选择位于结构图元之间的轴线:使用【在轴网上】工具选择轴线,如图 4 - 3 - 4 所示,以便将梁自动放置在其他结构图元(例如柱、结构墙和其他梁)之间。

图 4 - 3 - 4

【提示】将梁添加到平面视图中时,必须将底剪裁平面设置为低于当前标高;否则,梁在该视图中不可见。但是如果使用结构样板,视图范围和可见性设置会相应地显示梁。

4.3.3 编辑修改梁

选择已创建梁,激活上下文选项卡【修改|结构框架】,通过各面板上的相关命令可对梁进行编辑。在已选梁的端点位置会出现操纵柄,用鼠标单击拖拽可以调整其端点位置。在【属性】框及【类型属性】对话框中可以修改其实例属性和类型属性。

本项目的梁绘制步骤如下:

（1）打开"建材检测中心—柱.rvt"文件,另存为"建材检测中心—梁.rvt"文件。

（2）在项目浏览器中双击"楼层平面"项下的"二层平面",打开"楼层平面:二层平面"视图。

（3）单击【结构】选项卡→【结构】面板→【梁】命令,在【类型选择器】中创建所需的梁类型。以"KL1(200 mm×700 mm)"为例,在【选项栏】上选择梁的"放置平面"为"标高:二层平面","结构用途"选择"自动"状态。

（4）在【绘制】面板上选择【线】命令,将光标移动到绘图区,捕捉①～Ⓐ轴的交点,单击作为起点,向上绘制梁,捕捉①～Ⓔ轴的交点作为终点,单击完成该梁的创建。

同样的方法,按施工图的要求,分别绘制该项目所有的混凝土梁。

（5）选择创建的梁，观察【属性】框中梁的实例属性和类型属性，如图4-3-5所示。

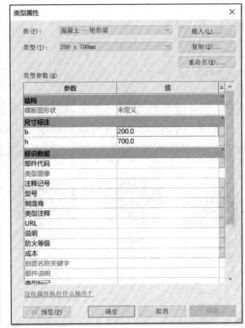

图4-3-5

通过本次任务的学习，掌握梁的创建方法及其属性（实例参数、类型参数）的设置。

▶ 任务4 结构基础的创建与编辑 ◀

创建"建材检测中心"的结构基础，如图4-4-1所示：

图4-4-1

本项目的基础均为钢筋混凝土材质，基础的截面尺寸及定位详见结构施工图。

案例视频

结构基础的
创建与编辑

4.4.1 基础信息

在建筑工程中，基础是指建筑物地面以下的承重结构，如基坑、承台、地梁等，是建筑物的墙或柱在地下的扩大部分，其作用是承受建筑物上部结构传下来的荷载，并把它们连同自重一起传给地基。常见的基础如图 4-4-2 所示。

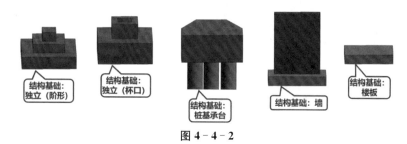

图 4-4-2

4.4.2 创建结构基础

1. 创建独立基础

（1）单击【结构】选项卡→【基础】面板命令，单击【独立】工具，提示载入结构基础族，通过【载入族】方式从族库中载入，在【结构】文件中的【基础】中选择所需族类型即可，如图 4-4-3 所示。

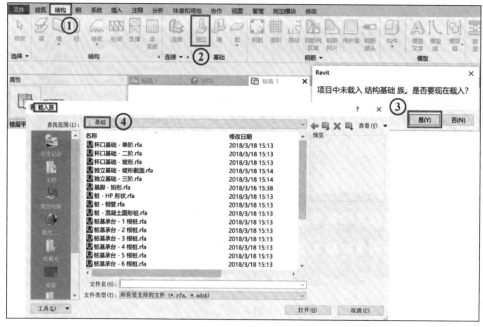

图 4-4-3

（2）切换至【修改|放置结构基础】选项卡，出现【多个】面板，选择"在轴网处"或"在柱处"均可，同时，还需在选项卡上选择基顶的标高，如图 4-4-4 所示。单击【属性】面板中的【编辑类型】按钮，弹出【类型属性】窗口，打开"预览"，即可设置【类型参数】中的尺寸标注，如图 4-4-5 所示。

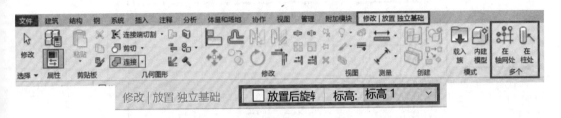

图 4-4-4

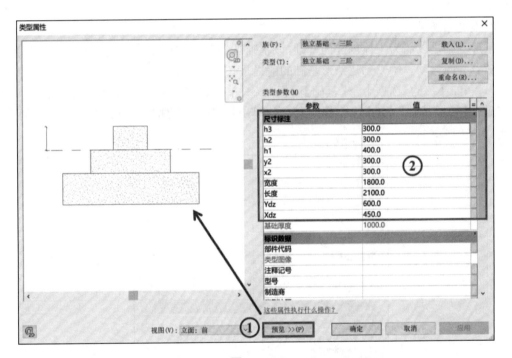

图 4-4-5

【提示】将结构基础添加到平面视图中时，必须将底部剪裁平面设置为低于当前标高；否则，基础在该视图中不可见，如图 4-4-6 所示。

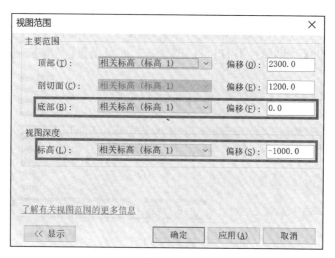

图 4 - 4 - 6

2. 创建条形基础

条形基础是以墙为主体创建的基础,该基础被约束到它所支撑的墙,如果移动墙,该基础会随着一同移动。所以创建条形基础的前提是必须先有墙体。

(1)单击【结构】选项卡→【基础】面板命令,单击【墙】工具。并从类型选择器下拉列表中选择【条形基础】族的【连续基脚】类型,单击【编辑类型】按钮,设置类型参数即可,如图 4 - 4 - 7 所示。

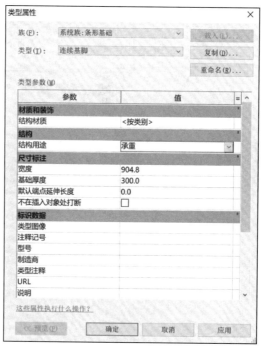

图 4 - 4 - 7

(2)在【修改 | 放置条形基础】选项卡中找到【多个】面板中的【选择多个】工具,框选所有

的结构墙或者按住【CTRL】键单选各结构墙，单击【完成】按如图4-4-8所示。条形基础放置完成后的效果如图4-4-9所示。

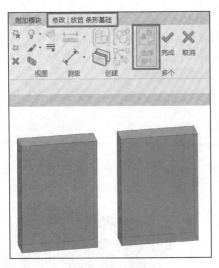

图4-4-8

图4-4-9

3.创建基础底板

基础底板属于基础范围，不需要来自其他结构图元的支撑。使用基础底板可以在平整表面或复杂基础形状上为板建模。

（1）单击【结构】选项卡→【基础】面板命令，在【板】下拉列表中选择【结构基础：楼板】工具。并从类型选择器下拉列表中选择【基础底板】族的【基础底板1】类型，单击【编辑类型】按钮，设置类型参数即可，如图4-4-10所示。

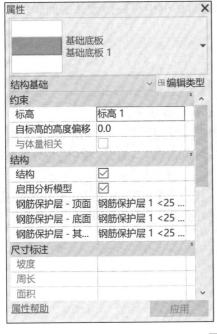

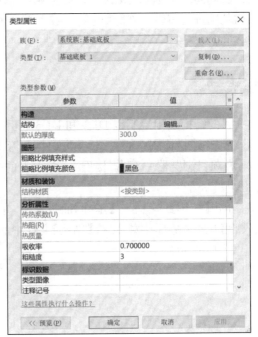

图4-4-10

（2）在【修改|创建楼层边界】选项卡中选择【绘制】面板的绘图工具，绘制完楼板边界线后单击【√】按钮即可，如图 4-4-11 所示。条形基础放置完成后的效果如图 4-4-12 所示。

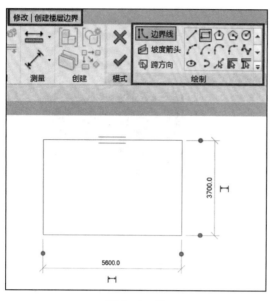

图 4-4-11

图 4-4-12

4.4.3　编辑修改结构基础

选择已创建结构基础，激活上下文选项卡【修改|结构基础】，通过各面板上的相关命令可对结构基础进行编辑。在【属性】框及【类型属性】对话框中可以修改其实例属性和类型属性。

本项目的结构基础绘制以 DJ-1 和 DJ-3 为例，具体步骤如下：

（1）打开"建材检测中心—梁.rvt"文件，另存为"建材检测中心—结构基础.rvt"文件。

（2）在项目浏览器中双击"楼层平面"项下的"基础底标高"，打开"楼层平面:基础底标高"视图。

（3）单击【结构】选项卡→【基础】面板命令，单击【独立】工具，提示载入结构基础族，通过【载入族】方式从族库中载入，在【结构】文件中的【基础】中选择"独立基础—三阶"族类型，如图 4-4-13 所示。

图 4 - 4 - 13

（4）单击【属性】面板中的【编辑类型】按钮，弹出【类型属性】窗口，单击【复制】按钮创建 DJ-3 基础，类型参数的具体设置如图 4 - 4 - 14 所示。

DJ-1 的设置方法同 DJ-3，类型参数的具体设置如图 4 - 4 - 15 所示。

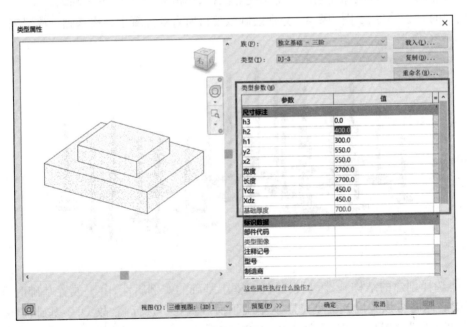

图 4 - 4 - 14

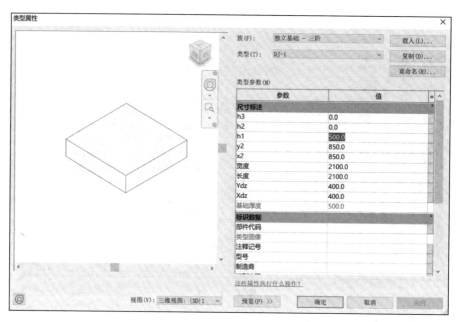

图 4 - 4 - 15

（5）切换至【修改|放置结构基础】选项卡，出现【多个】面板，选择"在柱处"，在选项卡上选择"基础底标高"，将鼠标放至②～ⓒ轴交点的柱，单击即可生成 DJ-3 基础。

同样的方法，按施工图的要求，分别绘制该项目所有的混凝土结构基础。放置完成后如图 4 - 4 - 16 所示。

图 4 - 4 - 16

（6）选择创建的结构基础，观察【属性】框中基础的实例属性，由于放置基础时选择的是"基础底标高"，该基础族类型是默认基础顶面放置在所选标高，故 DJ-1 基础需将"自标高的高度偏移"设置为"500"，即基础高度，如图 4 - 4 - 17 所示。DJ-3 的设置方法同 DJ-1。

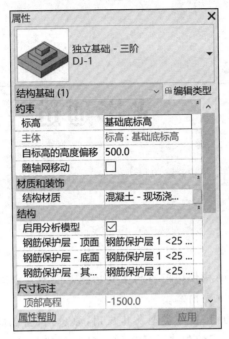

图 4 - 4 - 17

通过本次任务的学习,掌握结构基础的创建方法及其属性(实例参数、类型参数)的设置。俗话说:"失之毫厘,谬以千里",读者们务必要保证结构基础参数的精确性。

项目五

光影通道——门窗的创建

✖ 项目概述

门、窗是建筑物中常见的构件。门窗的主要功能是围护及分隔,又承担起建筑造型的重要作用,是建筑节能设计的重要内容。

本项目主要学习内容为门、窗族类型及其应用,熟悉门、窗创建的一般步骤,掌握门、窗创建的重点和难点,完成门、窗的创建。通过学习门窗创建的基本操作来完成"建材检测中心"的门窗的创建工作。

✖ 学习目标

知识目标	能力目标	思政目标
了解门、窗族类型	能载入对应的门、窗族类型,并修改相关的参数。	熟悉制图标准,精确绘制门窗,培养学生标准意识、质量意识与精益求精、认真细致的工作态度。
掌握门、窗的创建方法	(1) 能完成"建材检测中心"门、窗的创建; (2) 对"建材检测中心"项目门、窗进行标记的添加、类型的修改。	

▶ 任务1 门窗的创建与编辑 ◀

创建"建材检测中心"门窗,如图5-1-1、表5-1所示:

图 5 - 1 - 1

表 5 - 1 门窗表

类型	设计编号	洞口尺寸(mm)		樘数			采用的标准图集及编号	备注
		宽	高	一层	二层	总数		
门	M1	1 000	2 100	10	10	20		单开成品防盗门
	M2	900	2 100	2	2	4		单开塑钢门
	M3	1 200	2 100	3		3		双开无框玻璃门
	M4	1 200	2 100		1	1		双开成品防盗门
	M5	1 000	2 100	1		1	05JZ301$\left(\frac{1}{59}\right)$	无障碍卫生间平开门
窗	C1	2 700	1 800	5	5	10	本图	铝合金框+中空玻璃窗
	C2	1 500	1 800	9	9	18	本图	铝合金框+中空玻璃窗
	C3	1 500	1 500	1	1	2	本图	铝合金框+中空玻璃窗
	C4	4 200	1 800		1	1	本图	铝合金框+中空玻璃窗
	C5	1 200	2 100	1	2	3	本图	铝合金框+中空玻璃窗
	GC1	1 200	900	2	2	4	本图	铝合金磨砂玻璃窗
	GC2	2 700	900	8	7	15	本图	铝合金磨砂玻璃窗

案例视频

门窗的创建与编辑

添加门、窗的一般思路:单击【建筑】选项卡→【构建】面板→【门/窗】命令,单击【属性】面板的【编辑类型】,进入【类型属性】对话框,选择合适的门窗"族"与"类型",修改"类型参数"值,确认属性框的实例属性值,在墙上合适的位置添加门或窗。

5.1.1 创建门

具体步骤如下:

(1) 单击【建筑】选项卡→【构建】面板→【门】命令。

（2）单击【编辑类型】选项卡，单击【载入】命令，如图 5-1-2。依次选择【建筑】→【门】→【普通门】→【平开门】→【双扇】→【双面嵌板玻璃门】，如图 5-1-3。点击【打开】，点击【复制】将门的名称改为 M1，如图 5-1-4。

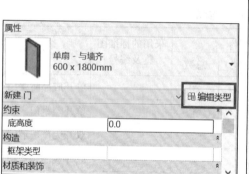

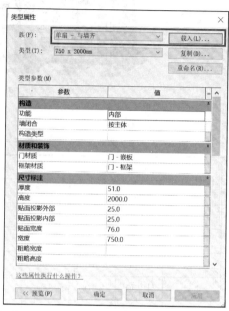

图 5-1-2

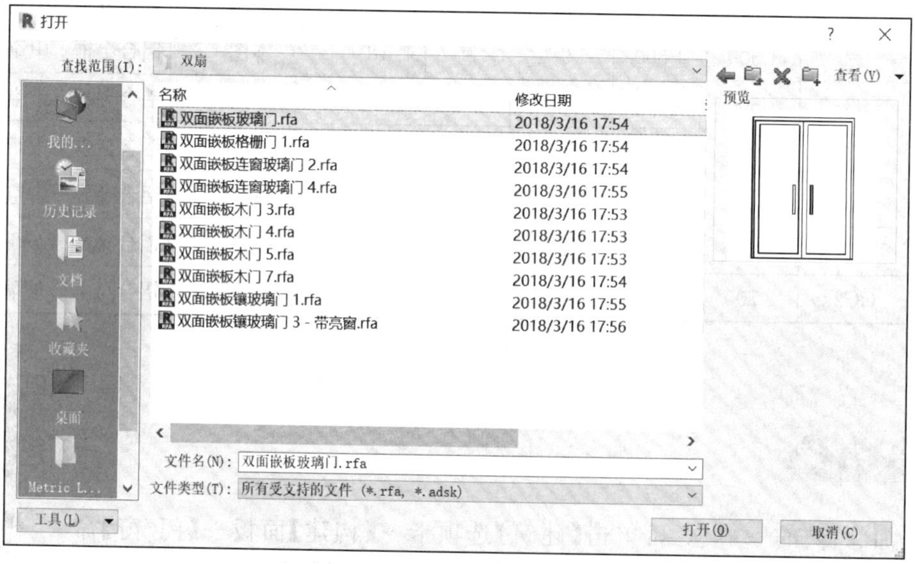

图 5-1-3

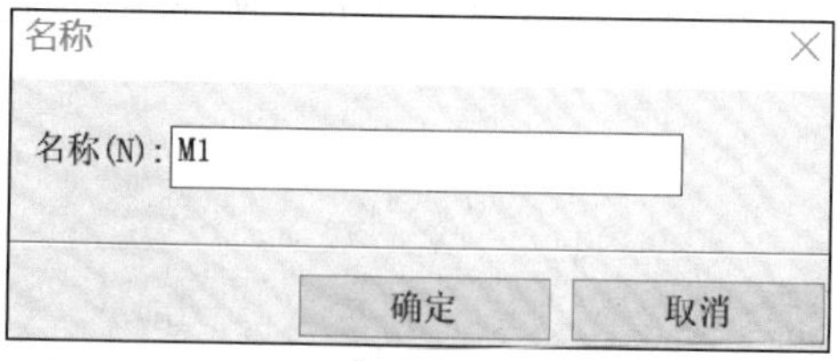

图 5-1-4

（3）依据图5-1-1门窗表，在对话框中找到"高度""宽度"，分别输入"2 100"与"1 200"，点击【确定】，完成门类型参数值设定，返回【修改|放置 门】界面，如图5-1-5。

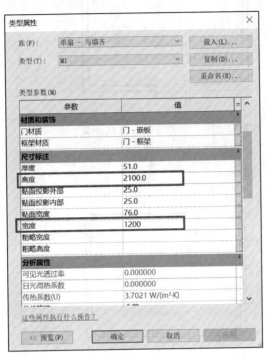

图5-1-5

5.1.2 放置门

（1）放置前，确认选择【标记】面板中的【在放置时进行标记】，自动标记放置的门的编号，如图5-1-6所示。

图5-1-6

（2）门只有在墙体上才会显示，移动鼠标指针至Ⓐ～Ⓑ轴外墙处单击鼠标1次，按键盘【Esc】键2次退出当前命令，如图5-1-7。再次单击已放置的门，点击尺寸调整门的位置，可输入相应数据进行直接更改，如图5-1-8所示。

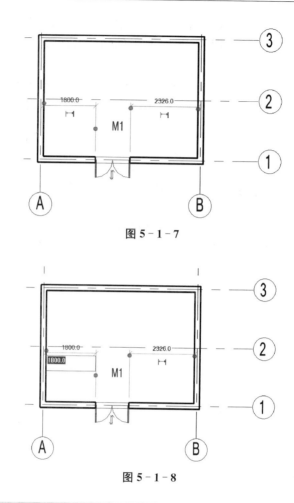

图 5 - 1 - 7

图 5 - 1 - 8

【小技巧】调整门的位置尺寸时，需拖拽临时尺寸标注线上的小蓝点至指定位置。

（3）如果放置门时没有激活"在放置时进行标记"命令，可切换至【注释】选项卡，在【标记】面板选择【按类别标记】后单击需要标记的门即可完成标记，如图 5 - 1 - 9 所示。

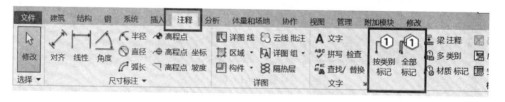

图 5 - 1 - 9

【小技巧】按类别标记命令，需要依次单击未标记的构件，如果需要一次性标注多个门、窗或房间面积，可以使用"全部标记"命令，在对话框选中需要标记的构件类型，即可一次性完成标记。

5.1.3　创建窗

（1）单击【建筑】选项卡→【构建】面板→【窗】，进入【修改|放置 窗】界面。

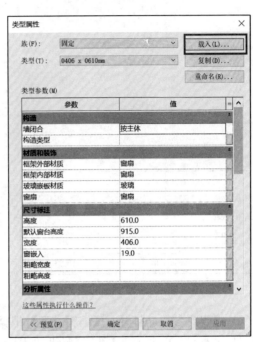

图 5 - 1 - 10

（2）单击【属性栏】中的【编辑类型】选项卡，单击【载入】命令，如图 5 - 1 - 10。依次选择【建筑】→【窗】→【普通窗】→【组合窗】→【组合窗－双层单列（四扇推拉）－上部双扇】，如图 5 - 1 - 11。点击【打开】，点击【复制】，将窗的名称改为 C1，如图 5 - 1 - 12。

图 5 - 1 - 11

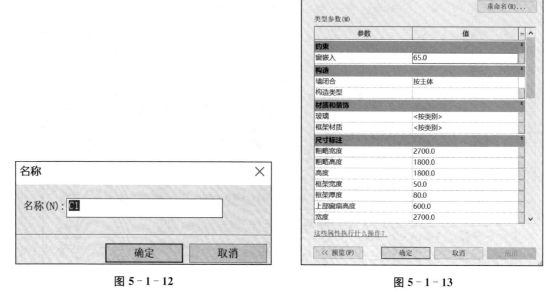

图 5 - 1 - 12　　　　　　　　　　　　　　　图 5 - 1 - 13

（3）修改窗参数。打开 C1【编辑类型】，根据设计图纸，依次输入"约束""构造""材质和装饰""尺寸标注"等，后点击【确定】按钮，如图 5 - 1 - 13。

5.1.4　放置窗

（1）在对窗 C1 设置完成后，窗就直接进入到了【修改|放置　窗】界面。在窗放置前，确认选择【标记】面板中的"在放置时进行标记"，自动标记放置的窗的编号，如图 5 - 1 - 14 所示。

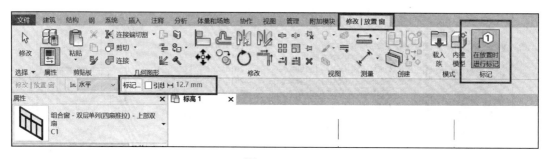

图 5 - 1 - 14

（2）同门一样，窗只有放置在墙体上才会显示，若窗放置在非墙体单元时，鼠标会显示无法识别。移动鼠标指针至①轴墙体上，单击鼠标 1 次，按键盘【Esc】键 2 次退出当前命令，如图 5 - 1 - 15。再次单击已放置的窗，点击尺寸调整窗的位置，可输入相应数据进行直接更改，如图 5 - 1 - 16 所示。

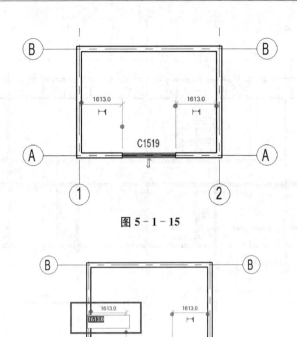

图 5-1-15

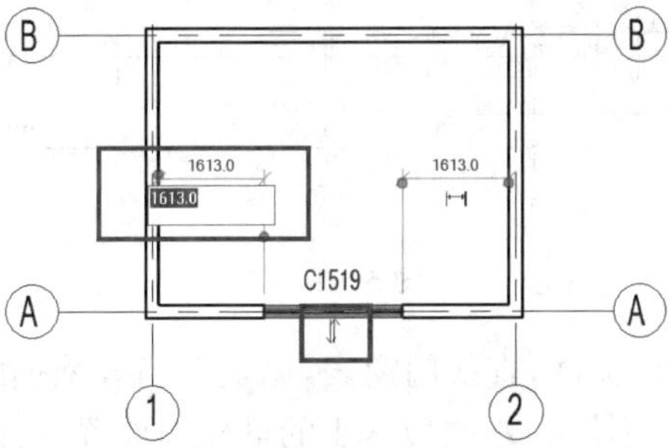

图 5-1-16

【提示】在放置窗后,再次单击放置好的窗,会出现上下箭头标识(如图 5-1-16),此标识为更换窗的开合方向,点击此标识可转换窗的开合方向,同样的上节内容,门亦如此。

(3) 如果放置窗时没有激活"在放置时进行标记"命令,可切换至【注释】选项卡,在【标记】面板选择【按类别标记】后单击需要标记的窗,即可完成标记,与门操作步骤相同,详见 5. 1.2 节。

【提示】按类别标记命令,需要依次单击未标记的构件,如果需要一次性标注多个窗或房间面积,可以使用"全部标记"命令,在对话框选中需要标记的构件类型,即可一次性完成标记。

本项目的门、窗绘制步骤如下:

(1) 打开"建材检测中心—梁、柱、墙、基础.rvt"文件,另存为"建材检测中心—门窗.rvt"文件。

(2) 在项目浏览器中打开"楼层平面图",双击"一层平面"视图,进入一层平面图后,如图 5-1-17。

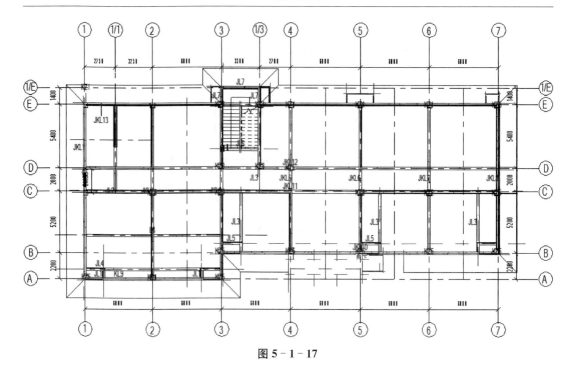

图 5-1-17

(3) 依据项目设计 CAD 文件,查找门窗表,见表 5-1。依据门窗表,依次把项目中的所有门窗进行创建,因门窗类型较多,本文以 M1 的创建与放置进行演示。

(4) 点击 Revit 菜单栏中【建筑】选项卡,单击【门】命令,进入【修改|放置 门】界面,如图 5-1-18、5-1-19。

图 5-1-18

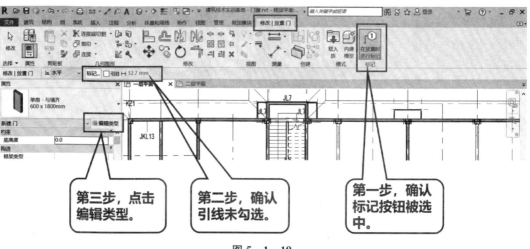

图 5-1-19

（5）从门窗表中得知 M1 的详细信息为：尺寸为"1 000×2 100"，门种类为"单开成品防盗门"。点击【编辑类型】，进入【类型属性】界面，点击【复制】按钮，对门进行重命名为 M1，点击下方【确定】按钮，如图 5 - 1 - 20，回到【类型属性】，将高度设置为 2 100，将宽度设置为1 000，点击下方【确定】按钮，如图 5 - 1 - 21。完成门 M1 的设置，回到一层平面图。

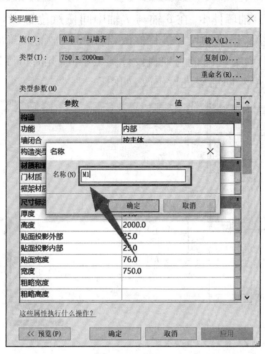

图 5 - 1 - 20

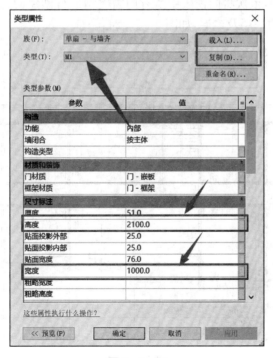

图 5 - 1 - 21

【提示】若门的类型为其它类型,则需要点击【载入】按钮,依次点击【建筑】→【门】,依据项目要求,选择相应的门的类型,若族库中未找到相关的门窗样式,则需要通过族的创建进行设置,此部分内容详见项目八《族和体量的创建》。

(6) 将鼠标移动至①轴墙体上,在 6 轴与 7 轴中间任意位置,单击鼠标左键,放置 M1,点击蓝色尺寸后,直接输入正确的尺寸进行修改,将门 M1 放置正确的位置,如图 5-1-22。Revit 软件默认的门的开合方向可能与项目设计图纸不同,此时可用鼠标左键单击 M1 名称下的左右双向箭头及上下双向箭头进行更改,如图 5-1-23。

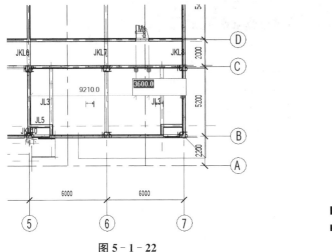

图 5-1-22

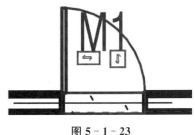

图 5-1-23

(7) 依据上述步骤,依次将门窗表中所有门窗类型进行创建,并依据 CAD 图纸放置在"建材检测中心"项目的一层及二层,如图 5-1-24、5-1-25。

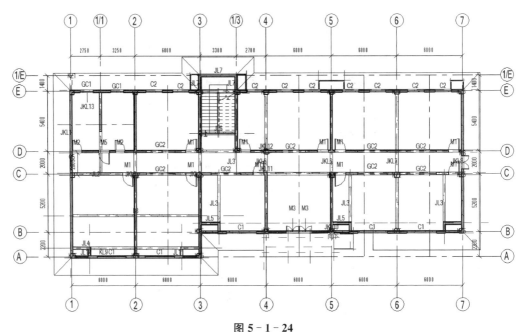

图 5-1-24

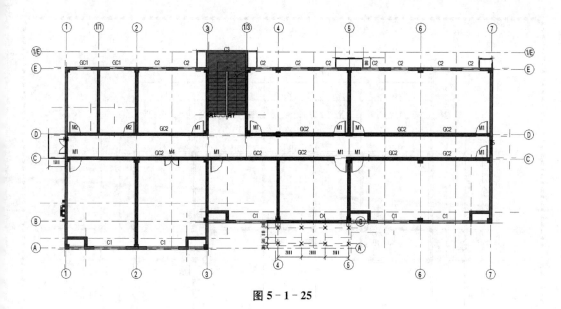

图 5 - 1 - 25

（8）将项目文件保存为"建材检测中心—门窗.rvt"，以便下步其它构件的创建。

本任务需重点掌握门窗创建的方法，门窗的设置、门窗的放置等功能的应用。

"1＋X"练兵场：

如图 5 - 1 - 26 所示，已知某别墅一层平面图及门窗表，绘制出该别墅一层的门窗。

门窗表			
类型	设计编号	洞口尺寸(mm)	数量
单扇木门	M0820	800×2 000	2
	M0921	900×2 100	8
双扇木门	M1521	1 500×2 100	2
玻璃嵌板门	M2120	2 100×2 000	1
双扇窗	C1212	1 200×1 200	10
固定窗	C0512	500×1 200	2

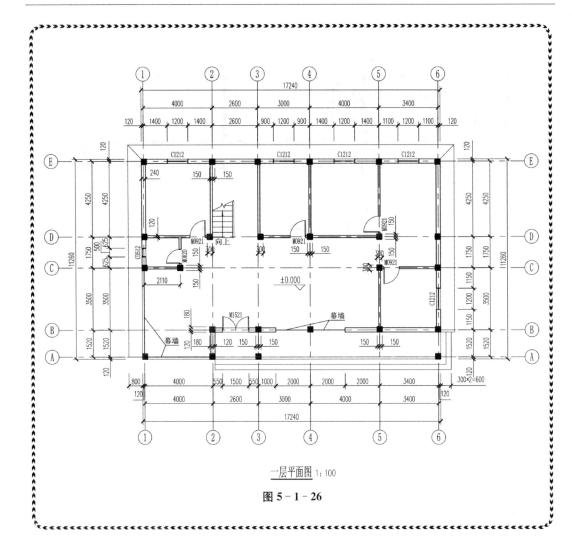

一层平面图 1:100

图 5－1－26

项目六

立足之地——楼板与屋顶的创建

项目概述

楼板和屋顶是建筑的重要组成部分。楼板用于分隔建筑的各层空间,屋顶是房屋最上层起覆盖作用的维护结构。本项目将介绍楼板、屋顶的具体创建方法和步骤。

学习目标

知识目标	能力目标	思政目标
了解楼板、屋顶的类型	(1) 了解楼板:建筑; (2) 了解楼板:楼板边缘; (3) 了解屋顶:迹线屋顶; (4) 了解屋顶:拉伸屋顶。	熟悉制图标准,精确绘制楼板及屋顶,培养学生兢兢业业、精益求精、严谨细致的职业态度,培养学生细致严肃、实事求是的科学态度和严谨的工作作风。
熟悉坡度楼板、坡屋顶、钢结构雨棚、拉伸屋顶的创建	(1) 能掌握坡度楼板的创建; (2) 能掌握钢结构雨棚的创建; (3) 能掌握坡屋顶的创建; (4) 能掌握拉伸屋顶的创建。	
掌握楼板、平屋顶的创建和编辑方法	(1) 能完成"建材检测中心"楼板的创建与编辑; (2) 能完成"建材检测中心"平屋顶的创建与编辑。	

▶ 任务1 楼板的创建与编辑 ◀

任 务 信 息

(1) 创建"建材检测中心"楼板,如图 6-1-1 所示:

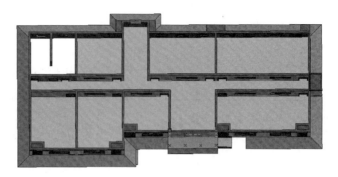

图 6-1-1

"建材检测中心"楼板的类型及材质,如表 6-1、6-2 所示:

表 6-1

地面	地面 1	玻化砖地面（除厕所外）	150 mm 厚	10 mm 米白色玻化地面砖
				40 mm 水泥砂浆
				100 mm C15 混凝土楼板
	地面 2	防滑地砖地面(厕所)	200 mm 厚	10 mm 防滑地砖
				20 mm 水泥砂浆
				10 mm 陶粒混凝土
				20 mm 水泥砂浆
				60 mm C20 细石混凝土
				80 mm C15 混凝土楼板

表 6-2

楼面	楼面 1	玻化砖楼面（除厕所外）	170 mm 厚	10 mm 米白色玻化地面砖
				40 mm 水泥砂浆
				100 mm 钢筋混凝土楼板
				15 mm 水泥砂浆
				5 mm 腻子
	楼面 2	防滑地砖楼面(厕所)	200 mm 厚	10 mm 防滑地砖
				20 mm 水泥砂浆
				20 mm 细石混凝土
				10 mm 陶粒混凝土
				20 mm 水泥砂浆
				100 mm 钢筋混凝土楼板
				15 mm 水泥砂浆
				5 mm 腻子

续表

室外楼板	阳台板/雨棚板/ 空调板	140 mm 厚	20 mm 水泥砂浆
			100 mm 钢筋混凝土楼板
			15 mm 水泥砂浆
			5 mm 腻子

（2）创建"建材检测中心"钢结构雨棚，如图 6-1-2 所示：

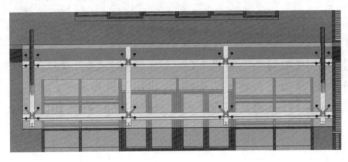

图 6-1-2

案例视频

创建楼板

6.1.1　创建楼板

1. 创建楼板

在平面视图中，单击【建筑】选项卡中【构建】面板。【楼板】工具下拉列表，在列表中选择【楼板：建筑】命令，如图 6-1-3 所示。此时软件跳转到【修改|创建楼层边界】界面，如图 6-1-4 所示。

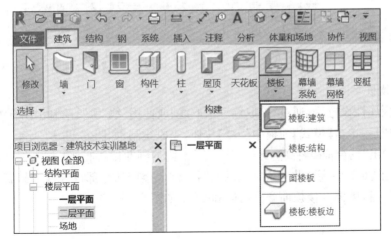

图 6-1-3

图 6-1-4

2. 属性编辑

单击【属性】面板中【编辑类型】，进入【类型属性】对话框。楼板的实例属性主要设置楼板标高及其偏移值、楼板是否转为结构楼板、启用分析模型等，如图 6-1-5 所示；类型属性中可以编辑楼板构造层（包括构造层厚度、材质）、粗略比例填充样式及颜色等，如图 6-1-6 所示。

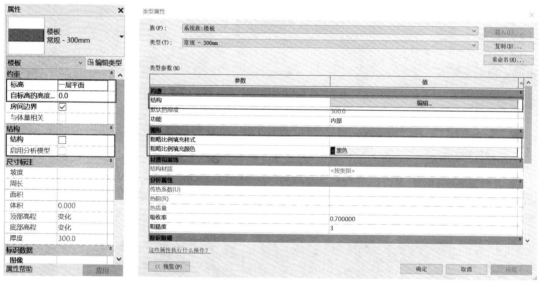

图 6-1-5   图 6-1-6

3. 绘制楼板

完成楼板属性设置后，通过"拾取墙""拾取线"或使用"线"工具绘制出闭合的楼板边界。边界绘制完成后，单击【模式】面板中【 ✔ 】按钮，完成绘制，如图 6-1-7 所示。

此时会弹出"是否希望将高达此楼层标高的墙附着到此楼层底部？"提示框，如图 6-1-8 所示，如果单击【是】，将高达此楼层标高的墙附着到此楼层的底部；单击【否】，高达此楼层标高的墙将未附着，墙体与楼板面齐平，其不同效果如图 6-1-9 所示。

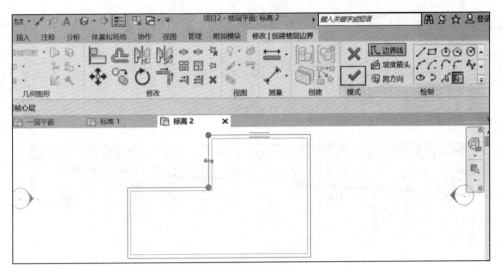

图 6-1-7

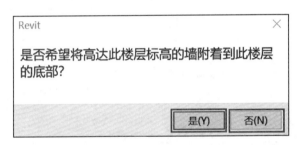

图 6-1-8

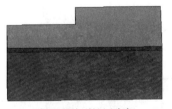

(a) 墙附着到楼层底部　　　　　(b) 墙不附着到楼层底部

图 6-1-9

6.1.2　编辑楼板

1. 修改楼板边界

如果需要重新编辑已有的楼板边界,把鼠标指针放在楼板边缘,连续按【Tab】键,直到选中楼板,激活【修改|楼板】选项卡,单击【模式】面板中的【编辑边界】按钮,如图 6-1-10 所示,用图 6-1-11 所示的修改工具对楼板边界进行调整修改。完成编辑后,单击【模式】面板中【✓】按钮结束编辑。按键盘【Esc】键退出当前命令。

案例视频

编辑楼板

图 6 - 1 - 10

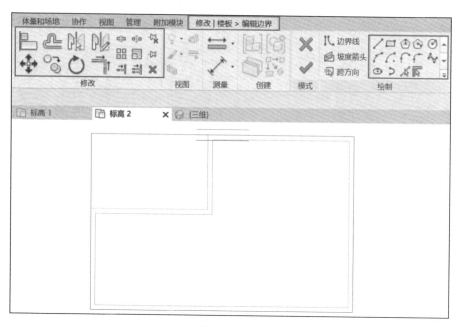

图 6 - 1 - 11

2. 楼板开洞

选择楼板,单击【模式】面板的【编辑边界】命令,进入绘制楼板轮廓草图模式,在楼板内需要开洞的地方直接绘制洞口闭合轮廓,如图 6 - 1 - 12 所示。

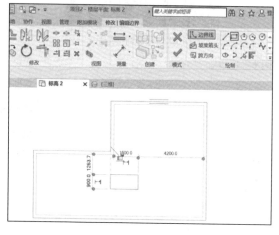

图 6 - 1 - 12

【提示】在楼板上开洞的方法,除了上文编辑楼板边界外,还可以选择使用"建筑"选项卡下"洞口"面板中的多种洞口编辑命令,如图6-1-13所示。

3. 编辑斜楼板

选择楼板,单击【模式】面板的【编辑边界】命令,视图切换至【修改|楼板>编辑边界】界面,单击【绘制】面板的【坡度箭头】命令,如图6-1-14所示,切换至坡度箭头绘制模式。

图 6-1-13

图 6-1-14

移动鼠标至楼板上侧边界线位置,捕捉边界线中间任意位置单击左键,确定为坡度箭头的起点。移动鼠标,捕捉到下侧边界线时单击左键,完成坡度箭头的绘制。如图6-1-15所示。

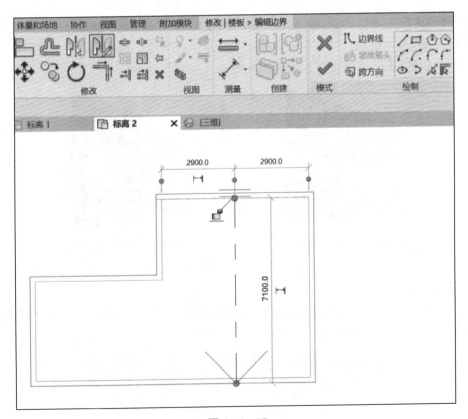

图 6-1-15

　　此时【属性】面板会切换至坡度箭头"草图"属性,坡度的"指定"方式有"尾高"和"坡度"两种方式。选择指定"坡度"直接输入坡度值确定楼板倾斜位置,如图 6-1-16 所示,选择"尾高"可以通过输入"底"(箭尾)和"头"(箭头)的标高和偏移值指定楼板的倾斜位置,如图 6-1-17 所示。

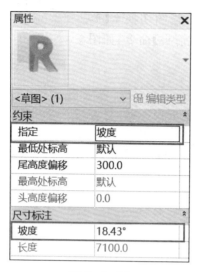

图 6-1-16

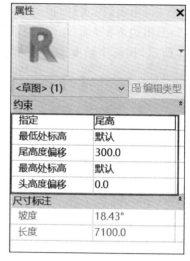

图 6-1-17

　　单击【模式】面板中【✔】按钮,完成绘制,在弹出的"是否希望将高达此楼层标高的墙附着到此楼层的底部?"对话框,按照需要选择"是"或"否"。切换至三维视图,可见如图 6-1-18所示效果。按键盘【Esc】键退出当前命令。

(a) 墙附着到楼层底部

(b) 墙不附着到楼层底部

图 6-1-18

4. 楼板形状编辑

　　选中楼板,除了可以选择【编辑边界】命令对楼板的边界进行修改,还可通过【形状编辑】面板中多种命令编辑楼板的形状,如图 6-1-19 所示。

图 6-1-19

（1）修改子图元

选择楼板，单击【形状编辑】面板的【修改子图元】命令，进入编辑状态，楼板边界变为带有绿色控制点（绿框）的虚线，单击选定楼板上的控制点或某条边，出现"0"文本框，单击文本框可输入数值来调整楼板该点或边距原始楼板顶面的垂直偏移高度，如图6-1-20所示。

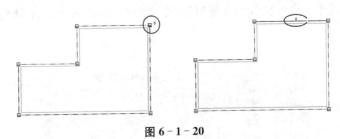

图6-1-20

在三维视图中，还可以通过拖拽文本框旁边的蓝色箭头，垂直移动以修改偏移值，如图6-1-21所示。

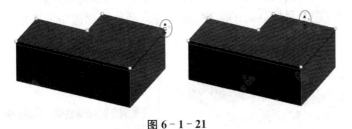

图6-1-21

（2）添加点

选择楼板，单击【形状编辑】面板的【添加点】命令，进入编辑状态。在选项栏中设置好即将添加点的高程后，在楼板上点击鼠标左键以添加点，如图6-1-22所示。通过调整这些点的垂直高度偏移值可以改变楼板（或屋顶）的形状。通常可以用此方法添加楼板的排水坡度。

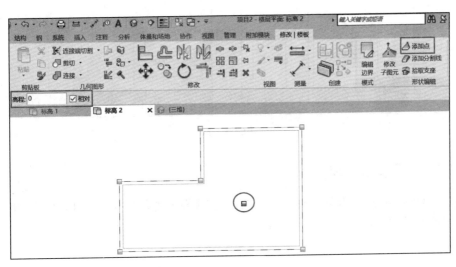

图6-1-22

【形状编辑】面板中还有"添加分割线""拾取支座""重设形状"命令,"添加分割线"命令可以将楼板分为多块,以实现更加灵活的调节;"拾取支座"命令用于定义分割线,并在选择梁时为板创建恒定承重线;"重设形状"命令可以恢复板原来的形状。

5. 复制楼板

选择楼板,单击【剪贴板】面板的【复制】命令,将选中的楼板图元复制到剪贴板中,如图6-1-23所示。

图 6-1-23

单击【剪贴板】面板下的【粘贴】的下拉列表中【与选定的标高对齐】命令,此时弹出【选择标高】对话框,选择要复制的目标标高的名称,楼板将自动复制到选中的楼层中,如图6-1-24所示。

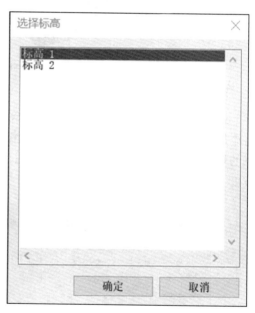

图 6-1-24

6.1.3 设置楼板边缘

(1) 单击【建筑】选项卡下【楼板】的下拉列表中【楼板边】命令,在三维视图下,单击选择楼板的边缘完成添加,如图6-1-25所示。

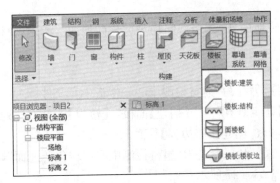
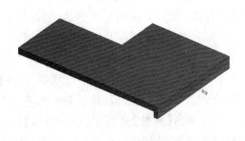

图 6-1-25

（2）选中绘制的楼板边缘,可修改楼板边缘的限制条件下的"垂直轮廓偏移"和"水平轮廓偏移",修改楼板边缘的位置,如图 6-1-26。

图 6-1-26

（3）选中绘制的楼板边缘,单击【属性】框下的【编辑类型】按钮,可在弹出的【类型属性】对框中修改楼板边缘的"轮廓""材质"等信息,如图 6-1-26 所示。

拓展阅读

*6.1.4 创建钢结构雨棚（拓展阅读）

创建钢
结构雨棚

本项目的楼板绘制步骤如下:

1. 绘制一层室内楼板

一层室内楼板除了卫生间采用防滑地砖地面外,其余房间均为玻化砖地面。考虑到材质与标高问题,卫生间楼板需要单独绘制。

(1) 玻化砖地面(卫生间以外楼板)

① 打开"建材检测中心—门窗.rvt"文件,另存为"建材检测中心—楼板.rvt"文件。

② 切换为"一层楼层"平面视图,单击【建筑】选项卡中【构建】面板。【楼板】工具下拉列表,在列表中选择【楼板:建筑】命令,进入【修改|创建楼层边界】界面。

③ 单击【属性】面板中【编辑类型】,点击【复制】,命名为"建材检测中心—玻化砖地面",确认【类型参数】中的"功能"为"内部"如图 6-1-27 所示。

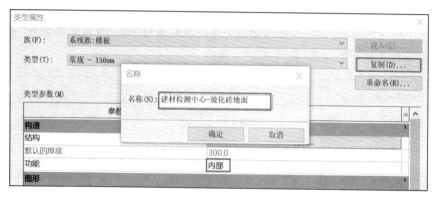

图 6-1-27

④ 单击【类型参数】中"结构"后面的【编辑】按钮,进入楼板的【编辑部件】对话框,单击左下角的【预览】,打开左侧预览对话框,如图 6-1-28 所示。

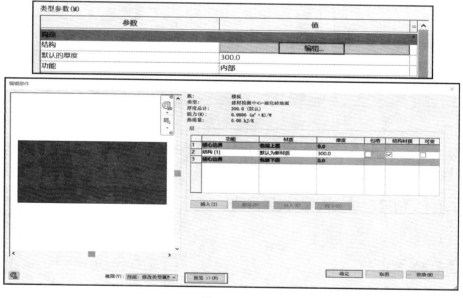

图 6-1-28

⑤ 将第二行"结构1"的"厚度"修改为"100",单击【材质】单元格,进入【材质浏览器】,搜

索"混凝土",在搜索结果中找到"混凝土,C12/15"并双击鼠标左键将其添加至上部面板,将其重命名为"C15混凝土",并修改其图形参数,如图6-1-29所示。单击【确定】按钮返回【编辑部件】对话框。

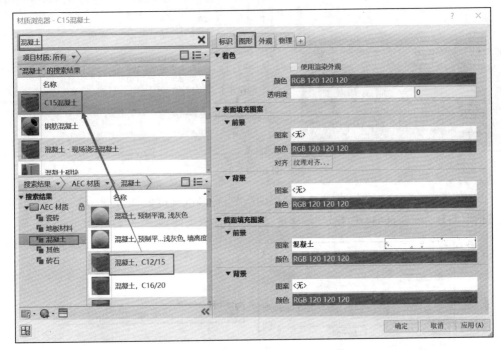

图 6-1-29

⑥ 单击【插入】命令,在"核心边界"→"包络上层"上面插入一层"衬底[2]"层,修改其"厚度"为"40",修改其"材质"为"水泥砂浆",如图6-1-30所示。

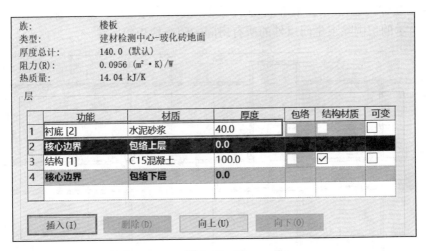

	功能	材质	厚度	包络	结构材质	可变
1	衬底 [2]	水泥砂浆	40.0			
2	**核心边界**	**包络上层**	**0.0**			
3	结构 [1]	C15混凝土	100.0		☑	
4	**核心边界**	**包络下层**	**0.0**			

图 6-1-30

⑦ 继续单击【插入】命令,在"衬底[2]"上添加一层"面层1[4]"修改其"厚度"为"10",修改其"材质"为"米白色玻化地面砖"。

⑧ 确认【编辑部件】对话框的"材质"构造层,如图6-1-31所示,勾选"结构层"的"结

构材质",单击【确定】2 次,返回楼板绘制界面。

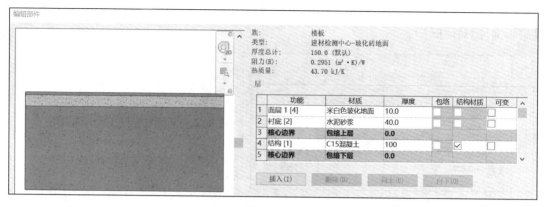

图 6-1-31

⑨ 确保【属性】面板中"标高"为"一层平面","自标高的高度偏移"为"0.0"。在绘图面板中单击【拾取墙】命令,在选项栏中指定"偏移量"为"0",勾选"延伸到墙中",如图 6-1-32 所示。

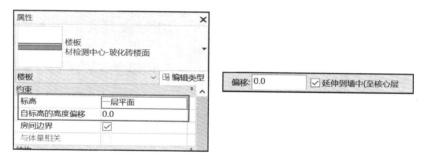

图 6-1-32

⑩ 移动光标,依次点击拾取外墙,利用修改工具对楼板边界线进行修改,使其形成如图 6-1-33 所示的包围除卫生间以外的所有房间的闭合楼板轮廓线。

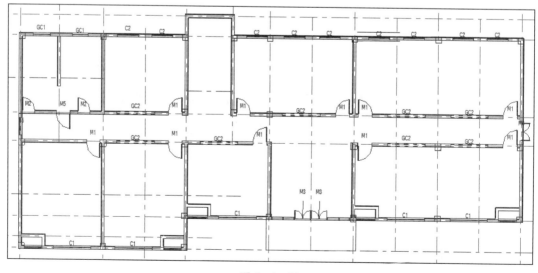

图 6-1-33

⑪ 单击【模式】面板中【✔】按钮,会弹出"楼板/屋顶与高亮显示的墙重叠。是否希望连接几何图形并从墙中剪切重叠的体积"对话框,单击【是】,完成"玻化砖地面"的绘制。

(2) 防滑地砖地面(卫生间楼板)

用类似方法,创建"建材检测中心"一层卫生间楼板。卫生间楼板采用防滑地砖地面,标高比其他地方标高低 20 mm。

① 使用【楼板】工具,进入【修改|创建楼层边界】界面。在【属性】面板中下拉选中"建材检测中心—玻化砖地面",单击【编辑类型】,进入【类型属性】对话框,复制"建材检测中心—玻化砖地面",重命名为"建材检测中心—防滑砖地面",如图 6-1-34 所示。

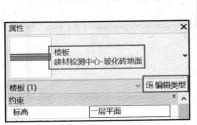
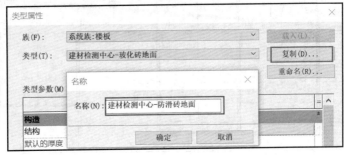

图 6-1-34

② 单击【类型参数】中"结构"后面的【编辑】按钮。单击第 1 层"面层 1[4]"的【材质】单元格,进入【材质浏览器】。设置其材质为"防滑地砖",并修改其"图形"参数;其余层按照上述方法继续【插入】,并修改其材质和厚度,完成卫生间地面材质的赋予,如图 6-1-35 所示。单击【确定】回到【编辑部件】对话框。

③ 如图 6-1-35 所示,勾选第 1 层"面层 1[4]"后的"可变",以实现卫生间面层找坡的目的,单击【确定】后再次单击【确定】,返回楼板绘制界面。

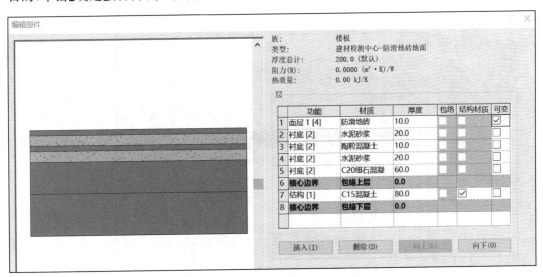

图 6-1-35

④ 设置【属性】面板中"标高"为"一层平面","自标高的高度偏移"为"-20"。在绘图面

板中单击【拾取墙】命令,在选项栏中指定"偏移量"为"0",勾选"延伸到墙中"。

⑤ 移动鼠标至绘图区域,依次拾取卫生间所有墙体边界线,并修剪所有边界线使其首尾相连,如图 6-1-36 所示。

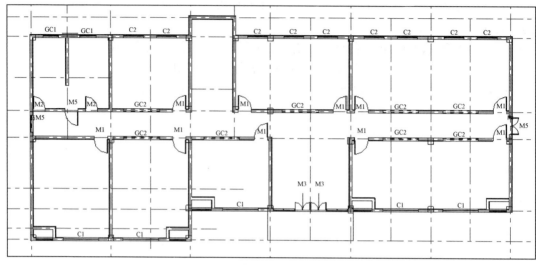

图 6-1-36

⑥ 单击【模式】面板中【✓】按钮,在弹出"楼板/屋顶与高亮显示的墙重叠。是否希望连接几何图形并从墙中剪切重叠的体积?"对话框中单击【是】,完成卫生间楼板的绘制。

2. 绘制二层室内楼板

通过复制一层室内楼板,生成二层室内楼板:

(1) 在一层楼层平面视图中,从左上至右下用鼠标框选所有构件,单击【选择】面板的【过滤器】,在弹出的【过滤器】对话框中勾选"楼板",单击【确定】完成对 F1 层楼板的选择,如图 6-1-37 所示。

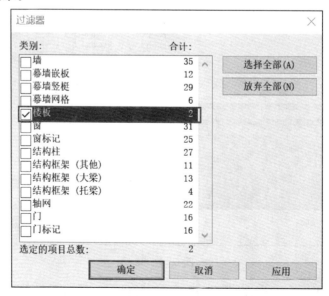

图 6-1-37

（2）单击【剪贴板】面板下的【粘贴】的下拉列表中【与选定的标高对齐】命令，在弹出的"选择标高"对话框中选择"二层平面"，单击【确定】，将一层的楼板复制到二层。

（3）在二层楼层平面视图中，选中"建材检测中心—防滑砖地面"楼板，单击【属性】面板中【编辑类型】，重命名为"建材检测中心—防滑砖楼面"。单击【类型参数】中"结构"后面的【编辑】按钮。单击第3行"结构[1]"的【材质】单元格，设置其材质为"钢筋混凝土"，并修改其"图形"参数；其余层按照上述方法继续【插入】，并修改其材质和厚度，完成卫生间地面材质的赋予，单击【确定】按钮2次完成编辑，如图6-1-38所示。

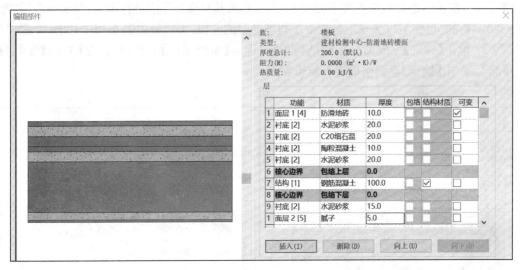

图 6-1-38

（4）在二层楼层平面视图中，选中"建材检测中心—玻化砖地面"楼板，单击【属性】面板中【编辑类型】，重命名为"建材检测中心—玻化砖楼面"。单击【类型参数】中"结构"后面的【编辑】按钮。单击第3行"结构[1]"的【材质】单元格，设置其材质为"钢筋混凝土"，并修改其"图形"参数；其余层按照上述方法继续【插入】，并修改其材质和厚度，完成玻化砖地面材质的赋予，单击【确定】按钮2次完成编辑，如图6-1-39所示。

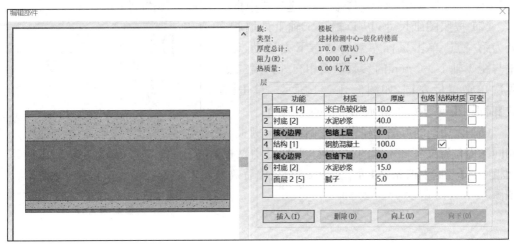

图 6-1-39

3. 绘制室外阳台板、空调板、雨棚板

根据图纸可知,室外阳台板、空调板、雨棚板的结构层次和材质相同,区别在于阳台板需降板 20mm。这三个构件的创建方式类似,本小节以阳台板为例具体讲解。

(1) 使用【楼板】工具,进入【修改|创建楼板边界】界面。单击【属性】面板【编辑类型】,进入【类型属性】对话框,以"建材检测中心—玻化砖楼面"复制出名称"建材检测中心—阳台板"的新楼板类型。

(2) 打开【结构】参数的【编辑部件】对话框,修改第 1 行"面层 1[4]"的"厚度"为"20";删除第二行,在核心边界包络下层下面插入 2 层,并对其材质和厚度进行编辑;勾选第 1 层"面层 1[4]"后的"可变",以实现阳台板面层找坡的目的完成,编辑后如图 6-1-40 所示。

(3) 单击【确定】完成阳台板的结构编辑,返回【编辑部件】对话框,修改【功能】参数为"外部"。单击【确定】返回楼板边界编辑界面。

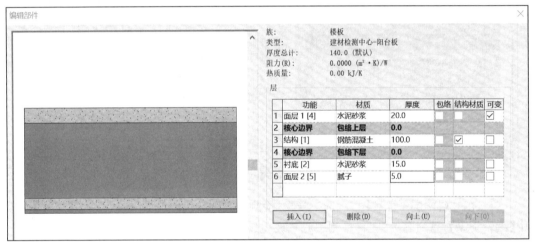

图 6-1-40

(4) 确保【属性】面板中"标高"为"一层平面","自标高的高度偏移"为"-20"。在【边界线】绘图面板中单击【矩形 ▢】命令,在选项栏中指定"偏移量"为"50"。

(5) 按照图纸尺寸,以 D 轴与 1 轴上外墙相交处为第一点,单击鼠标左键后往左下方移动,以 C 轴与距 1 轴 1 500 mm 的参照平面相交处为第二点,再次单击鼠标左键,如图 6-1-41 所示。单击【模式】面板中【 ✔ 】按钮,完成阳台板的绘制。

(6) 以相同的方法创建室外空调板和雨棚板,在相同平面位置而标高不同的空调板,可使用【剪贴板】面板中的【复制】和【粘贴】命令完成,绘制完成后效果如图 6-1-42 所示。

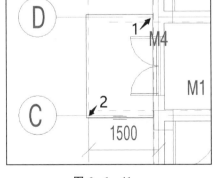

图 6-1-41

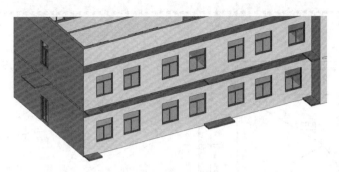

图 6 - 1 - 42

【提示】"建材检测中心"项目一层室内外高差为 150 mm,仅需要一步室外台阶,可利用同创建阳台板的方式完成室外台阶的创建,如图 6 - 1 - 43 所示。室外台阶需降板 15 mm。

图 6 - 1 - 43

4. 绘制钢结构雨棚(自主学习)

自主学习

绘制钢结构雨棚

本任务需重点掌握楼板的创建和编辑的方法,楼板结构编辑及材质设置、如何利用复制功能快速生成楼板等。

"1+X"练兵场:

根据下图所示给定的尺寸及详图大样新建楼板,顶部所在标高为 ±0.000,命名为"卫生间楼板",构造层次保如图中所示,水泥砂浆进行放坡,并创建洞口,请将模型以"楼板"为文件名并保存到指定文件夹中。

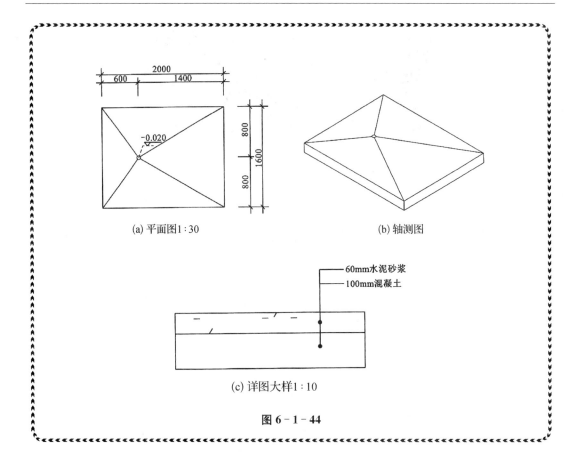

(a) 平面图1:30　　　　　　　　(b) 轴测图

60mm水泥砂浆
100mm混凝土

(c) 详图大样1:10

图 6-1-44

▶ 任务 2　屋顶的创建与编辑 ◀

任务信息

创建"建材检测中心"屋顶,如图 6-2-1 所示:

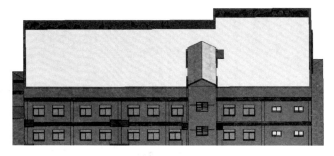

图 6-2-1

"建材检测中心"屋顶的类型及材质,如表 6-4 所示:

表 6-4

屋顶	上人屋面	280 mm 厚	10 mm 防滑地砖
			20 mm 水泥砂浆
			40 mm 细石混凝土刚性防水层
			30 mm 保温隔热板
			20 mm 水泥砂浆
			40 mm 页岩陶粒混凝土
			100 mm 钢筋混凝土楼板
			15 mm 混合砂浆
			5 mm 腻子
	楼梯间屋面	200 mm 厚	40 mm 细石混凝土
			20 mm 水泥砂浆
			20 mm 页岩陶粒混凝土
			100 mm 钢筋混凝土楼板
			15 mm 混合砂浆
			5 mm 腻子
备注:楼梯间屋顶坡度为 30°,上人屋面屋顶坡度详见图纸。			

Revit 中创建屋顶的方法有三种:迹线屋顶、拉伸屋顶和面屋顶,如图 6-2-2 所示。

(1)迹线屋顶:通过创建屋顶边界线,定义边线属性和坡度的方法创建各种常规坡屋顶和平屋顶。

(2)拉伸屋顶:当屋顶的横断面有固定形状时可以用拉伸屋顶命令创建。

(3)面屋顶:异型的屋顶可以先创建参照体量的形体,再用【面屋顶】命令拾取面进行创建。

6.2.1 迹线屋顶的创建与编辑

迹线屋顶的创建方式与楼板非常类似,不同的是在迹线屋顶中可以灵活地为屋顶定义多个坡度,适用性广。

1. 创建迹线屋顶

(1)在平面视图中,单击【建筑】→【构建】→【屋顶】下拉三角符号,如图 6-2-2所示,选择【迹线屋顶】,进入【修改|创建屋顶迹线】界面,如图 6-2-3 所示。

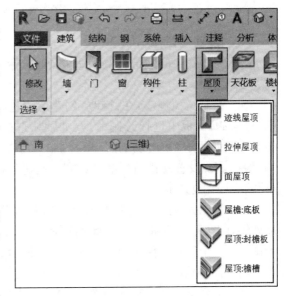

图 6-2-2

图 6-2-3

（2）在【属性】面板中的【类型选择器】列表中选择需要的屋顶类型；也可根据需要通过单击【编辑类型】按钮，在弹出的【类型属性】对话框中，单击【复制】→【名称】新建一个屋顶→【结构/编辑】→【编辑部件】对话框，可以根据实际屋顶需求，设置屋顶的构造层、材质、厚度等，设置方法同楼板类型设置，如图 6-2-4 所示。

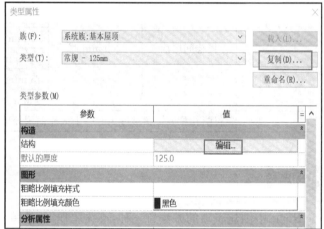

图 6-2-4

（3）在【属性】面板中设置有关屋顶实例参数，如图 6-2-5 所示，可设置屋顶的底部标高及偏移、截断标高及偏移、椽截面、坡度等。

（4）绘制屋顶迹线：在【修改｜创建屋顶迹线】上下文选项卡→【绘制】面板中选择绘制命令（如默认选择"拾取墙"），如图 6-2-6 所示，在出现的【选项栏】中勾选"定义坡度"，"悬挑"根据需要设置悬挑值（如"300.0"），同时勾选"延伸到墙中（至核心层）"复选框。

（5）将光标移到外墙外侧，确保悬挑位置预览虚线位于外墙外侧，配合键盘【Tab】键，选择全部外墙，单击生成屋顶边界，如图 6-2-7 所示。如出现交叉线条，可使用【修剪】命令编辑成封闭的屋顶轮廓。

（6）边界绘制完成后，单击【模式】面板中【 ✔ 】按钮，完成绘制，切换至三维视图，屋顶效果如图 6-2-8 所示。

图 6-2-5

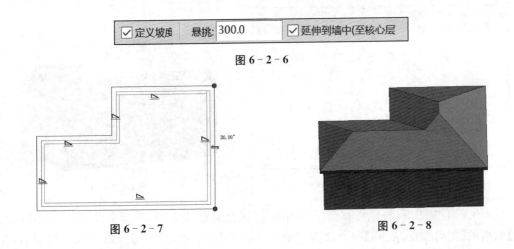

图 6-2-6

图 6-2-7

图 6-2-8

【提示】图中每边迹线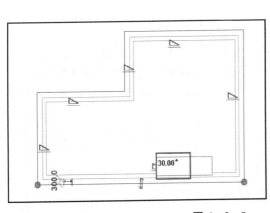附近符号表示屋顶该侧边线有坡度。若在【选项栏】中不勾选"定义坡度"选项,则屋顶不生成坡度,生成平屋顶。

2.编辑迹线屋顶

如需修改已创建的屋顶,可选中该屋顶,单击【模式】面板中的【编辑迹线】命令,将跳到【修改|屋顶>编辑迹线】界面,可再次进入到屋顶的迹线编辑模式。

(1)坡度编辑

① 在迹线编辑模式下,选择某根边界线在激活的文本框或【属性】框的"坡度"栏中输入新的坡度值可改变该侧屋面坡度,如图 6-2-9 所示。

图 6-2-9

② 选择单根或多根边界线,在【属性】框或【选项栏】中取消"定义坡度"选项,则所选侧不生成坡度,坡度符号消失,如图 6-2-10 所示。完成编辑后单击【✓】按钮,则屋顶创建效果如图 6-2-11 所示。

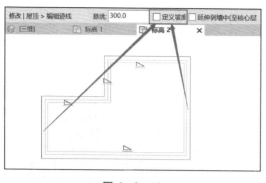

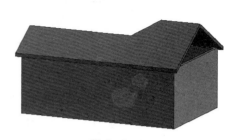

图 6－2－10　　　　　　　　　　　　　图 6－2－11

③ 在三维视图下，将鼠标移至任一面墙体，配合键盘 Tab 键，选择全部外墙，单击【修改墙】面板的【附着顶部/底部】命令，此时选项栏默认"附着墙"为"顶部"，依据状态栏提示，移动鼠标至屋顶，单击左键，即可实现墙体顶部与屋顶的自动附着，如图 6－2－12 所示。

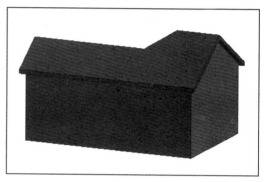

图 6－2－12

（2）坡度箭头编辑

在【修改|屋顶＞编辑迹线】界面中，还提供了"坡度箭头"的编辑方式。

① 屋顶边界线绘制完成后，使用【修改】面板中【拆分墙元】命令，把其中一段屋顶边界线拆分出相等的两段，如图 6－2－13 所示；然后把这两段屋顶边线坡度取消。

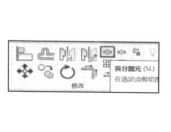

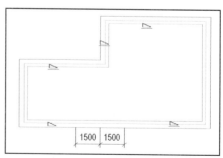

图 6－2－13

② 单击【绘制】面板中【坡度箭头】命令，分别在刚拆分的两段墙边线上绘制"坡度箭头"，箭头方向相对。分别选择坡度箭头，在【属性】框中设置"头高度偏移"为"1000.0"，如图 6－2－14 所示。

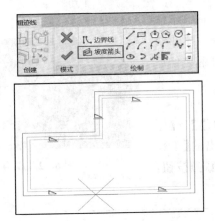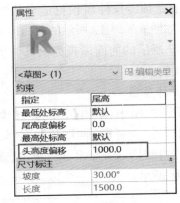

图 6-2-14

③ 单击【✔】完成编辑状态,屋顶创建效果如图 6-2-15 所示。此时可以通过【修改墙】面板的【附着顶部/底部】命令,将墙体顶部附着至斜屋面板底。

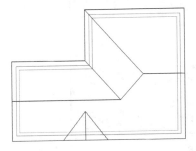

图 6-2-15

（3）连接/取消连接屋顶

屋顶的编辑还可以利用【修改】或【修改|屋顶】选项卡【几何图形】面板→【连接/取消连接屋顶】命令,将一个屋顶连接到另一个屋顶上,如图 6-2-16 所示。

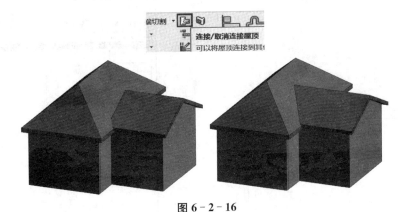

图 6-2-16

6.2.2　拉伸屋顶的创建与编辑

拉伸屋顶是在某一竖向面内绘制屋顶截面轮廓线,然后在垂直于该竖向平面的方向进行拉伸而成的屋顶。拉伸屋顶更适合从平面上不能创建的屋顶,如图 6-2-17 所示的曲面屋顶。本小节以图 6-2-17 所示的曲面屋顶为例具体讲解拉伸屋顶的创建及编辑。

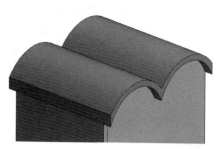

图 6-2-17　案例视频

拉伸屋顶的
创建与编辑

1. 创建拉伸屋顶

(1) 在平面视图中,单击【建筑】→【构建】→【屋顶】下拉三角符号,选择【拉伸屋顶】,在弹出的【工作平面】对话框选择"拾取一个平面",单击【确定】按钮,如图 6-2-18 所示。

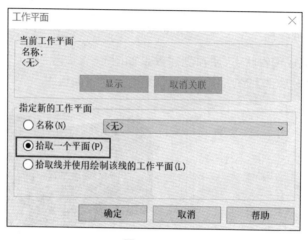

图 6-2-18

(2) 移动鼠标至外墙外立面处,如图 6-2-19 所示。待女儿墙外侧轮廓线呈蓝色高亮显示时,单击鼠标左键,在弹出的【转到视图】对话框根据需要选择"立面:北"或"立面:南",单击【打开视图】,如图 6-2-20 所示。在弹出的【屋顶参照标高和偏移】对话框,单击【确定】按钮,如图 6-2-21 所示。

图 6-2-19

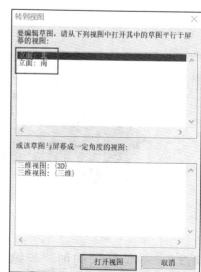

图 6-2-20

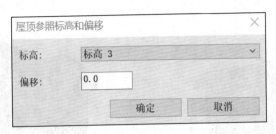

图 6 - 2 - 21

（3）进入【修改│创建拉伸屋顶轮廓】界面，选择当前屋顶类型为"基本屋顶常规
—125 mm"，当前绘制方式为"起点—终点—半径弧"，绘制如图 6 - 2 - 22 所示的屋顶的
截面线（无需闭合）。按【Esc】键完成该段弧线绘制。

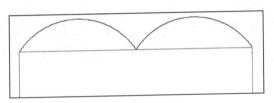

图 6 - 2 - 22

（4）单击【✔】按钮，在【属性】面板出现拉伸屋顶的"拉伸起点"和"拉伸终点"值，如
图 6 - 2 - 23 所示。切换视图至三维视图，可见如图 6 - 2 - 24 所示拉伸屋顶。

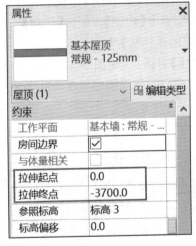

图 6 - 2 - 23

图 6 - 2 - 24

（5）在三维视图下，选中拉伸屋顶，可通过拉伸三角符号实现拉伸屋顶长度的变化。在
拖拽拉伸符号时，【属性】面板"拉伸起点"和"拉伸终点"值也会同步变化，如图 6 - 2 - 25
所示。

（6）通过【修改墙】面板的【附着顶部/底部】命令，将墙体顶部附着至拉伸屋面板底，如
图 6 - 2 - 26 所示。

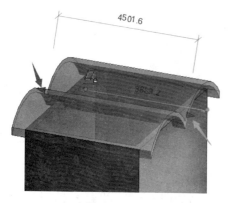
图 6 - 2 - 25

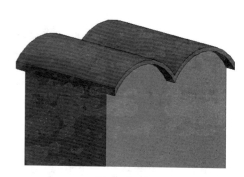
图 6 - 2 - 26

2. 编辑拉伸屋顶

拉伸屋顶绘制完成后,若需修改,还可选中屋顶,弹出【修改|屋顶】上下文选项卡,单击【模式】面板中【编辑轮廓】命令,可再次进入到【编辑轮廓草图】模式,修改屋顶截面草图。

任务实施

本项目的屋顶绘制步骤如下:

1. 绘制平屋顶

(1) 打开"建材检测中心—楼板.rvt"文件,另存为"建材检测中心—屋顶.rvt"文件。

(2) 切换为"屋面楼层"平面视图,单击【建筑】选项卡中【构建】面板。【屋顶】工具下拉列表,在列表中选择【迹线屋顶】命令,进入【修改|创建屋顶迹线】界面。

(3) 单击【属性】面板【编辑类型】,进入【类型属性】对话框,如图 6 - 2 - 27 所示,基于"架空隔热保温屋顶—混凝土"复制名称为"建材检测中心—保温隔热屋顶 280 mm"的新族类型,单击【确定】返回【类型属性】对话框。

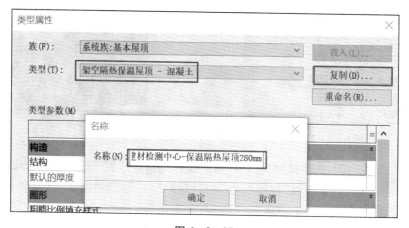
图 6 - 2 - 27

(4) 单击【类型参数】中【结构】的【编辑】按钮,进入【编辑部件】对话框。对各行的功能、材质、厚度等进行修改,得到如图 6 - 2 - 28 所示的屋面结构。

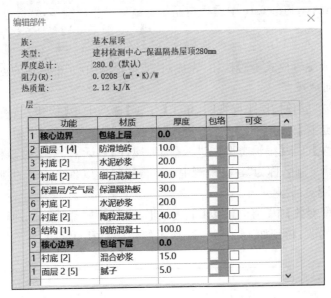

图 6-2-28

（5）单击【确定】2 次，返回屋顶迹线创建界面。确认选项栏中"定义坡度"不勾选，"悬挑"值为"0"，勾选"延伸到墙中至核心层"，如图 6-2-29 所示。

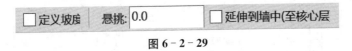

图 6-2-29

（6）修改实例属性值"自标高的底部偏移"为"－280"，确认当前绘制方式为"拾取墙"。移动鼠标至绘图区域，依次拾取所有外墙，形成如图 6-2-30 所示封闭的屋顶迹线。

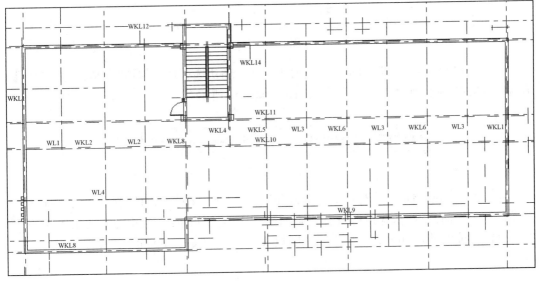

图 6-2-30

【提示】Revit Architecture 中屋顶自给定标高往上生成模型,楼板自给顶标高往下生成模型。

(7) 单击【完成编辑模式 ✔】按钮,完成对"建材检测中心"平屋顶的创建。

2. 绘制楼梯间坡屋顶

(1) 切换为楼梯屋顶楼层平面视图,单击【建筑】选项卡中【构建】面板。【屋顶】工具下拉列表,在列表中选择【迹线屋顶】命令,进入【修改|创建屋顶迹线】界面。

(2) 单击【属性】面板【编辑类型】,进入【类型属性】对话框,基于"建材检测中心—保温隔热屋顶 280 mm"复制名称为"建材检测中心—楼梯间屋顶 200 mm"的新族类型,单击【确定】返回【类型属性】对话框。

(3) 单击【类型参数】中【结构】的【编辑】按钮,进入【编辑部件】对话框。对各行的功能、材质、厚度等进行修改,得到如图 6-2-31 所示的楼梯间屋面结构。

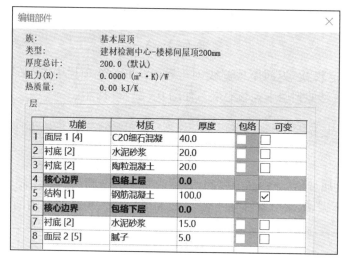

图 6-2-31

(4) 单击【确定】2 次,返回屋顶迹线创建界面。确认选项栏中勾选"定义坡度","悬挑"值为"0",勾选"延伸到墙中至核心层",如图 6-2-32 所示。

图 6-2-32

(5) 修改实例属性值"自标高的底部偏移"为"-200",确认当前绘制方式为"拾取墙"。移动鼠标至绘图区域,依次拾取所有外墙,形成封闭的屋顶迹线,选中短边两条迹线,取消"定义坡度"选项,如图 6-2-33 所示。此时长边两条迹线显示的坡度为"30°"。

（6）单击"完成编辑模式 ✅ "按钮，通过【修改墙】面板的【附着顶部/底部】命令，将墙体顶部附着至屋面板底，完成"建材检测中心"楼梯间坡屋顶的创建。

　　本任务需重点掌握迹线屋顶的创建和编辑的方法，掌握坡屋顶坡度编辑方法、连接/取消连接屋顶、墙体附着屋顶等功能的应用。

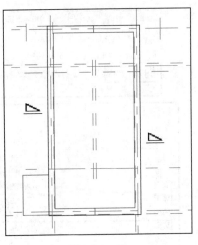

图 6 - 2 - 33

1. "线"命令与"拾取墙"命令绘制屋顶的区别

除"拾取墙"命令外，屋顶迹线还可以用【绘制】面板中提供的其他方式绘制，如采用【线】绘制，如图 6 - 2 - 34 所示，分别用两种命令绘制参数完全一样的屋顶线。创建的屋顶剖面如图 6 - 2 - 35 左（用【线】绘制）和图 6 - 2 - 35 右（用【拾取墙】绘制）所示。

图 6 - 2 - 34

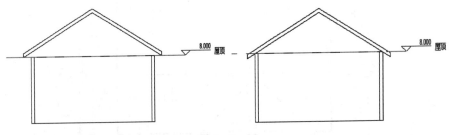

图 6 - 2 - 35

　　对比图 6 - 2 - 35 左图和右图可以看出，采用【直线】或者【曲线】方式绘制的屋顶，其"底部标高"基线为屋面板下边缘；采用【拾取墙】方式绘制的屋顶，其"底部标高"为墙外边缘与屋面板交接处，注意它们有不同的应用效果。

2. 坡度单位的格式

系统默认坡度的单位为度"°"，要修改为其他格式，则可单击【管理】选项卡→【设置】面板→【项目单位】按钮，弹出【项目单位】对话框。单击【坡度】后的示例数值，弹出【格式】对话框，可根据项目需要在"单位""舍入""单位符号"等栏中进行设置，如图 6 - 2 - 36 所示。

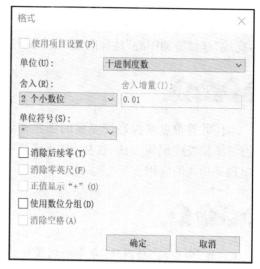

图 6－2－36

"1＋X"练兵场：

按照下图 6－2－37 所示的平、立面绘制屋顶。屋顶厚度均为 400,其他建模所需尺寸可参考平、立面图自定,绘制结果以"屋顶"为文件名保存到指定文件夹中。

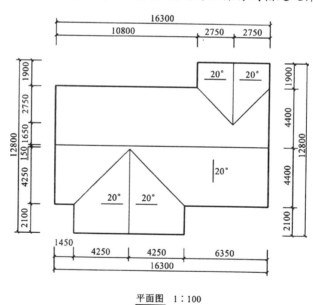

平面图　1：100

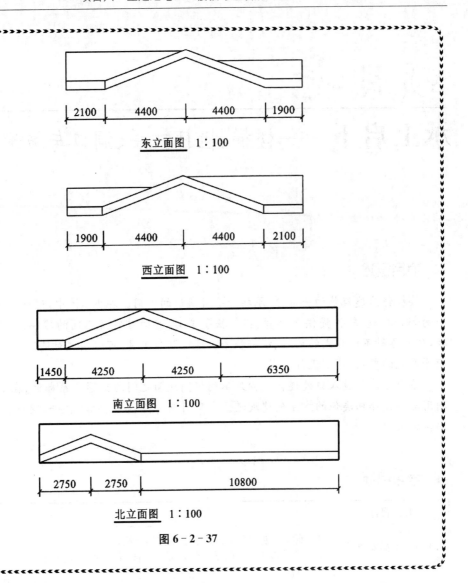

东立面图 1：100

西立面图 1：100

南立面图 1：100

北立面图 1：100

图 6 - 2 - 37

项目七

承上启下——楼梯、栏杆扶手、洞口与坡道的创建

✖ 项目概述

楼梯作为建筑物的一部分，承担着垂直交通的作用。在 Revit 中，楼梯由楼梯和栏杆扶手两部分构成，软件提供了楼梯、栏杆扶手工具，可通过定义不同的楼梯、栏杆扶手类型参数，生成各种不同样式的楼梯、栏杆扶手。通过洞口工具，可以实现对墙体、楼板、天花板、屋顶等图元的剪切，达到设计要求。

坡道是建筑物入口处连接室内外不同标高地面之间的交通联系部件，在 Revit 中，可以利用与创建楼梯类似的方法创建坡道。本项目将介绍楼梯、栏杆扶手、洞口、坡道的创建和编辑方法。

✖ 学习目标

知识目标	能力目标	思政目标
了解草图楼梯、洞口类型	(1) 能掌握创建草图方式绘制楼梯的方法； (2) 能掌握洞口：按面、竖井、墙、垂直、老虎窗的创建方法。	熟悉制图标准，精确绘制楼梯、栏杆扶手、洞口及坡道，培养学生就就业业、精益求精、严谨细致的职业态度，培养学生细致严肃、实事求是的科学态度和严谨的工作作风。
熟悉楼梯、扶栏、栏杆类型定义的参数；熟悉坡道的绘制	(1) 能掌握楼梯参数定义； (2) 能掌握扶栏参数设置； (3) 能掌握栏杆参数设置； (4) 能掌握坡道的创建与编辑。	
掌握楼梯、栏杆扶手、洞口、坡道的创建和编辑方法	(1) 能完成"建材检测中心"楼梯的创建与编辑； (2) 能完成"建材检测中心"栏杆扶手的创建与编辑； (3) 能完成"建材检测中心"洞口的创建与编辑； (4) 能完成"建材检测中心"坡道的创建与编辑。	

任务 1　楼梯的创建与编辑

任务信息

创建"建材检测中心"楼梯，如图 7-1-1(a)所示：

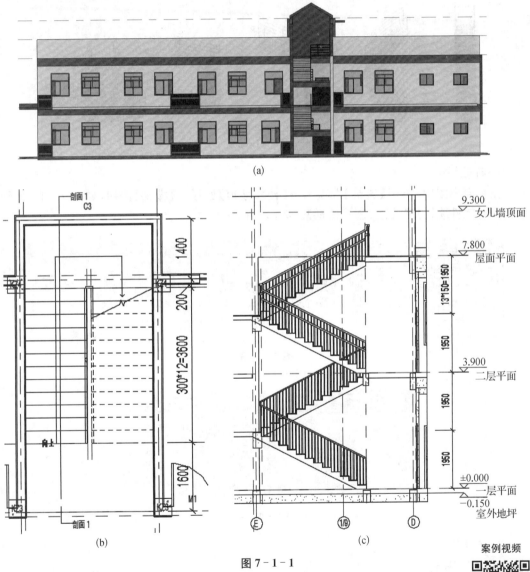

(a)

(b)　　　　　　　　　　　　(c)

图 7-1-1

案例视频

楼梯的创建
与编辑

其中，一层楼梯平面图如图 7-1-1(b)所示，楼梯剖面如图 7-1-1(c)，楼梯整体材质为钢筋混凝土，踏面及踢面材质为玻化地砖；梯段及平台结构厚度为 140 mm。楼梯扶手型为"900 mm 圆管"。

7.1.1　创建楼梯

楼梯主要由梯段（踢面、踏面、梯边梁）、栏杆扶手和中间休息平台组成。在软件中提供多种楼梯的绘制样式。如：直梯、螺旋梯段、L形梯段、U形梯段、自定义绘制的梯段，如图 7-1-2 所示。绘制时，根据设计项目的要求，选择合适的楼梯绘制方式。

图 7-1-2

1. 新建楼梯

在平面视图中，单击【建筑】选项卡→【楼梯坡道】面板→【楼梯】按钮，如图 7-1-3 所示。此时软件跳转到【修改|创建楼梯】界面，如图 7-1-4 所示。

图 7-1-3

图 7-1-4

2. 属性编辑

（1）实例属性

在【属性】面板的【类型选择器】中可选择"楼梯类型"，楼梯类型有 3 种："现场浇筑楼梯""组合楼梯""预浇筑楼梯"，可根据需要选择相应的楼梯类型，如图 7-1-5 所示。

根据"约束"设置楼梯底部标高和顶部标高，确定楼梯的高度。底部偏移和顶部偏移根据需求设置偏移的参数为正负值,如图7-1-6所示。

"尺寸标注"确定所需踢面数和实际踏板深度(踏步宽度),软件根据"楼梯高度"和"所需踢面数"参数设置自动计算出楼梯的实际踢面高度,如图7-1-6所示。

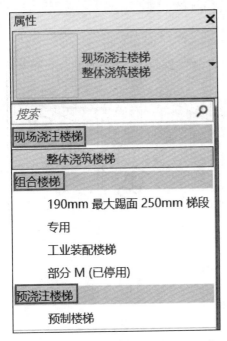

图 7-1-5

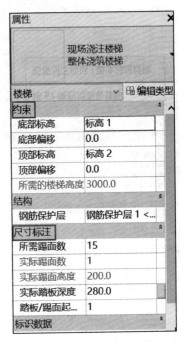

图 7-1-6

(2) 类型属性

① 单击【属性】面板中【编辑类型】按钮,在弹出的【类型属性】对话框中,主要设置最大踢面高度、最小踏板深度、最小梯段宽度、梯段类型、平台类型,如图7-1-7所示。当【属性】框中的所需踢面数和实际踏板深度参数值大于或者小于计算规则参数时,绘制梯段系统自动报错。

② 单击【类型参数】→【构造】→【梯段类型】参数的"150 mm 结构深度 ⋯"按钮,在弹出的【类型属性】对话框中,主要设置结构深度、整体式材质、踏板材质、踢面材质、踏板、踢面、斜梯、踢面厚度,如图7-1-8所示。

③ 单击【类型参数】→【构造】→【平台类型】参数的"整体平台 ⋯"按钮,在弹出的【类型属性】对话框中,主要设置整体厚度、整体式材质、与梯段相同。当不勾选"与梯段相同",可以自定义平台中的踏板厚度和踏板材质,如

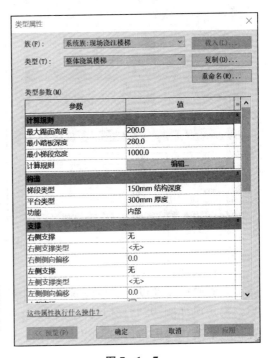

图 7-1-7

图 7-1-9 所示。

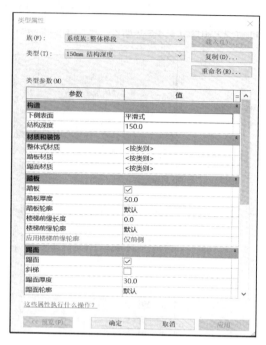
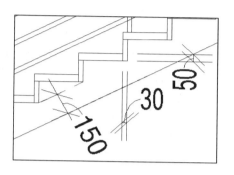

图 7-1-8

图 7-1-9

3. 绘制楼梯

完成楼板属性设置后,在【选项栏】中选择定位方式,定位线共有 5 种设置方法,分别为:"梯边梁外侧:左""梯段:左""梯段:中心""梯段:右""梯边梁外侧:右";"偏移参数"设置相对于定位线进行偏移;在"实际梯段宽度"栏中设置梯段宽度;勾选"自动平台"如图 7-1-10 所示。

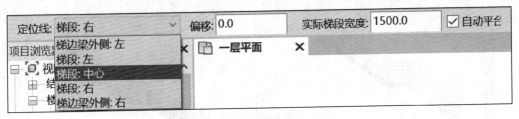

图 7 - 1 - 10

移动光标在平面视图中开始绘制,软件默认选择【直梯 ▨▥】方式,单击鼠标捕捉平面上的一点作为楼梯起点,自左向右移动光标。若实例属性中将"所需踏面数"设置为"20 个",当梯段草图下方的提示为"创建了 10 个踢面,剩余 10 个"时单击鼠标,完成第一个梯段的绘制,如图 7 - 1 - 11(a) 所示。

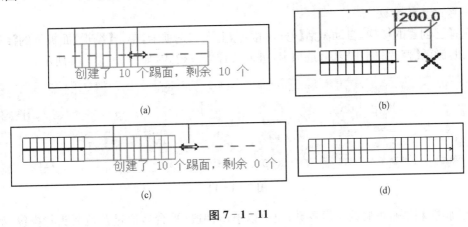

图 7 - 1 - 11

继续水平向右移动鼠标,当临时尺寸标注显示为"1200"时,单击鼠标,开始第二个梯段的绘制,如图 7 - 1 - 11(b)所示;继续水平向右移动鼠标,当提示"创建了 10 个踢面,剩余 0 个"时,单击鼠标完成第二个梯段的绘制,如图 7 - 1 - 11(c)所示。由于在绘制时,在选项栏中勾选了"自动平台",可以看到两个梯段之间自动生成了 1 200 mm 的休息平台,如图 7 - 1 - 11(d)。

4. 选择楼梯栏杆扶手类型

创建楼梯时,栏杆(竖向构件)、扶手(横向构件)可自动生成,可单击【工具】面板→【栏杆扶手】,弹出【栏杆扶手】对话框,在下拉列表中可以选择需要的类型,如图 7 - 1 - 12 所示。

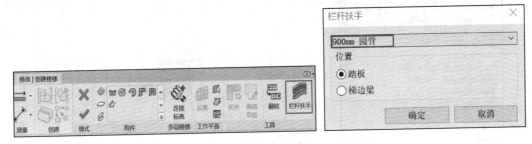

图 7 - 1 - 12

单击【✔】按钮,完成编辑模式。切换到立面图和三维视图,效果如图 7 - 1 - 13 所示。

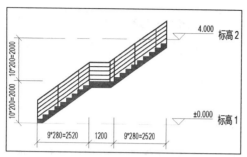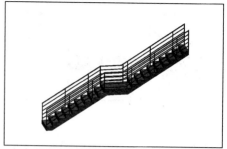

图 7-1-13

7.1.2　编辑楼梯

1. 修改楼梯参数

选择已创建的楼梯,自动激活【修改|楼梯】上下文选项卡,单击【编辑】面板下的【编辑楼梯】按钮,激活【修改|创建楼梯】选项卡,进入楼梯修改模式,如图 7-1-14 所示。

图 7-1-14

在【属性】框中,可修改梯段参数;也可以单击梯段(平台),通过蓝色箭头状操纵柄手动拉伸梯段(平台),调整其宽度、踏步数等参数,如图 7-1-15 所示。

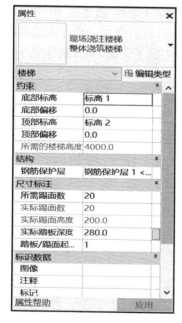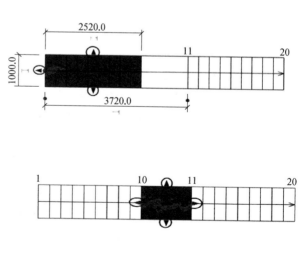

图 7-1-15

2. 编辑楼梯形状

在【修改|创建楼梯】界面下,单击选中梯段,单击【工具】面板下的【转换】按钮,激活【编辑草图】按钮,如图7-1-16所示。

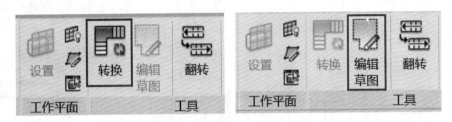

图7-1-16

单击【编辑草图】按钮,进入【修改|创建楼梯>绘制梯段】编辑模式,通过【绘制】面板中提供的【边界】、【踢面】、【楼梯路径】命令及【绘制】、【修改】工具可以修改梯段边界形状、踢面的轮廓等,如图7-1-17所示。

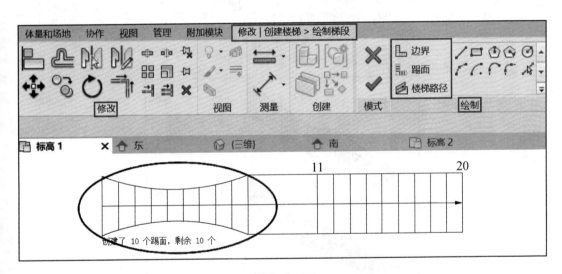

图7-1-17

3. 使用"多层楼梯"工具同时创建多个标准层楼梯

从立面视图中选中楼梯,单击【多层楼梯】面板中的【选择标高】工具,确保功能区的【连接标高】工具处于选中状态,选择延伸到楼梯的标高,如图7-1-18所示。单击【✔】按钮完成,效果如图7-1-19所示。

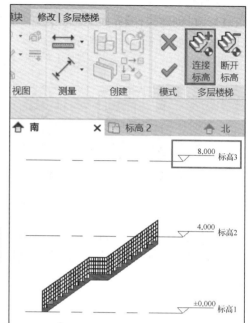

图 7 - 1 - 18

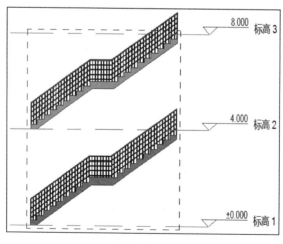

图 7 - 1 - 19

本项目的楼梯绘制步骤如下：

1. 绘制一楼楼梯

（1）打开"建材检测中心—屋顶.rvt"文件，另存为"建材检测中心—楼梯.rvt"文件。

（2）切换为一层楼层平面视图，单击【建筑】→【工作平面】→【参照平面】，进入【修改|放置参照平面】界面。确认【绘制】方式为【直线】，确认选项栏中"偏移量"为"0"。按图 7 - 1 - 20 所

示,移动鼠标至楼梯间,分别绘制两个平行于③轴的参照平面,第1个距离③轴1 600 mm,第2个距离⑴/3⑴轴1 600 mm;绘制两个平行于①轴的参照平面,第1个距离①轴1 600 mm,第2个距离Ⓔ轴200 mm。按键盘 Esc 退出当前命令。

（3）单击【建筑】→【楼梯坡道】→【楼梯】工具,进入【修改|创建楼梯】界面,如图7-1-3、7-1-4所示。

（4）单击【属性】面板【编辑类型】,进入【类型属性】对话框,以"整体浇筑楼梯"族类型为基础复制生成命名为"建材检测中心—整体浇筑楼梯"的新楼梯族类型,如图7-1-21所示。

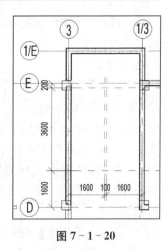

图 7-1-20

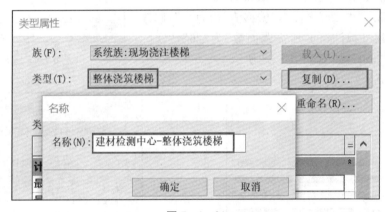

图 7-1-21

（5）在【类型属性】对话框中,修改【类型参数】→【计算规则】板块中"最大踢面高度"值为"150","最小踏板深度"值为"300","最小梯段宽度"值为"1 480",如图7-1-22所示。

参数	值	=
计算规则		⬆
最大踢面高度	150.0	
最小踏板深度	300.0	
最小梯段宽度	1480.0	
计算规则	编辑...	

类型参数(M)

图 7-1-22

（6）在【类型参数】→【构造】板块中,单击【梯段类型】参数的【150 mm 结构深度 ⋯】按钮,在弹出的【类型属性】对话框中,以"150 mm 结构厚度"族类型为基础复制生成命名为"140 mm 厚度"整体梯段族类型。设置"结构深度"为"140.0",修改"整体式材质"为"钢筋混凝土","踏板材质""踢面材质"均为"米白色玻化地砖";勾选"踏板"选项,设置"踏板厚度"为

"10.0";勾选"踢面"选项,设置"踢面厚度"为"10.0"。设置"踢面到踏板的连接"方式为"踏板延伸至踢面下",如图 7-1-23 所示。单击【确定】按钮退出对话框。

(7) 在【类型参数】→【构造】板块中,单击【平台类型】参数的"整体平台 ···"按钮,在弹出的【类型属性】对话框中,以"300 mm 厚度"族类型为基础复制生成命名为"140 mm 厚度"整体平台族类型,设置"整体厚度"为"140.0",修改"整体式材质"为"钢筋混凝土",勾选"与梯段相同",如图 7-1-24 所示。单击【确定】按钮退出对话框。

(8) 单击【确定】按钮返回【修改|创建楼梯】界面。确认【属性】面板"限制条件"中"底部标高"为"一层平面","顶部标高"为"二层平面","偏移值"均为"0";修改实例属性值"尺寸标注"的"所需踢面数"为"26","实际踏板深度"为"300",如图 7-1-25 所示。

图 7-1-23

图 7-1-24

图 7-1-25

(9) 在【选项栏】中设置定位线为"梯段:右",实际梯段宽度 1 480,如图 7-1-26 所示。

图 7-1-26

(10) 确认楼梯【绘制】面板中【梯段】绘制线为【直线】,如图 7-1-27 所示,移动鼠标至图中"1"点,单击左键,作为楼梯第 1 个上行梯段的起点;向上延伸至图中"2"点,再次单击左键,确定为第 1 个上行梯段的终点;向右延伸至图中"3"点,单击左键,作为第 2 个上行梯段起点;沿该垂直参照平面向下延伸至图中"4"点,单击鼠标左键,结束梯段绘制。系统会自动创建中间休息平台,单击选中休息平台,拖拽左侧箭头调整休息平台的宽度,使其上侧边与 ⓛ/E 轴内墙面对齐,如图 7-1-28 所示。

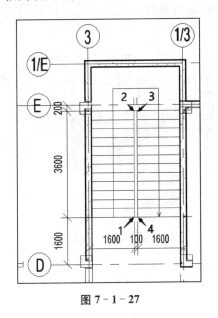

图 7-1-27

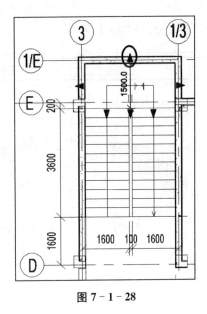

图 7-1-28

(11) 单击【工具】面板→【栏杆扶手】命令,选择扶手样式为"900 mm 圆管",如图 7-1-29 所示。单击【模式】面板中【✔】按钮,完成编辑模式,选择靠近墙体侧的栏杆扶手并将其删除。

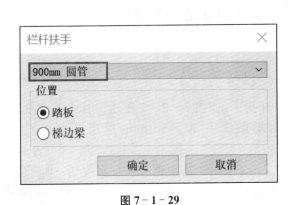

图 7-1-29

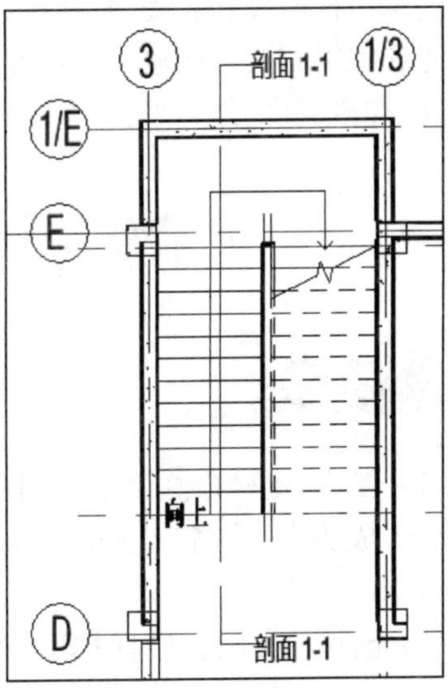

图 7-1-30

2. 绘制二楼楼梯

(1) 为了方便绘制,在楼梯间做一个如图 7-1-30 所示剖面图。

打开剖面 1-1 视图,选中楼梯,单击【多层楼梯】面板中的【选择标高】工具,确保功能区的【连接标高】工具处于选中状态如图 7-1-18 所示。单击选中"屋面平面"标高线,如

图 7-1-31 所示。单击完成编辑模式【】。系统自动创建二楼至屋面的楼梯,如图 7-1-32 所示。

（2）此时"一楼"和"二楼"楼梯转换成多层楼梯,需要单独修改某一层的楼梯时需要按住【Tab】键选择楼梯进行修改。

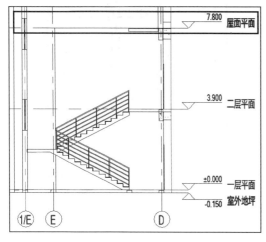

图 7-1-31

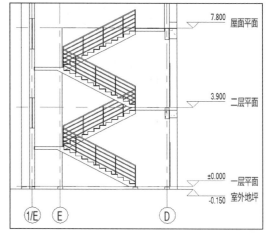

图 7-1-32

任务小结

楼梯由梯段（踏面、踢面、梯段梁）、平台、栏杆扶手组成,本任务重点介绍了梯段及平台的创建和编辑方式。在楼梯的创建过程中,需在充分理解楼梯构成的基础上,熟练掌握楼梯的标高、梯段宽度、休息平台、所需踢面数、踢面、踏板参数的设置。

▶ 任务 2　栏杆扶手的创建与编辑 ◀

任务信息

（1）创建"建材检测中心"楼梯顶层栏杆扶手,如图 7-2-1 所示。其中儿童扶手高 600 mm,成人扶手高 900 mm,轮廓均为矩形扶手 50×50 mm;屋顶层水平栏杆高 1 050 mm。

（2）创建二楼阳台栏杆扶手,如图 7-2-2 所示。其中顶部扶栏高度为 1 200 mm,轮廓均为矩形扶手 50×50 mm;栏杆间距为 200 mm,采用直径 30 mm 的圆形钢管。

案例视频

栏杆扶手的
创建与编辑

图 7 - 2 - 1

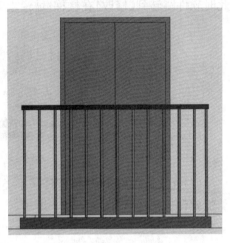

图 7 - 2 - 2

栏杆扶手由栏杆（嵌板）、立柱、扶栏组成，其中栏杆（嵌板）和立柱为竖向构件，扶栏为横向构件，如图 7 - 2 - 3 所示。

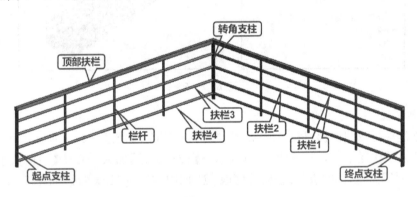

图 7 - 2 - 3

7.2.1 创建栏杆扶手

在 Revit Architecture 中，栏杆扶手可以附着于楼梯、楼板、坡道、地形等主体图元上。在创建楼梯、坡道时系统会自动沿梯段、坡道边界线生成栏杆扶手；同时，也可以通过绘制路径的方式单独创建栏杆扶手。

1. 放置在楼梯/坡道上

（1）创建平行双跑楼梯，将自动生成的栏杆扶手删除，如图 7 - 2 - 4 所示。

（2）单击【建筑】选项卡→【楼梯坡道】面板→单击【栏杆扶手】下拉列表→【放置在楼梯/坡道上】命令，如图 7 - 2 - 5 所示，

图 7 - 2 - 4

此时软件跳转到【修改|在楼梯/坡道上放置栏杆扶手】界面。

图 7-2-5

(3) 在【属性】框中选择栏杆扶手类型,移动光标选中楼梯后单击鼠标左键,将沿楼梯自动生成栏杆扶手,如图 7-2-6 所示。

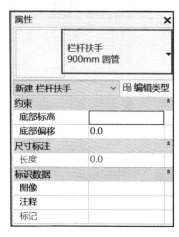

图 7-2-6

2. 绘制路径

(1) 创建平行双跑楼梯,将自动生成的栏杆扶手删除,如图 7-2-4 所示。

(2) 切换至楼层平面,单击【建筑】选项卡→【楼梯坡道】面板→单击【栏杆扶手】下拉列表→【绘制路径】命令,此时软件跳转到【修改|创建栏杆扶手路径】界面,如图 7-2-7 所示。

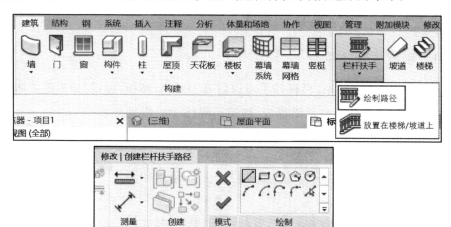

图 7-2-7

（3）在【绘制】面板中选择绘制方式，如"直线"；在【选项栏】中设置"偏移值"等；在【属性】框中选择栏杆扶手类型，设置"底部标高""底部偏移""从路径偏移"等参数；移动光标在楼梯中间绘制一条直线（栏杆扶手路径），如图 7-2-8 所示。单击【模式】面板中【✔】按钮，完成草图编辑状态。

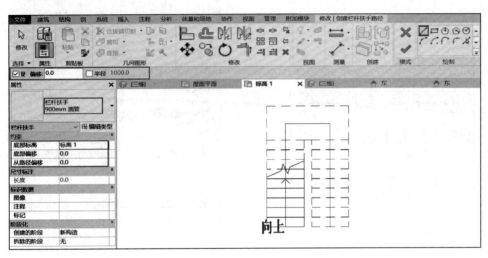

图 7-2-8

（4）切换至三维视图，可以看到创建的栏杆扶手在平面上生成，并没有附着到楼梯上，如图 7-2-9 所示；单击选中栏杆扶手，激活【修改|栏杆扶手】选项卡，单击【工具】面板→【拾取新主体 📳】按钮，移动光标单击拾取直梯，可以看到栏杆扶手附着到楼梯上，如图 7-2-10 所示。

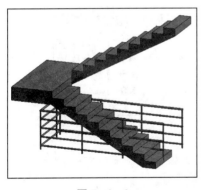

图 7-2-9

图 7-2-10

7.2.2 编辑栏杆扶手

栏杆扶手主要在其【属性】框中进行编辑。在【属性】框中，可以选择栏杆扶手类型，如图 7-2-11 所示；单击【编辑类型】，可以设置扶栏结构、栏杆位置及偏移、顶部扶栏等类型参数，如图 7-2-12 所示。

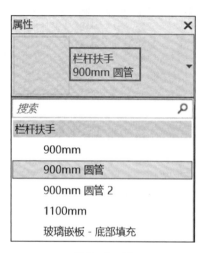

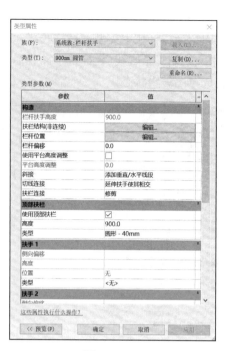

图 7-2-11

图 7-2-12

1. 栏杆扶手类型选择

如图 7-2-11 所示可在【属性】面板的【类型选择器】中可选择"栏杆扶手类型",若没有所需类型,可通过【载入族】的方式载入:单击【插入】选项卡→【从库中载入】面板→【载入族】命令,找到【建筑】→【栏杆扶手】,根据需要载入所需栏杆扶手,如图 7-2-13 所示。

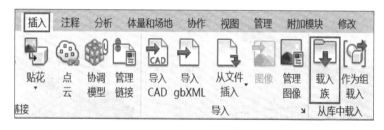

图 7-2-13

2. 扶栏结构(非连续)

如图 7-2-12 所示,单击【扶栏结构(非连续)】后的【编辑】按钮,弹出【编辑扶手(非连续）】对话框，如图 7 - 2 - 14 所示。可以插入或者删除栏杆扶手，对于各扶手可设置其名称、高度、偏移、轮廓、材质。【轮廓】下拉菜单中若无需要的类型，可通过【载入族】命令载入。单击【确定】完成设置。

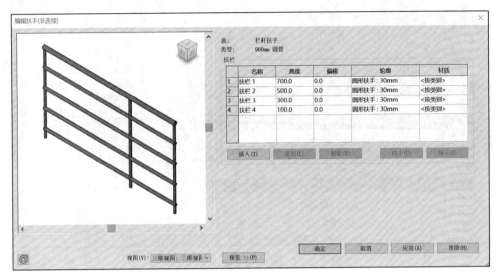

图 7 - 2 - 14

3. 栏杆位置

如图 7 - 2 - 13 所示，单击"栏杆位置"后的【编辑】按钮，弹出【编辑栏杆位置】对话框，如图 7 - 2 - 15 所示。可对栏杆主样式、支柱进行编辑。

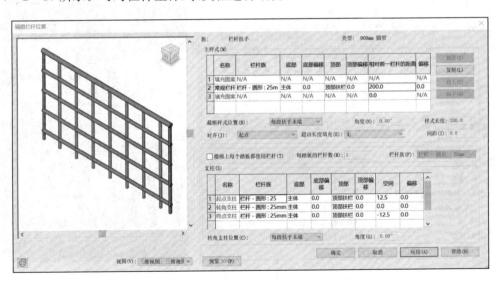

图 7 - 2 - 15

此时在【编辑栏杆位置】对话框中无法修改"栏杆/支柱"的材质，若要定义材质，需打开项目浏览器，展开族，找到"栏杆扶手"，选择需要修改材质的栏杆/支柱轮廓族类型，右击类型属性，在打开的【类型属性】对话框中即可定义"栏杆/支柱"的材质，同时也可以复制出其他直径的栏杆，如图 7 - 2 - 16 所示。

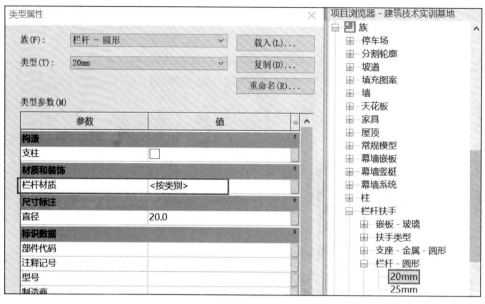

图 7 - 2 - 16

4. 栏杆偏移

该项用于设置栏杆距扶手绘制路径偏移值,可通过正负值来调整偏移方向。当设置栏杆偏移值为 100 时,其效果如图 7 - 2 - 17 所示。

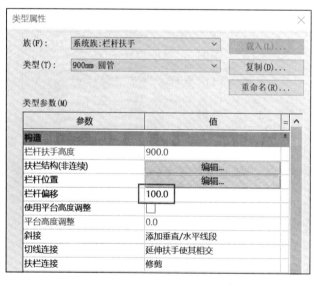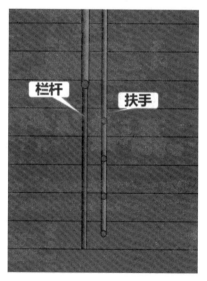

图 7 - 2 - 17

5. 顶部扶栏

勾选"顶部扶栏",可对顶部扶栏的高度和类型进行编辑。单击【顶部扶栏】中的【类型】,单击后面的【编辑 …】按钮,可对顶部扶栏的轮廓、材质等进行编辑,如图 7 - 2 - 18 所示。

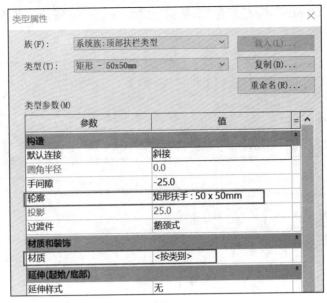

图 7-2-18

本项目的栏杆扶手绘制步骤如下：

1. 绘制楼梯顶层栏杆扶手

（1）打开"建材检测中心—楼梯.rvt"文件，另存为"建材检测中心—栏杆扶手.rvt"文件。

（2）切换为"屋面楼层"平面视图，选中楼梯栏杆扶手，此时【属性】面板显示当前族"类型"为"900 mm 圆管"，单击【编辑类型】进入【类型属性】对话框，复制族类型"900 mm 圆管"生成名称为"建材检测中心—楼梯栏杆扶手"的新栏杆类型，如图 7-2-19 所示。

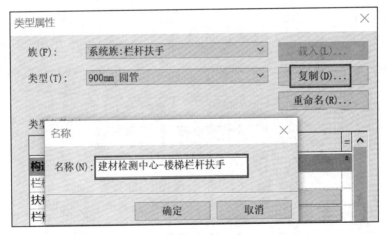

图 7-2-19

（3）单击【类型参数】的"扶栏结构（非连续）"的【编辑】按钮，进入【编辑扶手（非连续）】对话框。单击【插入】，修改其"名称"为"儿童扶手"，"高度"为"600"，"偏移"为"0.0"，"轮廓"

为"矩形扶手:50×50 mm","材质"为"不锈钢"如图 7-2-20 所示。单击【确定】按钮返回【类型属性】对话框。

图 7-2-20

（4）单击"类型参数"的"栏杆位置"的【编辑】按钮，进入【编辑栏杆位置】对话框。在"主样式"栏中设置"栏杆族"为"栏杆-圆形:25 mm"，考虑到安全性问题，设置"相对前一栏杆的距离"为"110"，其他选择默认设置，如图 7-2-21 所示。单击【确定】按钮返回【类型属性】对话框。

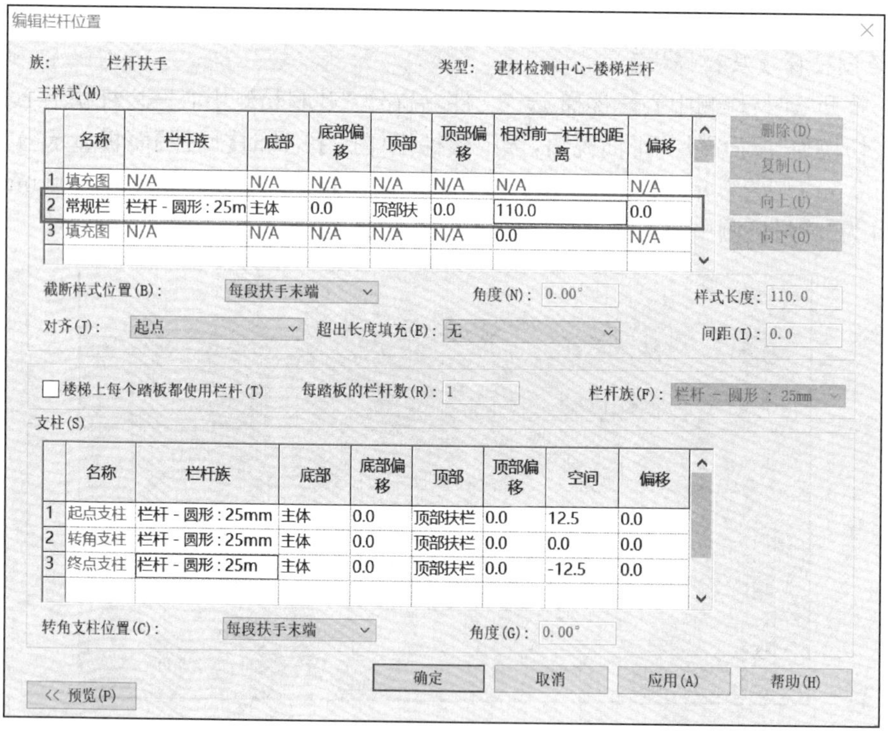

图 7-2-21

（5）在【类型属性】对话框中，勾选【类型参数】中的"使用顶部扶栏"，设置"高度"为

"900"，"类型"为"矩形－50×50 mm"，如图 7－2－22 所示。单击【确定】返回绘图界面。

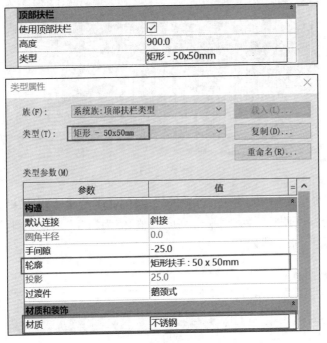

图 7－2－22

（6）在【修改|栏杆扶手】界面，单击【模式】面板的【编辑路径】命令，此时跳转到【修改|栏杆扶手＞绘制路径】界面，楼梯间栏杆呈现可编辑状态，如图 7－2－23 所示。

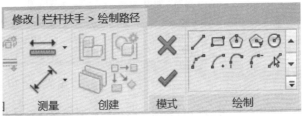

图 7－2－23

（7）确认【绘制】面板选择【直线】，确认选项栏中勾选"链"，"偏移量"为"0"。将鼠标移至右侧栏杆路径线端部，单击左键向下绘制一段长度为 100 的路径，向左转延伸至与墙体核心层内边界线相交处，如图 7－2－24 所示。单击左键，结束栏杆路径绘制。

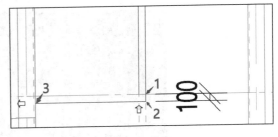

图 7－2－24

（8）单击【✔】按钮，完成栏杆的创建，切换至三维模型，其效果如图 7－2－25 所示。可见在楼层平台处扶手与梯段栏杆扶手同高度，均为 900。出于对建筑设计安全性的考虑，平台段扶手高度应为 1050，需要修改平台扶手高度。

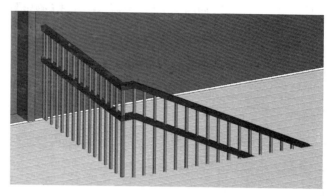

图 7 - 2 - 25

（9）选择第9步生成的楼梯栏杆，打开楼梯栏杆的【类型属性】对话框，如图 7 - 2 - 26 所示，勾选"使用平台高度调整"，修改"平台高度调整"值为"150"，确认"斜接"方式和"切线连接"方式为"添加垂直/水平线段"。

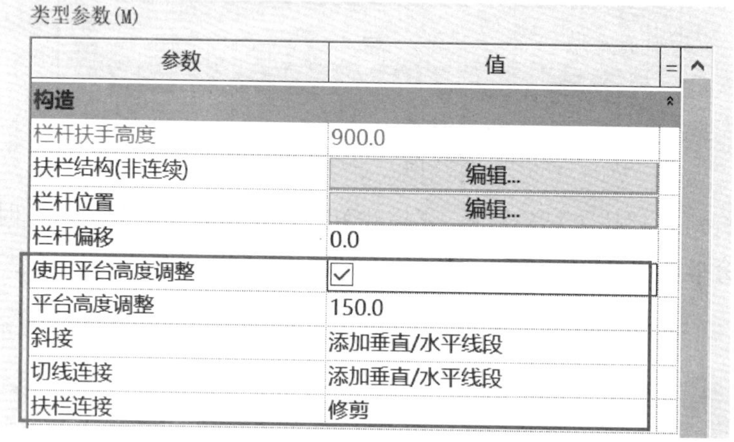

类型参数(M)

参数	值	=
构造		
栏杆扶手高度	900.0	
扶栏结构(非连续)	编辑…	
栏杆位置	编辑…	
栏杆偏移	0.0	
使用平台高度调整	☑	
平台高度调整	150.0	
斜接	添加垂直/水平线段	
切线连接	添加垂直/水平线段	
扶栏连接	修剪	

图 7 - 2 - 26

（10）单击【确定】按钮，退出【类型属性】对话框，完成对平台处扶手的高度调整。如图 7 - 2 - 27 所示。

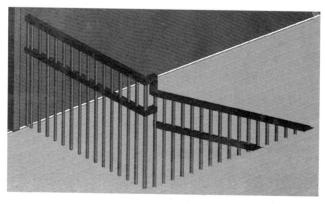

图 7 - 2 - 27

2. 绘制阳台栏杆扶手

（1）切换为"二层平面"楼层平面视图，单击【建筑】→【楼梯坡道】→【栏杆扶手】的下拉三角符号，选择【绘制路径】命令，进入【修改|创建栏杆扶手路径】界面。

（2）单击【属性】面板【编辑类型】，进入【类型属性】对话框，基于"900 mm 圆管"复制名称为"建材检测中心—阳台栏杆扶手"的新族类型，如图 7-2-28 所示。单击【确定】返回【类型属性】对话框。

图 7-2-28

（3）单击【类型参数】的"栏杆位置"的【编辑】按钮，进入【编辑栏杆位置】对话框。在"主样式"栏中设置"栏杆族"为"栏杆—圆形：30 mm"，修改"相对前一栏杆的距离"为"200"。其他选择默认设置，如图 7-2-29 所示。单击【确定】按钮返回【类型属性】对话框。

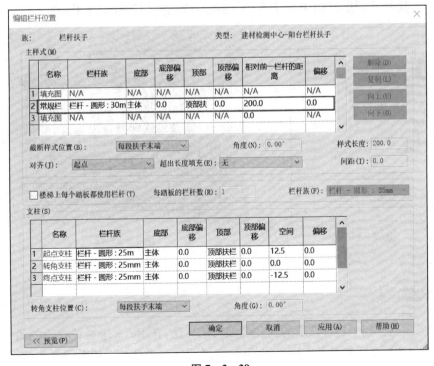

图 7-2-29

（4）在【类型属性】对话框中,勾选"类型参数"中的"使用顶部扶栏",设置"高度"为"1 200","类型"为"矩形－50×50 mm",如图 7－2－30 所示。单击【确定】返回绘图界面。

图 7－2－30

（5）确认【属性】面板"底部标高"为"二层平面","底部偏移"为"－20"。确认【绘制】面板绘制方式为【直线】,移动鼠标至①轴与 1 轴上外墙的外墙核心层内边界线交点处,单击左键,向左延伸至距离 1 轴 1 500 mm 处,单击鼠标左键,向下绘制至ⓒ轴处,单击左键,再向右延伸至ⓒ轴与 1 轴上外墙的外墙核心层内边界线交点处,单击鼠标左键,结束栏杆路径绘制,如图 7－2－31 所示。

（6）单击【 ✓ 】按钮,完成阳台栏杆扶手的创建,切换至三维模型,其效果如图 7－2－32 所示。

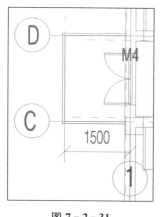

图 7－2－31

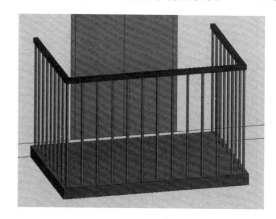

图 7－2－32

本任务重点介绍了栏杆扶手的创建和编辑的方法,在 Revit 中栏杆扶手的属性设置较为复杂,初学者可在掌握其基本应用的基础上,逐渐熟悉栏杆扶手的设置方法,通过参数设置和替换各种栏杆族、扶手轮廓,创建不同的栏杆扶手样式。

"1+X"练兵场：

　　根据下图给定数值创建楼梯与栏杆扶手，扶手截面为 50 mm×50 mm，高度为 900 mm，栏杆截面为 20 mm×20 mm，栏杆间距为 280 mm，未标明尺寸不做要求，楼梯整体材质为混凝土，请将模型以"楼梯扶手"为文件名保存到指定文件夹中。

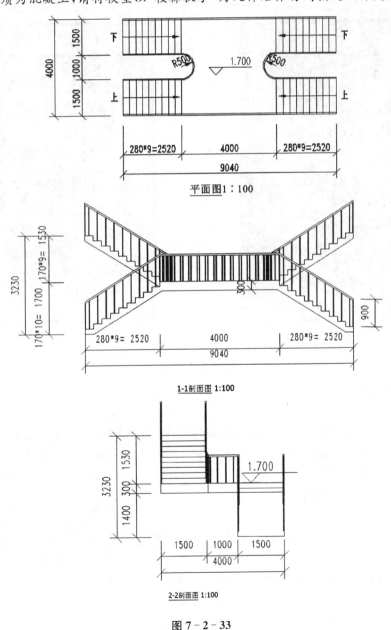

图 7 - 2 - 33

▶ 任务 3　洞口的创建 ◀

如图 7-3-1 所示,任务 1 中创建的楼梯被 2 楼、3 楼楼板隔开。本任务使用 Revit"洞口"工具给楼梯间楼板开洞,效果如图 7-3-2 所示。

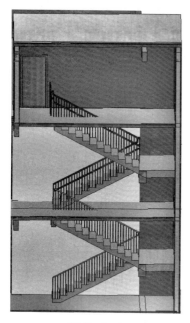

图 7-3-1

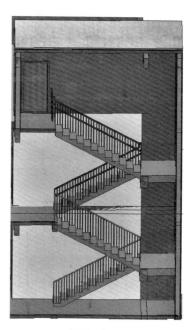

图 7-3-2

案例视频

洞口的创建

在 Revit 中,可以通过编辑墙、楼板等部分构件的边界线以创建不同形式的洞口。同时,Revit 中的"洞口"工具提供了按面、竖井、墙、垂直、老虎窗共 5 种创建洞口的方式,如图 7-3-3 所示。利用"洞口"工具可以在楼板、天花板、墙、屋顶等各种图元上开设不同形式的洞口。

1. 面

面洞口:可以创建一个垂直于屋顶、楼板或天花板选定面的洞口。

单击【洞口】面板中【按面】命令,拾取屋顶、楼板或天花板的某一面,绘制闭合的洞口形状,单击【✔】命令完成洞口的创建,如图 7-3-4 所示。可见按面创建

图 7-3-3

的洞口垂直于该面进行剪切。

图 7 - 3 - 4

2. 竖井

竖井洞口：可以创建一个跨多个标高的垂直洞口，贯穿其间的屋顶、楼板和天花板进行剪切。

单击【洞口】面板中【竖井】命令，绘制闭合的洞口形状，单击【✔】命令完成洞口的创建，创建的竖井洞口可以通过两端的"拉伸柄"来调整竖井长度，如图 7 - 3 - 5 所示。

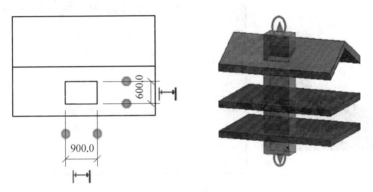

图 7 - 3 - 5

3. 墙

墙洞口：可以在直墙或者弯曲墙中剪切一个矩形洞口。

单击【洞口】面板中【墙】命令，拾取一面墙，绘制矩形形状即可形成矩形洞口，如图 7 - 3 - 6 所示。

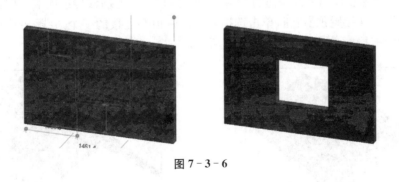

图 7 - 3 - 6

4. 垂直

垂直洞口：可以剪切一个贯穿屋顶、楼板或天花板的垂直洞口。

单击【洞口】面板【垂直】命令，拾取屋顶、楼板或天花板，绘制闭合的洞口形状，单击

【✓】命令完成洞口的创建,如图 7 - 3 - 7 所示。可见垂直创建的洞口垂直于水平面进行剪切。

图 7 - 3 - 7

5. 老虎窗

老虎窗洞口:可以剪切屋顶,以便为老虎窗创建洞口。

(1) 切换到平面视图,创建老虎窗所需墙体;创建双坡老虎窗屋顶,屋顶迹线偏移墙体外表面 100 mm,屋顶底部标高偏移值为 500 mm,如图 7 - 3 - 8 所示。

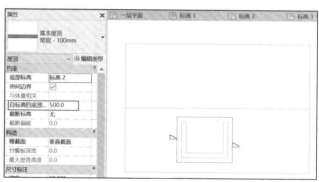

图 7 - 3 - 8

(2) 将墙体与主屋顶及老虎窗屋顶分别进行底部/顶部附着处理。切换至三维视图模式,选取 3 面墙体,自动切换至【修改|墙】界面,单击【附着顶部/底部】按钮,勾选选项栏"附着墙"后的"顶部",单击拾取老虎窗屋顶。勾选选项栏"附着墙"后的"底部",单击拾取主屋顶,墙体附着后效果如图 7 - 3 - 9 所示。

(3) 将老虎窗屋顶与主屋顶进行"连接屋顶"处理。单击【修改】选项卡→【几何图形】面板→【连接/取消连接屋顶】按钮,单击选择老虎窗屋顶要连接的一个边线,再选择主屋顶与老虎窗屋顶的连接面,效果如图 7 - 3 - 10 所示。

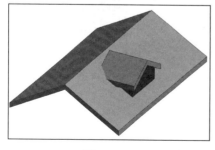

图 7 - 3 - 9

图 7 - 3 - 10

（4）开老虎窗洞口。"视觉样式"选择"线框"模式。单击【建筑】选项卡→【洞口】面板→【老虎窗】命令，先拾取主屋顶与老虎窗屋顶，其次拾取老虎窗墙体内部边线。利用【修改】面板→【修剪】命令，修剪边界草图，得到如图 7-3-11 所示的边界线条。单击【模式】面板中的【✔】完成主屋顶"老虎窗开洞"；在老虎窗端面墙体中插入窗户，效果如图 7-3-12 所示。

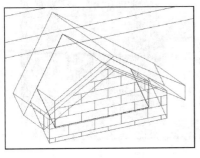

图 7-3-11

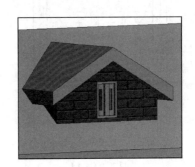

图 7-3-12

本项目的楼梯洞口绘制步骤如下：

（1）打开"建材检测中心—栏杆扶手.rvt"文件，另存为"建材检测中心—楼梯洞口.rvt"文件。

（2）单击【建筑】→【洞口】→【竖井】，进入【修改|创建竖井洞口草图】界面。确认选项栏中勾选"链"，"偏移量"为"0"。修改【属性】面板"限制条件"。其中，"底部约束"为"一层平面"，"底部偏移"为"0"，"顶部约束"为"直到标高：屋顶平面"，"顶部偏移"值为"100"，如图 7-3-13 所示。确认【绘制】面板"边界线"的绘制方式为"矩形框"。

（3）移动鼠标至 ①/E 轴与 3 轴外墙核心层内边界线交点处作为矩形框的第 1 个对角点，向右下延伸矩形框至距离①轴 1 600 mm 的参照平面与 1/3 轴内墙核心层边界线处交点作为矩形框的另一个对角点。如图 7-3-14 所示，单击【模式】面板中的【✔】完成竖井边界线绘制。

（4）切换至三维模型，选中绘制完成的竖井，竖井的顶部和底部有可编辑的三角符号，可以通过拖拽三角箭头，修改竖井的顶部和底部限制条件，也可以直接修改实例性值，如图 7-3-15 所示。

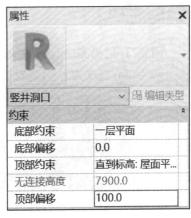

图 7-3-13

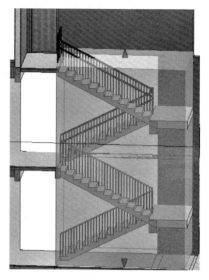

图 7-3-14　　　　　　　　　　　　　　　图 7-3-15

　任 务 小 结

本任务介绍了 Revit 中的各种"洞口"命令,其中"竖井"命令可以同时在多层楼板上开设楼梯间洞口、电梯井或管道井等垂直洞口,需重点掌握。

▶ 任务4　坡道的创建 ◀

　任 务 信 息

创建"建材检测中心"室外坡道,如图 7-4-1 所示,坡道顶部与室外台阶顶部平齐,宽度 1 500 mm,坡度为 1∶12,材质为现场浇筑混凝土,不设置栏杆。

图 7-4-1

　知 识 详 解

案例视频

坡道的创建

1. 创建坡道
创建坡道的程序与创建楼梯相同,可以在平面视图或三维视图绘制一段坡

道或绘制边界线和踢面线来创建坡道。与楼梯类似，可以定义直梯段、L形梯段、U形坡道和螺旋坡道。还可以通过修改草图来更改坡道的外边界。

单击【建筑】选项卡→【楼梯坡道】面板→【坡道】命令，在弹出的【修改|创建坡道草图】上下文选项卡中，可以和楼梯一样，通过"梯段""边界"和"踢面"三种方式来创建坡道，如图 7 - 4 - 2 所示。

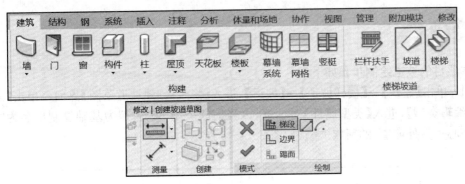

图 7 - 4 - 2

2. 属性设置

(1) 实例属性

在【属性】框中，可设置坡道的"底部/顶部标高与偏移"以及坡道的"宽度"，如图 7 - 4 - 3 所示。坡道的起始楼层和结束楼层必须位于不同的标高上，坡道基准(底部标高＋底部偏移)必须低于其顶部(顶部标高＋顶部偏移)。

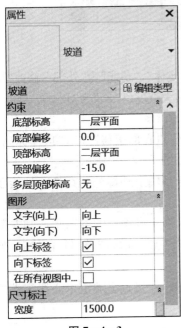

图 7 - 4 - 3

图 7 - 4 - 4

(2) 类型属性

单击【属性】框中【编辑类型】按钮，弹出【类型属性】对话框，如图 7 - 4 - 4 所示，可以设置坡道的构造、图形、材质、尺寸标注等参数。

① 厚度：厚度只有在"造型"为"结构板"时才能亮显并进行参数设置，如果为实体，则呈灰显。

② 最大斜坡长度：决定创建坡道时可以创建的单一梯段的最长长度，当坡道达到最长长度仍未到设置的标高时，必须将坡道拆分成多个梯段创建坡道。

本项目的坡道绘制步骤如下：

（1）单击【建筑】→【楼梯坡道】→【坡道】，进入【修改│创建坡道草图】界面。单击【属性】面板【编辑类型】，进入【类型属性】对话框，以当前族类型"坡道 1"为基础复制出名为"建材检测中心—室外坡道"的新族类型，如图 7-4-5 所示。

图 7-4-5

（2）如图 7-4-6 所示，设置【类型参数】的"造型"为"实体"，"功能"为"外部"，修改"坡道材质"为"混凝土—现场浇注混凝土"，"尺寸标注"的"坡道最大坡度(1/x)"为"12.000 000"。单击【确定】返回创建坡道草图界面。

（3）设置【属性】面板中参数"底部标高"为"室外地坪"，"底部偏移""0"，"顶部标高"为"一层平面"，"顶部偏移"均为"-15"，"宽度"为"1 500"，如图 7-4-7 所示。

（4）单击【工作平面】→【参照平面】，在 B 轴下边距离 B 轴上外墙外边线 750 处绘制一水平参照平面，以确定坡道绘制的定位中点。

（5）确认梯段【绘制】面板当前绘制方式为【直线】，以第 4 步绘制的参照平面和左侧室外平台板交点为坡道起点，向右绘制至坡道长度末端，单击左键，完成坡道路径的绘制，如图 7-4-8 所示。

（6）单击【✔】按钮完成坡道绘制，如图 7-4-9 所示。通过点击坡道中心线末端的楼梯方向翻转箭头 →，修改坡道方向。

（7）切换至三维视图查看坡道完成效果，如图 7-4-10 所示，可见坡道自动生成的栏杆扶手，将栏杆扶手删除，完成"建材检测中心"室外坡道的创建。

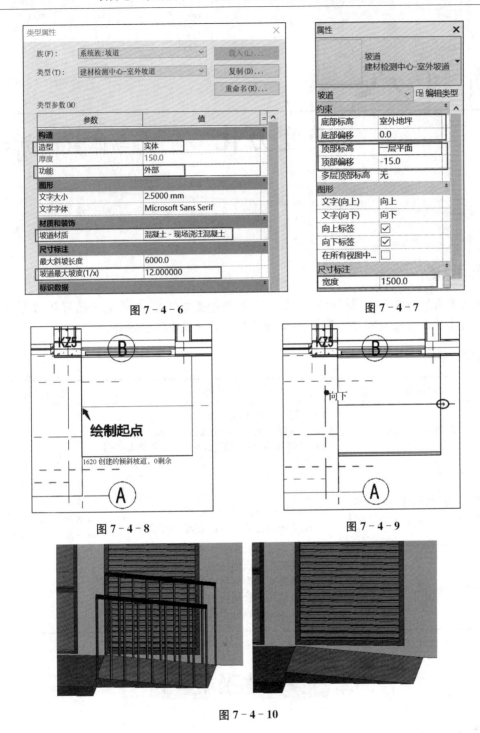

图 7 - 4 - 6

图 7 - 4 - 7

图 7 - 4 - 8

图 7 - 4 - 9

图 7 - 4 - 10

任务小结

本任务介绍了创建坡道的方法,坡道和楼梯的绘制方法类似,可通过绘制梯段方式生成楼梯或坡道图元。

项目八

千变万化——族与体量的创建

❋ 项目概述

通过本项目的学习,了解族类型、族参数、体量等基本概念,熟悉族三维形状创建、体量创建和对体量进行表面有理化等方法,掌握族创建的一般步骤和方法。

❋ 学习目标

知识目标	能力目标	思政目标
了解族类型、族参数、体量等基本概念	(1) 了解三种基本族类型; (2) 了解族参数:实例参数和类型参数; (3) 了解体量基本概念:内建体量和概念体量。	培养学生运用现代信息技术进行自我学习和创新的能力,能够举一反三、善于融会贯通。
熟悉族三维形状创建、体量创建和对体量进行表面有理化等方法	(1) 能掌握拉伸、融合、旋转、放样等的应用; (2) 能掌握概念体量创建的形式; (3) 能掌握概念体量表面有理化的应用。	
掌握族创建的一般步骤和方法	(1) 能掌握轮廓族创建的步骤和方法; (2) 能掌握简单窗族创建的步骤和方法; (3) 能掌握注释族创建的步骤和方法; (4) 能掌握栏杆族创建的步骤和方法。	

▶ 任务1 族的创建 ◀

创建"建材检测中心"的散水(可载入族),如图 8-1-1 所示:

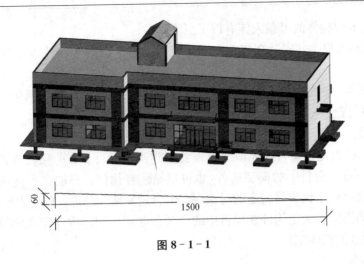

图 8-1-1

8.1.1　族的基本信息

案例视频

族的创建

族（Family）是一个包含通用属性（称作参数）集和相关图形表示的图元组，是构成 Revit 的基本元素，Revit Architecture 中的所有图元都是基于族的。能够在每个族图元内定义多种类型，每种类型可以具有不同的尺寸、形状、材质或其他参数变量。使用族编辑器，整个族创建过程在预定义的样板中执行，可以根据需要在族中加入各种参数，如尺寸、材质、可见性等。

1. 族类型

Revit 中的 3 种类型的族：系统族、可载入族和内建族。在项目中创建的大多数图元都是系统族或可载入族，可以组合可载入的族来创建嵌套和共享族，非标准图元或自定义图元是使用内建族创建的。

（1）系统族：系统族可以创建要在建筑现场装配的基本图元，例如：墙、屋顶、楼板、风管、管道等。能够影响项目环境且包含标高、轴网、图纸和视口类型的系统设置也是系统族。系统族是在 Revit 中预定义的，不能将其从外部文件中载入到项目中，也不能将其保存到项目之外的位置，如图 8-1-2 所示。

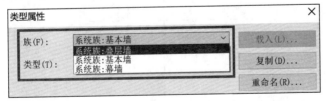

图 8-1-2

（2）可载入族：由于可载入族具有高度可自定义的特征，因此它在 Revit 中是经常创建和修改的族。与系统族不同，可载入族是在外部族（rfa）文件中创建的，并可导入或载入到项目中。对于包含许多类型的可载入族，可以创建和使用类型目录，以便仅载入项目所需要的类型。

用于创建下列构件的可载入族有以下三类：

① 通常购买、提供并安装在建筑内和建筑周围的建筑构件，例如窗、门、橱柜、装置、家具和植物；

② 通常购买、提供并安装在建筑内和建筑周围的系统构件，例如锅炉、热水器、空气处理设备和卫浴装置；

③ 常规自定义的一些注释图元，例如符号和标题栏。

（3）内建族（内建模型）：内建图元是需要创建当前项目专有的独特构件时所创建的独特图元，可以是特定项目中的模型构件，也可以是注释构件。只能在当前项目中创建内建族，因此它们仅可用于该项目特定的对象，例如，自定义墙的处理。创建内建族时，可以选择类别，且使用的类别将决定构件在项目中的外观和显示。创建内建图元涉及许多与创建可载入族相同的族编辑器工具。

2. 族的参数

可以为任何族类型创建新实例参数或类型参数。Revit Architecture 允许用户根据需要自定义族的任何参数，定义过程中可以选择"实例参数"或者"类型参数"，"实例参数"就会出现在【图元属性】对话框中，"类型参数"会出现在【类型属性】对话框中。

通过添加新参数，就可以对包含于每个族实例或类型中的信息进行更多的控制。可以创建参数化的族类型以增加模型中的灵活性。

8.1.2　族三维模型的创建

创建族的三维模型，以常规模型族类型为例。

单击界面左上角的【文件】→【新建】→【族】，选择【公制常规模型.rft】族样板，单击【打开】，即可进入到【公制常规模型】族编辑器的界面，如图 8－1－3 所示。

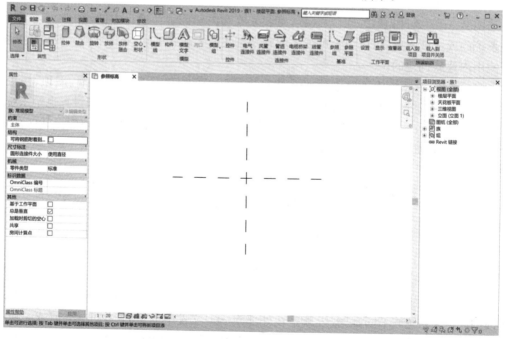

图 8－1－3

在功能区中的【创建】选项卡中,【形状】面板用于创建族的三维模型,可以创建空心和实心两种类型,创建方法包括"拉伸""融合""旋转""放样""放样融合"和"空心形状"六种方式,如图8-1-4所示。下面将分别介绍它们的特点和使用方向。

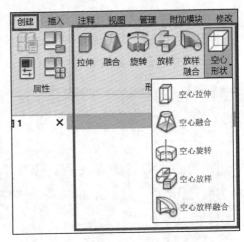

图 8 - 1 - 4

1. 拉伸

【拉伸】命令用于通过拉伸二维形状(轮廓)来创建拉伸三维实心形状。即在工作平面上绘制形状的二维轮廓,然后拉伸该轮廓使其与绘制它的平面垂直,如在平面绘制一矩形轮廓完成拉伸,可创建为长方体,如图8-1-5所示。

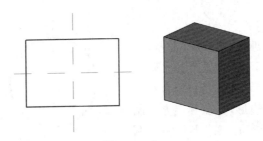

图 8 - 1 - 5

创建步骤:

(1) 单击功能区中【创建】→【形状】→【拉伸】,激活【修改|创建拉伸】选项卡。选择【绘制】面板中的【矩形】工具在绘图区域绘制,绘制完按【Esc】键退出绘制。如图8-1-6所示。

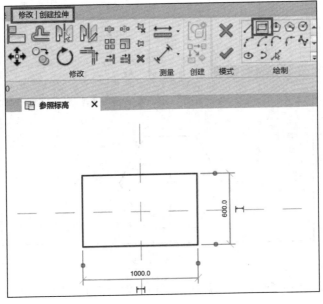

图 8 - 1 - 6

（2）对于创建完的任何实体，用户还可以重新编辑。单击想要编辑的实体，选择【修改｜拉伸】选项卡→【编辑拉伸】→【修改｜拉伸＞编辑拉伸】界面。用户可重新绘制拉伸轮廓，完成修改后单击【 ✔ 】按钮，即可保存修改并退出编辑拉伸的绘图界面，如图 8-1-7 所示。

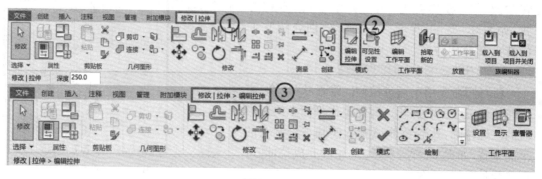

图 8-1-7

2. 融合

【融合】命令用于创建实心三维形状，该形状将沿其长度发生变化，从起始形状融合到最终形状。即将两个轮廓（边界）融合在一起。例如，绘制一个六边形，并在其上方绘制一圆形，则将创建一个实心三维形状将这两个形状融合在一起，如图 8-1-8 所示。

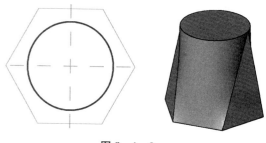

图 8-1-8

创建步骤：

（1）单击功能区中【创建】→【形状】→【融合】，激活【修改｜创建融合底部边界】选项卡，选择【绘制】面板中的【多边形】工具在绘图区域绘制，此时可以绘制融合体的底部形状，绘制一个正六边形，如图 8-1-9 所示。

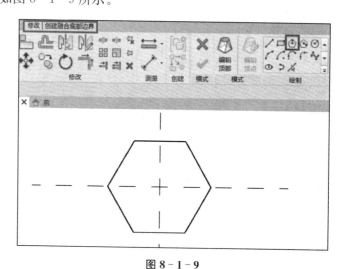

图 8-1-9

（2）单击选项卡中的【编辑顶部】，切换到顶部融合面的绘制，绘制一个圆形。

（3）底部和顶部边界都绘制完成后，单击【编辑顶点】可以编辑各个顶点的连接关系或者控制扭曲数量,如图 8 - 1 - 10 所示。

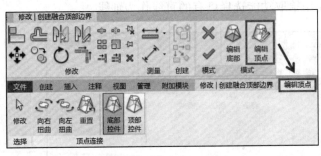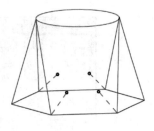

图 8 - 1 - 10

(4)单击【修改创建融合顶部边界】选项卡中的【✔】按钮,完成融合建模。

(5)对于创建完的任何实体,用户还可以重新编辑。单击想要编辑的实体,选择【修改|融合】选项卡即可进入编辑融合体的界面。

3. 旋转

【旋转】命令通过线和二维轮廓来创建旋转形状。旋转中的线用于定义旋转轴,二维形状绕该轴旋转后形成三维形状,如图 8 - 1 - 11 所示。

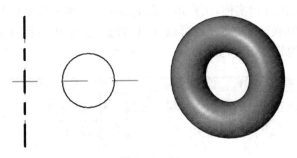

图 8 - 1 - 11

创建步骤:

(1)单击功能区中【创建】→【形状】→【旋转】,激活【修改|创建旋转】选项卡。默认先绘制【边界线】,选择【绘制】面板中的工具绘制任何形状,但边界必须是闭合的。如图 8 - 1 - 12 所示。

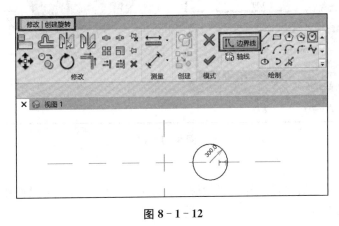

图 8 - 1 - 12

（2）单击选项卡中的【轴线】，在中心的参照平面上绘制一条竖直的轴线，如图 8－1－13 所示。用户可以绘制轴线，或使用拾取功能选择已有的直线作为轴线。

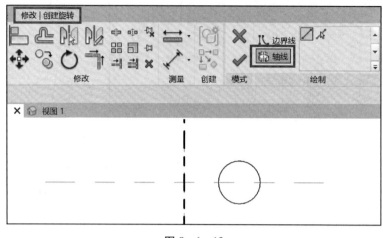

图 8－1－13

（3）完成边界线和轴线的绘制后，单击【✔】按钮，完成旋转建模。

（4）对于创建完的任何实体，用户还可以重新编辑。单击想要编辑的实体，选择【修改｜旋转】选项卡→【编辑旋转】界面。还可以在【属性】对话框中，设置【起始角度】和【结束角度】，改变这个实体的旋转角度，如图 8－1－14 所示。

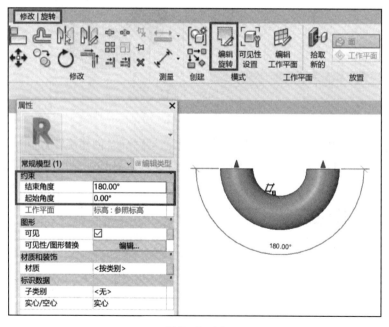

图 8－1－14

4. 放样

【放样】命令通过沿路径放样二维轮廓，可以创建三维形状。可以使用放样方式创建散水、台阶或简单的管道等，如图 8－1－15 所示。

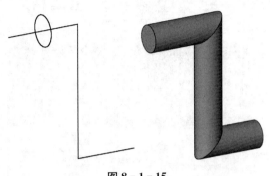

图 8 - 1 - 15

创建步骤：

（1）单击功能区中【创建】→【形状】→【放样】，激活【修改|放样】选项卡。用户可以使用选项卡中的【绘制路径】命令绘制路径，也可以单击【拾取路径】通过选择的方式来定义放样路径。如选择【立面：前】绘制完路径后，单击【✔】按钮，如图 8 - 1 - 16 所示。

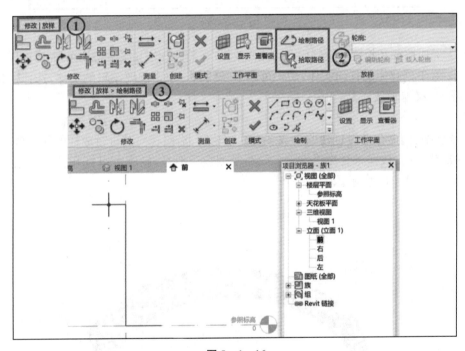

图 8 - 1 - 16

【提示】【绘制路径】可以【楼层平面】【三维视图】【立面视图】任一视图中绘制。

（2）单击选项卡中的【编辑轮廓】，这时出现【转到视图】对话框，选择【立面：右】，单击【打开视图】，在右立面视图绘制任意闭合的轮廓线，如图 8 - 1 - 17 所示。单击【✔】按钮完成轮廓绘制。

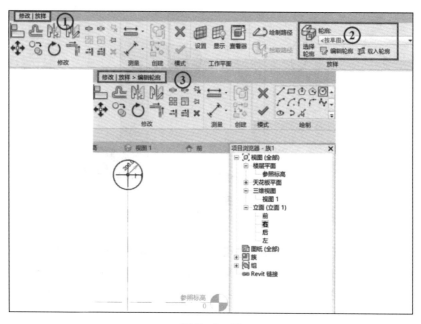

图 8 - 1 - 17

（3）完成路径和轮廓的绘制后，单击【修改|放样】选项卡中的【✔】按钮，完成放样建模。

（4）对于创建完的任何实体，用户可以重新编辑。单击想要编辑的实体，选择【修改|放样】选项卡→【编辑放样】界面。

5. 放样融合

【放样融合】命令通过创建两个或多个二维轮廓，沿路径对其进行放样的放样融合形状。与放样形状不同，放样融合无法沿着多段路径创建。但是，轮廓可以打开、闭合或是两者的组合，如图 8 - 1 - 18 所示。

图 8 - 1 - 18

创建步骤：

（1）单击功能区中【创建】→【形状】→【放样融合】，激活【修改|放样融合】选项卡。用户可以使用选项卡中的【绘制路径】命令绘制路径，也可以单击【拾取路径】通过选择的方式来定义放样路径。绘制完路径后，单击【✔】按钮。

（2）选择【轮廓 1】，单击选项卡中的【编辑轮廓】，如图 8 - 1 - 19 所示。绘制任意轮廓线后，单击【✔】按钮完成轮廓 1 的绘制。按照前面的方法绘制【轮廓 2】。

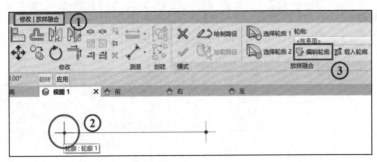

图 8 - 1 - 19

（3）完成路径和轮廓的绘制后，单击【修改|放样融合】选项卡中的【✔】按钮，完成放样融合的建模。

（4）对于创建完的任何实体，都可以重新编辑。单击想要编辑的实体，选择【修改|放样融合】选项卡→【编辑放样融合】界面。

6. 空心形状

【空心形状】命令的操作方法与实心形状操作方法完全一致，多用于删除实心形状一部分中，二者结合应用创建复杂形体。

8.1.3 内建族（内建模型）的创建

单击【建筑】选项卡→【构建】面板→【构件】下拉列表→【内建模型】按钮，在弹出的【族类别和族参数】对话框中，选择图元的类别，然后单击【确定】，在弹出的【名称】对话框中输入"名称"，单击【确定】，软件打开族编辑器，功能区界面如图 8 - 1 - 20 所示。

案例视频

内建族（内建模型）的创建

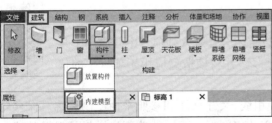

图 8 - 1 - 20

在【族编辑器】中，单击【创建】选项卡→【属性】面板中按钮，在弹出的【族类型和族参数】对话框中，如图 8-1-21 所示，可修改内建模型的族类别，如将"专用设备"可修改为"常规模型"。不同的族类别，其族参数也会不同。

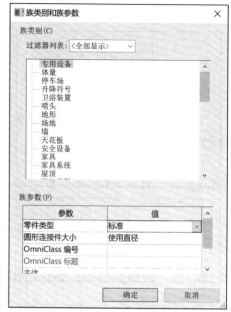

图 8-1-21

在功能区中的【创建】选项卡→【形状】面板中，提供了"拉伸""融合""旋转""放样""放样融合"和"空心形状"六种建模方法，如图 8-1-22 所示，建模方法详见第 8.1.2 节。

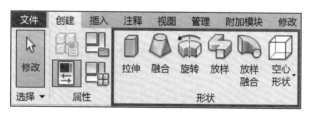

图 8-1-22

8.1.4　创建轮廓族

案例视频

创建轮廓族

轮廓族包含一个二维闭合环形状，可以将闭合环载入到项目中并应用于某些建筑图元。例如，可为栏杆扶手绘制轮廓环，并将该造型应用于项目中的扶手。已载入的轮廓显示在项目浏览器中。

要创建轮廓族，请打开一个新族，并使用线、尺寸标注和参照平面绘制轮廓。保存轮廓族后，可以将其载入并应用于项目中的实心几何图形。不同的轮廓族样板可根据其特定条件或图元类型来设置【轮廓用途】，如墙饰条在【轮廓用途】中选择【墙饰条】时，该轮廓只能被用于墙饰条的轮廓中。

1. 创建主体轮廓族

这类族使用【公制轮廓—主体.rft】族样板来制作,用于项目设计中的主体放样功能中的楼板边、墙饰条、屋顶封檐带等。在族样板文件中会提示放样的插入点位于垂直、水平参照线的交点,主体的位置位于第二、三象限,轮廓草图绘制的位置一般位于第一、四象限,如图8-1-23所示。

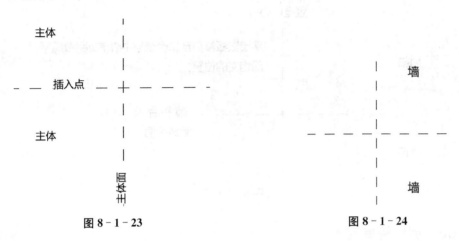

图 8-1-23　　　　　　　　　　　　　　图 8-1-24

2. 创建分隔缝轮廓族

这类族通过【公制轮廓—分隔缝.rft】族样板来制作,用于项目设计中的主体放样功能中分隔缝,在族样板文件中会提示放样的插入点位于垂直水平参照线的交点,主体的位置和主体轮廓族不同,位于第一、四象限,但由于分隔缝是用于在主体中消减部分的轮廓,因此绘制轮廓族草图的位置应该位于主体一侧,同样在第一、四象限,如图8-1-24所示。

3. 创建楼梯边缘轮廓族

这类族通过【公制轮廓—楼梯前缘.rft】族样板来制作,在项目文件中的楼梯的【图元属性】对话框中进行调用,这个类型的轮廓族的绘制位置与以上的不同,楼梯踏步的主体位于第四象限,绘制轮廓草图应该在第三象限,如图8-1-25所示。

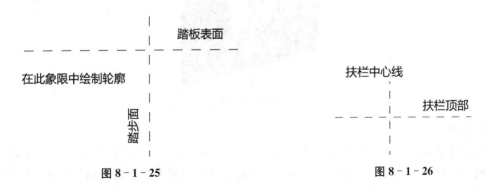

图 8-1-25　　　　　　　　　　　　　　图 8-1-26

4. 创建扶栏轮廓族

这类族通过【公制轮廓—扶栏.rft】族样板来制作,在项目设计中的扶栏族的【类型属性】对话框中的【编辑扶栏】对话中进行调用。在族样板文件中会提示扶栏的顶面位于水平参照平面,垂直参照平面则是扶栏的中心线,因此我们绘制轮廓草图的位置,如图8-1-26所示。

5. 创建竖梃轮廓族

这类族通过【公制轮廓—竖梃.rft】族样板来制作,在项目设计中矩形竖梃的【类型属性】对话框中进行调用。在族样板文件中的水平和垂直参照线的交点是竖梃断面的中心,因此我们绘制轮廓草图的位置应该充满四个象限,如图 8 - 1 - 27 所示。

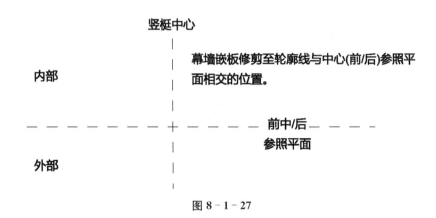

图 8 - 1 - 27

8.1.5　创建简单窗族

下面通过创建窗族的实例来介绍。窗族的尺寸如下:洞口尺寸为 1 200 mm×2 100mm;窗框厚度为 80 mm,宽度为 50 mm;窗扇厚度为 50mm,宽度为 50 mm;玻璃厚度为 6 mm。如图 8 - 1 - 28 所示。

图 8 - 1 - 28

1. 新建族

(1) 新建族。单击软件界面左上角的【文件】按钮,在弹出的下拉菜单中依次单击【新建】→【族】,在弹出的【新族—选择样板文件】对话框中选择【公制窗.rft】族样板,单击【打开】。如图 8 - 1 - 29 所示。

图 8 - 1 - 29

（2）将视图切换至三维视图，并调整视觉样式为"真实"模式。可以看到，【公制窗.rft】族样板是一个已经在墙上创建了窗洞的族，如图 8 - 1 - 30 所示，可以基于该族继续绘制窗框和窗扇等。

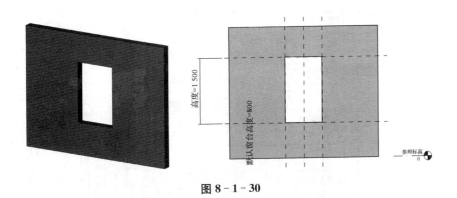

图 8 - 1 - 30

2. 创建窗框

（1）设置洞口参数。将默认洞口的高度、宽度分别调整为"1 200 mm""2 100 mm"，则单击【创建】选项卡→【属性】面板→【族类型】工具，在弹出的对话框中修改"高度"为"2 100"，"宽度"为"1 200"，"默认窗台高度"为"900"，如图 8 - 1 - 31 所示，完成后点击【应用】，窗洞口尺寸即被修改为 1 200 mm×2 100 mm。

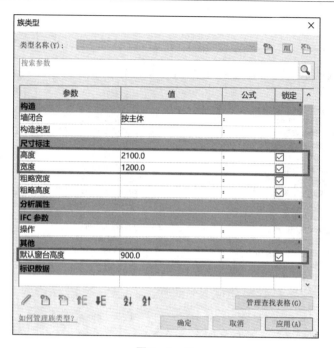

图 8-1-31

（2）确定开启扇高度。点击【创建】选项卡→【基准】面板→【参照平面】工具，绘制参照平面，并使用【尺寸标注】命令标注尺寸。选择该尺寸标注，进入【修改|尺寸标注】上下文选项卡，点击【标签】中的【创建参数 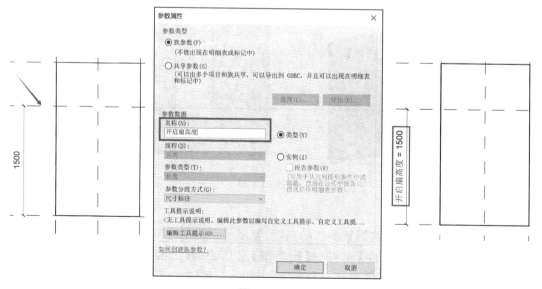】工具，在弹出的【参数属性】对话框中，名称设置为【开启扇高度】，点击【确定】，如图 8-1-32 所示。

图 8-1-32

（3）绘制参照平面。点击【创建】选项卡→【基准】面板→【参照平面】工具，绘制参照平面。使用【尺寸标注】命令标注尺寸，选择任意的尺寸标注，进入【标签】中的【创建参数】

工具,将名称设置为【窗框高度】。再选择所有尺寸标注,点击【标签】下拉菜单箭头选择"窗框宽度＝50",完成后效果如图8-1-33所示。

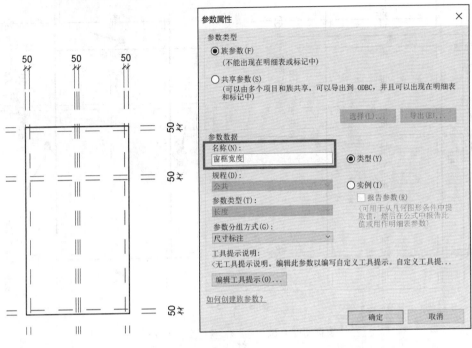

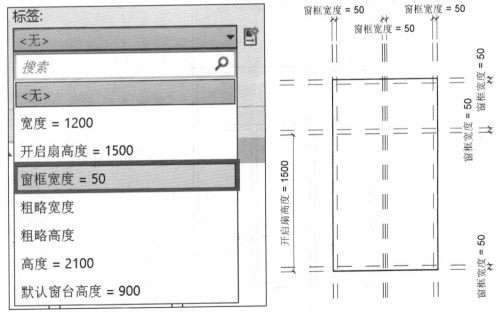

图8-1-33

（4）绘制窗框。点击【创建】选项卡→【形状】面板→【拉伸】工具,选择【矩形】工具,沿外侧参照平面（即洞口轮廓线）绘制一个矩形,并点击出现的锁按钮,将矩形的轮廓线与参照平面锁定,如图8-1-34所示。接着沿内侧参照平面绘制轮廓线,并将绘制的矩形轮廓线与参照平面锁定,如图8-1-35所示,即完成宽度为50 mm的窗框的轮廓线的绘制。

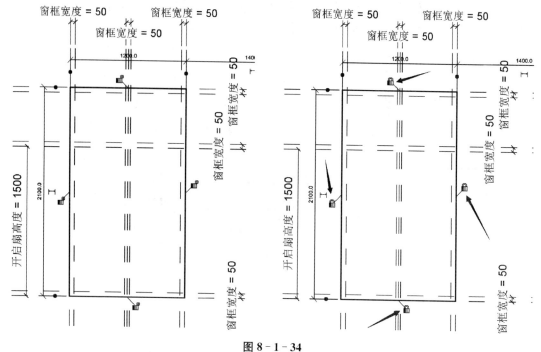

图 8-1-34

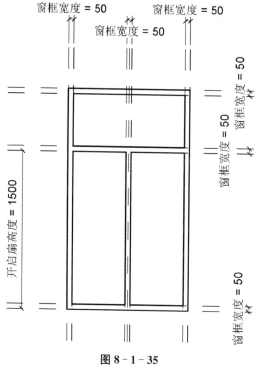

图 8-1-35

（5）设置窗框的厚度。方法一：通过设置【属性】栏中的"拉伸终点"及"拉伸起点"来控制窗框的厚度，如图 8-1-36 所示。窗框厚度 80 mm 设置完成。

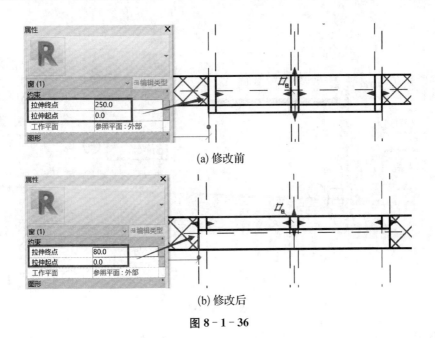

(a) 修改前

(b) 修改后

图 8 - 1 - 36

方法二：将视图切换至参照标高平面视图，在距离墙中心的参照平面上、下方 40 mm 处各绘制一个参照平面，然后将窗框的内外侧分别与绘制的参照平面【对齐】并【锁定】，如图 8 - 1 - 37 所示。

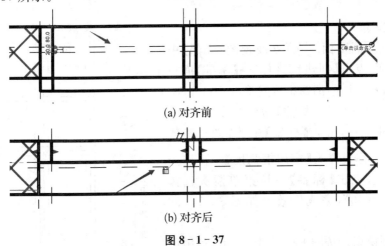

(a) 对齐前

(b) 对齐后

图 8 - 1 - 37

（6）设置窗框的材质及标识数据。选择窗框，点击【属性】栏【材质】后的矩形按钮，在弹出的【关联族参数】对话框中点击【添加参数】，在弹出的【参数属性】对话框中设置名称为"窗框材质"，参数分组方式为"材质和装饰"。完成后点击【确定】，如图 8 - 1 - 38 所示。此时【属性】栏【属性】栏【材质】后的矩形按钮变为 ，表示已经有参数与该材质参数关联。将【属性】栏中"子类别"设置为"框架/竖梃"，完成窗框材质及标识数据的设置。

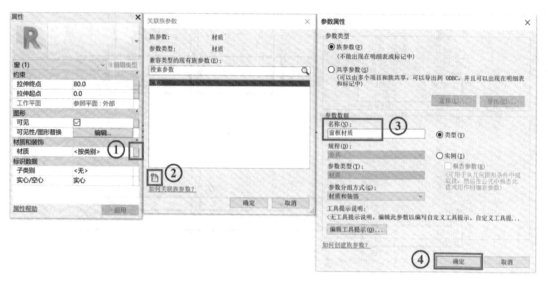

图 8-1-38

【提示】设置完窗框的宽度后,可以打开【族类型】编辑器,看到在【尺寸标注】下,已经添加了【窗框宽度】的参数,如图 8-1-39 所示。可以通过修改标注的数据,观察窗框宽度的变化情况,看修改尺寸时窗框是否会随之变化。

3. 创建窗扇

(1) 绘制参照平面。在【立面视图:外部】中绘制参照平面,点击【创建】选项卡→【基准】面板→【参照平面】工具,距离窗框内轮廓线 50 mm 绘制参照平面。使用【尺寸标注】命令标注尺寸,选择任意的尺寸标注,进入【标签】中的【创建参数】工具,将名称设置为【窗扇框高度】。再选择所有尺寸标注,点击【标签】下拉菜单箭头选择"窗扇框宽度=50",完成后效果如图 8-1-39 所示。

(2) 绘制窗扇。按图 8-1-40 所示,利用创建【拉伸】形状绘制窗扇的三维轮廓,并将矩形轮廓线与参照平面【对齐】并【锁定】,之后点击【完成编辑模式】按钮。用同样的方法创建右侧窗扇。

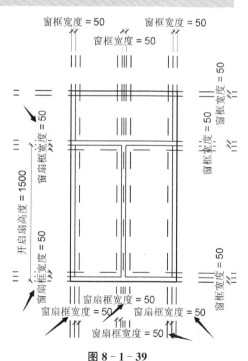

图 8-1-39

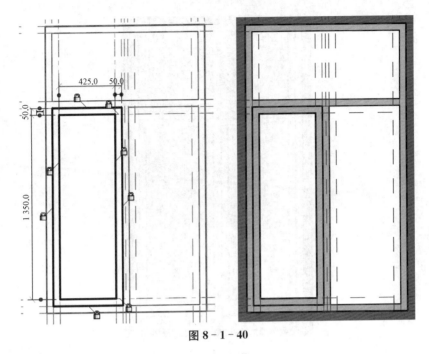

图 8-1-40

（3）设置窗扇的厚度。由于每个窗扇厚度为 50 mm，则将视图切换至【平面视图：参照标高】，可以看到厚度为默认 250 mm 的两个窗扇，设置【属性】栏中的"拉伸终点"及"拉伸起点"来控制窗框的厚度，如图 8-1-41 所示。

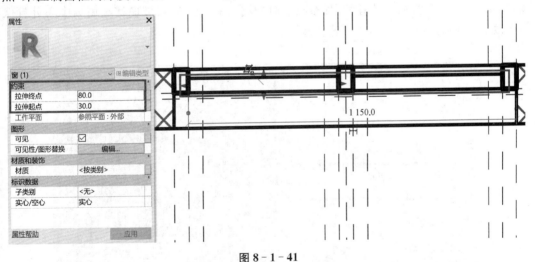

图 8-1-41

（4）设置窗扇的材质及标识数据。方法同窗框材质设置方式，将窗扇的材质关联为"窗框材质"的参数，【属性】栏中"子类别"选择"框架/竖梃"，完成窗扇的材质设置及标识数据。

4. 创建玻璃

（1）绘制玻璃。在【立面视图：外部】中，同样用创建【拉伸】形状绘制矩形轮廓，如图 8-1-42 所示，并将矩形轮廓线与参照平面【对齐】并【锁定】，之后点击【✔完成编辑模式】按钮。用同样的方法创建右侧玻璃。

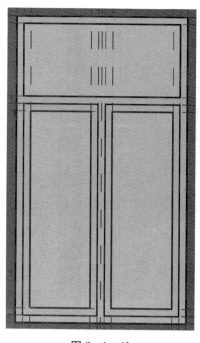

图 8‑1‑42

（2）编辑玻璃。切换至参照标高楼层平面视图，玻璃的位置应该在窗扇的中心线位置处并且厚度为 6 mm。通过设置【属性】栏中的"拉伸终点"及"拉伸起点"来控制窗框的厚度，如图 8‑1‑43 所示。或者利用【参照平面】及【对齐】工具，将玻璃移至窗扇中心处且保持厚度为 6 mm。

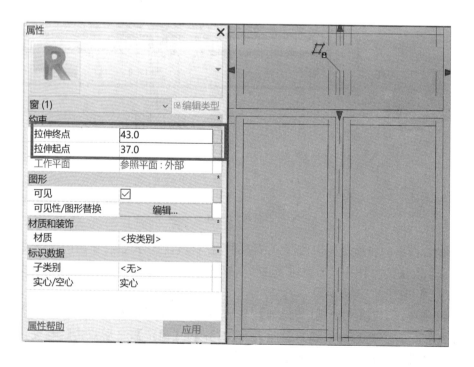

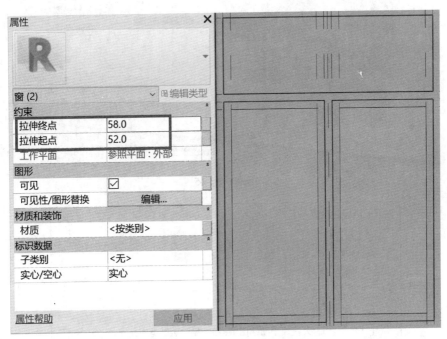

图 8 - 1 - 43

（3）设置玻璃标识数据。设置【属性】栏中的"子类别"为"玻璃"。

5. 设置窗的显示样式

将创建好的窗族导入到项目文件中，默认显示窗模型的实际剖切结果，这与制图规范不符合，如图 8 - 1 - 44 所示。根据制图规范，窗在建筑平面图中显示为四条平行线，所以还需设置模型的模型线在平面视图中的显示样式。

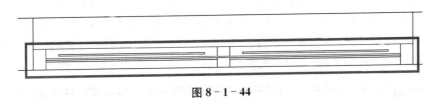

图 8 - 1 - 44

（1）框选模型，利用【过滤器】工具选择"框架/竖梃"及"玻璃"，如图 8 - 1 - 45 所示，点击【确定】按钮后会切换至【修改|选择多个】上下文选项卡，单击【模式】面板中的【可见性】工具，在弹出的【族图元可见性设置】对话框中取消勾选"平面/天花板平面视图"及"在当前平面/天花板平面视图中被剖切时（如果类别允许）"后点击【确定】，如图 8 - 1 - 46 所示。

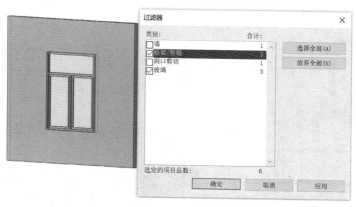

图 8 - 1 - 45

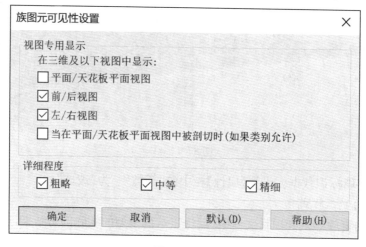

图 8 - 1 - 46

切换至【楼层平面:参照标高】视图,点击【注释】选项卡下【详图】面板中的【符号线】工具,将自动切换至【修改|放置符号线】上下文选项卡,将【符号线】的"子类别"设置为"窗截面",沿着墙线及窗框的位置绘制四条符号线,如图 8 - 1 - 47 所示。将创建好的窗族载入项目中,可以看到在项目的平面视图中窗显示的是四条线,如图 8 - 1 - 48 所示。

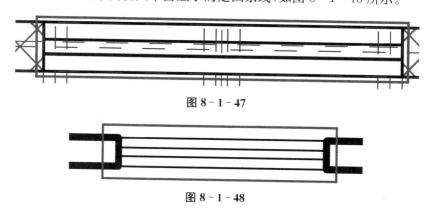

图 8 - 1 - 47

图 8 - 1 - 48

选择【族类型】,在弹出的【族类型】对话框中点击【新建】,新建"名称"为"C1221"的窗,点击【确定】,如图 8-1-49 所示,点击【保存】,将"族"的名称设置为"铝合金推拉窗"完成族的创建。载入项目中,在项目中选择"窗",进入窗的【类型属性】对话框,可以看到已经创建好的"铝合金平开窗 C1221",如图 8-1-50 所示。完成窗族的创建后保存并退出。

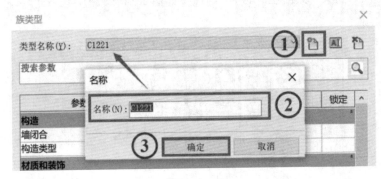

图 8-1-49

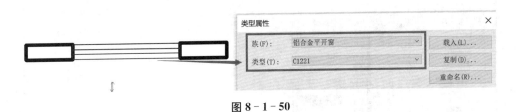

图 8-1-50

6. 窗的表达

切换至【立面:外部】视图,点击【注释】选项卡→【详图】面板→【符号线】工具,将自动切换至【修改|放置符号线】上下文选项卡,将【符号线】的"子类别"设置为"平面打开方向[方向]",绘制四条符号线,如图 8-1-51 所示。

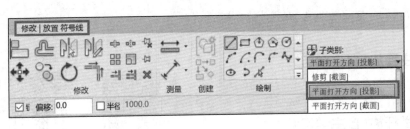

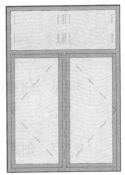

图 8-1-51

【提示】如果绘制出的符号线不是虚线,即跟制图规范不符合,则可以通过【管理】选项卡→【设置】面板→【对象样式】工具,在弹出的【对象样式】对话框中,选择【模型对象】的【平面打开方向】,将其"线型图案"改为"划线",如图 8-1-52 所示。

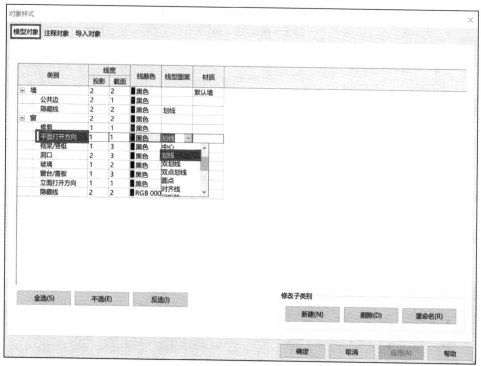

图 8-1-52

【提示】建模时,我们一定要按照制图规范的要求进行。

*8.1.6 创建注释族(自主学习)

*8.1.7 创建栏杆族(自主学习)

自主学习

创建注释族

自主学习

创建栏杆族

本项目散水的创建步骤如下：

（1）选择族样板：单击软件界面左上角的【文件】按钮，在弹出的下拉菜单中依次单击【新建】→【族】，在弹出的【新族－选择样板文件】对话框中选择【公制轮廓－主体.rft】，单击【打开】。如图8-1-53所示。

图8-1-53

（2）点击【创建】选项卡→【属性】面板→【族类别和族参数 ▣】命令，弹出【族类别和族参数】对话框，在【轮廓用途】中选择【墙饰条】。如图8-1-54所示。

（3）点击【创建】选项卡→【详图】面板→【直线 ⌇】命令，绘制如图8-1-55所示的图形。绘制完成后，点击【保存】按钮，并命名为"墙饰条（散水）"。

（4）载入到项目中，单击【建筑】选项卡→【墙：饰条】命令→【属性】面板→【编辑类型】命令，在弹出的【类型属性】对话框→【构造】→【轮廓】下拉菜单中选择"墙饰条（散水）"。此时，处于【修改|放置 墙饰条】状态下，选择墙体，即可生成该墙饰条（散水），如图8-1-56所示。

图8-1-54

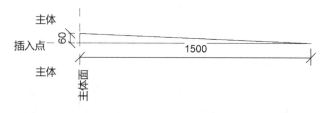

图 8 - 1 - 55

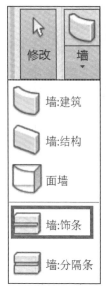
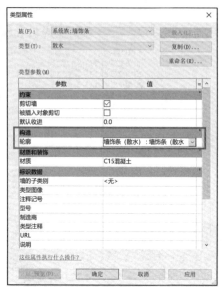

图 8 - 1 - 56

任务小结

　　本任务需熟练掌握族的概念、用法,重点掌握创建基础、柱和梁、门窗,以及详图、注释和标题栏等族的方法。族的创建方法很多,读者们可以举一反三、融会贯通,找到更多、更新的创建方法。

任务拓展

"1＋X"练兵场:

　　1.如图 8 - 1 - 57 所示,根据给定尺寸,创建柱基模型,整体材质为"混凝土",请将模型以"柱基＋考生姓名"保存至本题文件夹中。

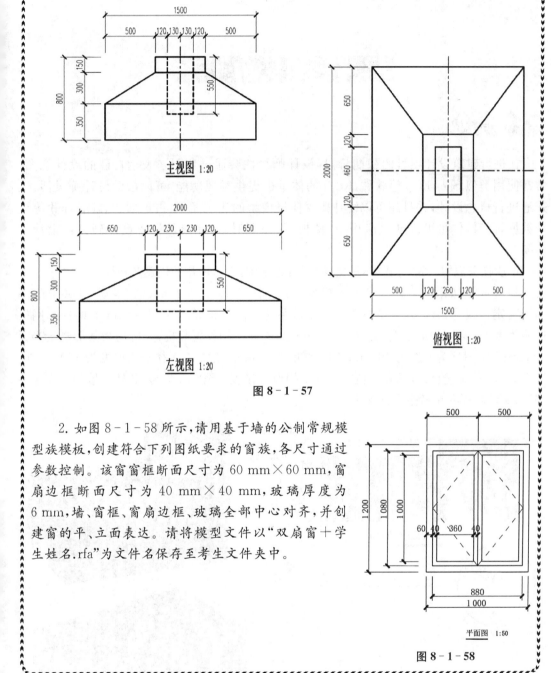

图 8 - 1 - 57

2. 如图 8 - 1 - 58 所示,请用基于墙的公制常规模型族模板,创建符合下列图纸要求的窗族,各尺寸通过参数控制。该窗窗框断面尺寸为 60 mm×60 mm,窗扇边框断面尺寸为 40 mm×40 mm,玻璃厚度为 6 mm,墙、窗框、窗扇边框、玻璃全部中心对齐,并创建窗的平、立面表达。请将模型文件以"双扇窗+学生姓名.rfa"为文件名保存至考生文件夹中。

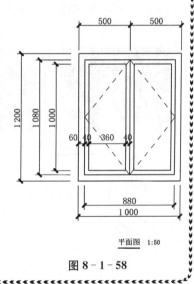

平面图 1:50

图 8 - 1 - 58

扫码见

其他习题

▶ **任务 2　体量的创建** ◀

任务信息

在进行建筑设计项目的初期阶段,设计师往往会通过草图来表达自己的设计意图,常常使用类似 SketchUp 等软件,Revit 的体量也提供类似功能,可以帮助设计师灵活、快速地进行概念设计,并且还可以统计概念体量模型的建筑面积、占地面积、外表面积等设计数据,同时,体量可以通过应用墙、楼板、屋顶等对象,完成从概念设计到方案设计的转换。

本次任务以"1+X"考题"体量楼层"项目为基础,学习体量的创建及转换。

题目:创建如图 8-2-1 所示的模型,(1) 面墙为厚度 200 mm 的"常规-200 mm 厚面墙",定位线为"核心层中心线";(2) 幕墙系统为网格布局 600×1 000 mm(即横向网格间距为 600 mm,竖向网格间距为 1 000 mm),网格上均设置竖梃,竖梃均为圆形竖梃半径 50 mm;(3) 屋顶为厚度为 400 mm 的"常规-400 mm"屋顶;(4) 楼板为厚度为 150 mm 的"常规-150 mm 楼板",标高 1 至标高 6 上均设置楼板。请将该模型以"体量楼层+考生姓名"为文件名保存至考生文件夹中。

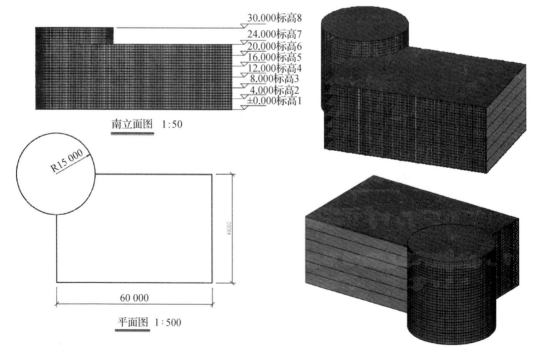

图 8-2-1

体量的创建

8.2.1　体量的类型

Revit 提供两种体量创建方式，内建体量和概念体量。

1. 内建体量

内建体量是直接在项目中创建，只能在当前项目中使用，打开内建体量的途径如下：单击【体量和场地】选项卡，选中【概念体量】内的【内建体量】按钮，出现体量命名对话框，输入体量名称，进入编辑界面，如图 8-2-2 所示。

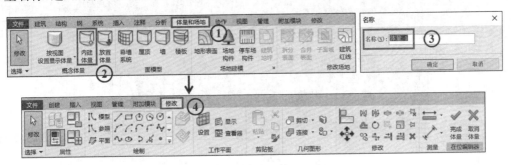

图 8-2-2

2. 概念体量

概念体量是直接在项目中单独创建，可以通过【载入族】插入项目中，通过【放置体量】来进行放置的可载入体量，其创建途径如下：单击【文件】按钮，在弹出的下拉菜单中选择【新建】，在弹出的选项卡中选择【概念体量】，在弹出的对话框中选择【公制体量.rft】，进入编辑界面，如图 8-2-3 所示。

图 8-2-3

8.2.2　体量的创建

新建【概念体量】，进入编辑界面，在【公制体量.rft】样板中提供了基本标高平面和与标高平面相互垂直的两个参照平面,可以理解为 X、Y、Z 三个平面,三个平面的交点可以理解为坐标原点。通过指定轮廓所在平面及距离原点的相对位置可以定位轮廓的空间位置,如图 8 - 2 - 4 所示。

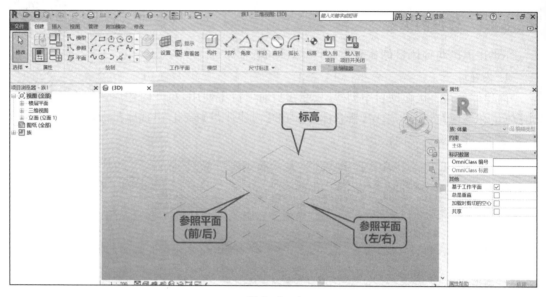

图 8 - 2 - 4

概念体量的创建包括模型和参照两种方式,其中模型线创建的体量图形为实线,可以直接编辑其表面和顶点;参照线创建的是图形为虚线参照平面,只能依赖参照图元来进行编辑。

概念体量图形包括实心和空心两种形式,两种形式可以通过【属性】浏览器中【实心/空心】选项进行切换,如图 8 - 2 - 5,其中空心形状的作用是剪切实心形状,概念体量的实心与空心图形变化见图 8 - 2 - 6。

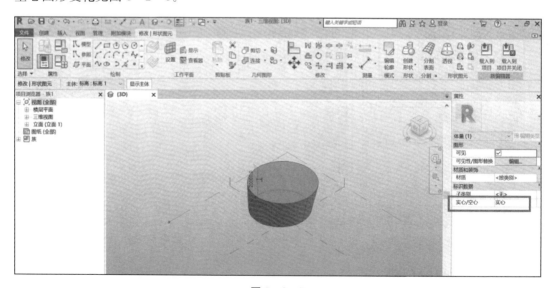

图 8 - 2 - 5

图 8-2-6

概念体量的参数与族参数相似,具体详见族的参数添加,在此不再一一举例。

8.2.3 概念体量表面有理化处理

概念体量的表面可以按照一定的规则进行分割,然后在分割的表面进行图案的填充,丰富体量的表现力,这个过程称为体量的表面有理化处理,常见的处理方法有 UV 网格分割。

任意新建一个实心形状,按住【Tab】键选中上表面,在【修改|形式】选项卡下选择【分割 ↘】面板,弹出【默认分割设置】对话框,如图 8-2-7 所示,默认 UV 网格数量均为 10,可根据需要进行修改,设置完成后单击【分割表面】按钮,生成表面 UV 网格,如图 8-2-8 所示。

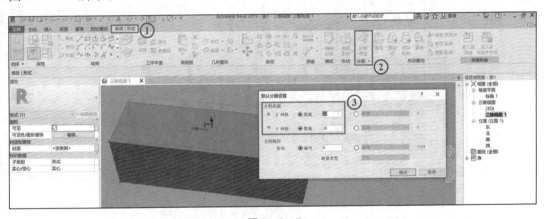

图 8-2-7

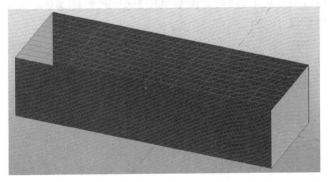

图 8-2-8

此时,【修改|分割的表面】选项卡下【U 网格】和【V 网格】亮显激活,同时,网格显隐开关【表面】按钮亮显,如图 8-2-9 所示。

图 8-2-9

在【项目属性】浏览器内,可根据实际需要对 U 网格和 V 网格进行"固定距离""固定数量""最大间距""最小间距""编号"和"网格旋转"等操作,确定网格密度和方向,如图 8-2-10 所示为 U 网格改为编号 20 后网格变密。

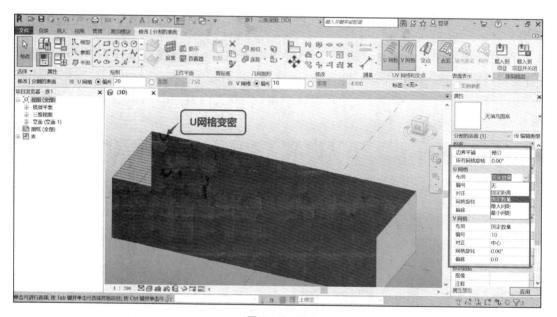

图 8-2-10

利用 UV 网格分割表面后,可以通过【属性】浏览器下拉的【填充图案】菜单进行网格表面的图案填充和替换,同时可通过【填充图案应用】选项进行图案的编辑,如图 8-2-11 所示为表面填充"矩形棋盘"图案的网格。

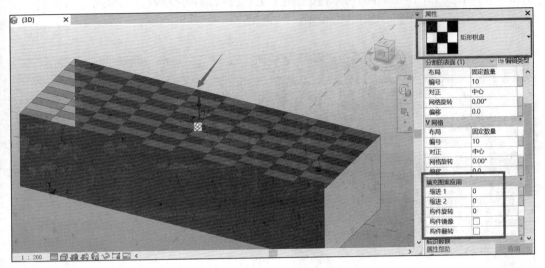

图 8-2-11

8.2.4　概念体量与建筑构件的转化

概念体量完成以后，可以将体量载入到项目，除了可以将体量作为概念建筑放入项目模型以外，后期确定方案后还可以将概念体量转换成楼板、墙体、屋顶、幕墙系统等建筑构件，具体方法如下：

选中载入到项目的体量模型，单击【修改|体量】选项卡下的【体量楼层】，在弹出的对话框勾选需要生成楼层的标高，单击【确定】按钮完成体量楼层的生成，如图 8-2-12。

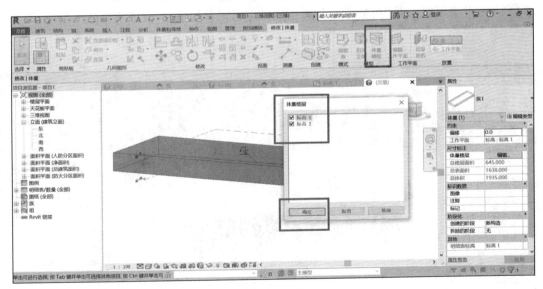

图 8-2-12

体量楼层生成完成后，单击【体量与场地】选项卡，可对体量进行【幕墙系统】、【屋顶】、【墙】和【楼板】的操作与生成，单击【幕墙系统】，进入【修改|放置幕墙系统】选项卡，单击【选

择多个】按钮后选中体量侧面,再单击【创建系统】按钮后则可生成幕墙系统,幕墙的属性编辑同玻璃幕墙,此处不再详细描述,见图 8 - 2 - 13。

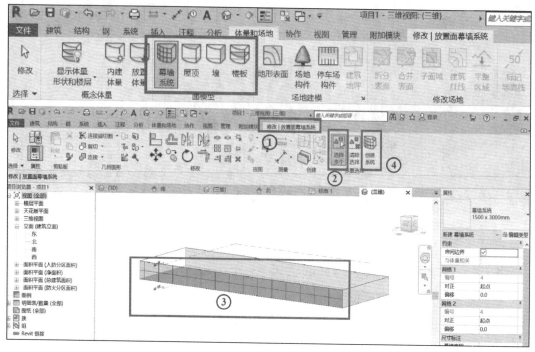

图 8 - 2 - 13

单击【屋顶】,进入【修改|放置屋顶】选项卡,单击【选择多个】按钮后选中体量顶面,再单击【创建屋顶】按钮后则可生成屋顶,屋顶的属性编辑同常规屋顶,此处不再详细描述,见图 8 - 2 - 14。

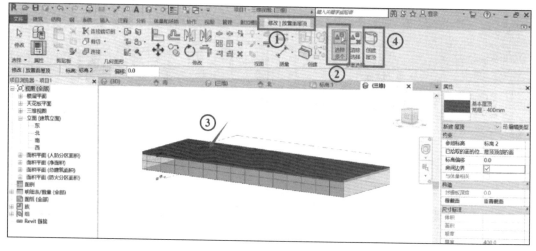

图 8 - 2 - 14

单击【墙】,进入【修改|放置墙】选项卡,单击选中体量侧面,则可生成墙体,墙体的属性

编辑同常规墙体,此处不再详细描述,见图8-2-15。

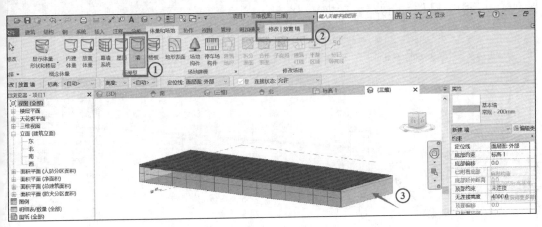

图8-2-15

单击【楼板】,进入【修改|放置楼板】选项卡,单击【选择多个】按钮后选中体量楼层面,再单击【创建楼板】按钮后则可生成楼板,楼板的属性编辑同常规楼板,此处不再详细描述,见图8-2-16。

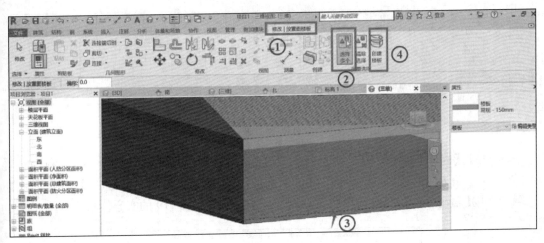

图8-2-16

本项目体量楼层的创建步骤如下:

(1)新建项目,保存为"体量楼层×××.rvt"文件。单击【项目浏览器】中【立面(建筑立面)】选项,选中"南"进入标高编辑界面,按图8-2-17完成标高设置。

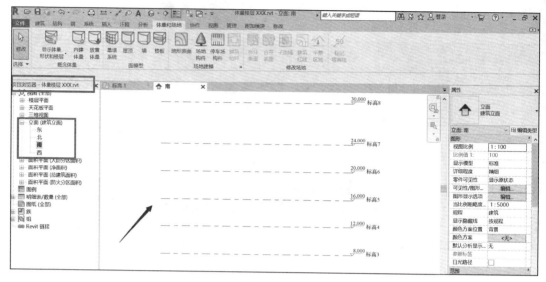

图 8－2－17

（2）进入"标高 1"平面视图，选择【体量与场地】选项卡下【内建体量】工具，在弹出对话框后点击【确定】进入内建体量创建界面，如图 8－2－18。

图 8－2－18

（3）单击【创建】选项卡下【绘制】面板中的【矩形】绘制工具，绘制 60 000×40 000 的矩形，并以左上角为圆心绘制"半径＝15 000"的圆形，分别选中矩形与圆形，点击【修改|形式】选项卡下的【创建形状】工具，选择"实心形状"，生成如图 8－2－19 的实心体量。

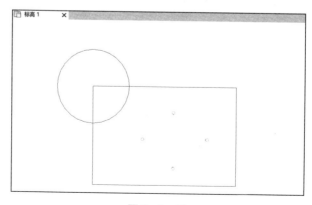

图 8－2－19

（4）单击【修改】选项卡下【几何图形】面板中的【连接】工具，依次单击选中圆形体量和矩形体量，进行体量形状的连接，如图8-2-20所示。

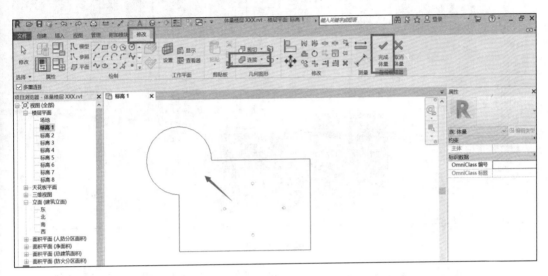

图8-2-20

（5）单击默认三维视图按钮【　　】，通过【Tab】键依次选中圆形和矩形形状上表面，分别修改其高度为"30 000"和"24 000"，单击【完成体量】按钮，完成体量模型的创建，如图8-2-21所示。

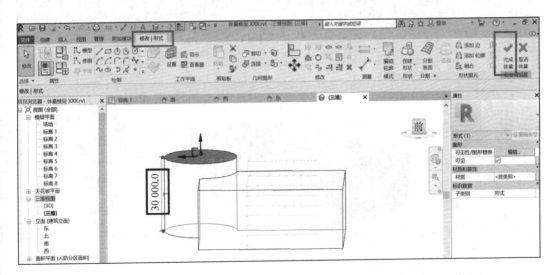

图8-2-21

（6）单击选中体量模型，单击【修改|体量】选项卡下【体量楼层】按钮，选择标高1—8，单击【确定】，系统则按体量轮廓在对应标高处创建体量楼板边界，如图8-2-22所示。

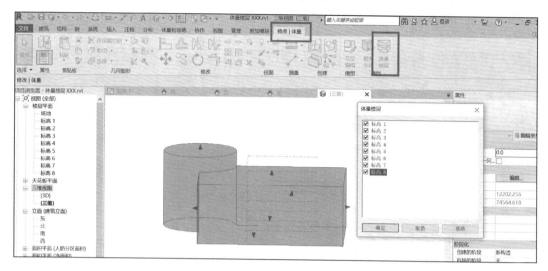

图 8 - 2 - 22

（7）单击【体量与场地】选项卡下【墙】，进入【修改|放置墙】界面，选择【定位线】为"核心层中心线"，按图示单击选矩形楼层东立面和北立面，生成面墙，如图 8 - 2 - 23 所示。

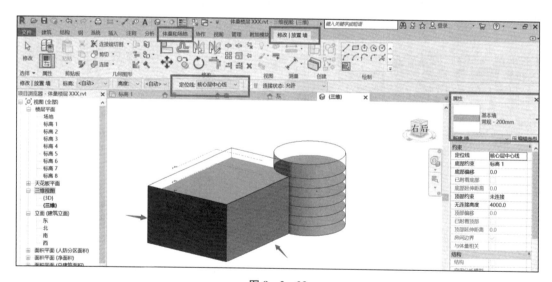

图 8 - 2 - 23

（8）单击【体量与场地】选项卡下【幕墙系统】，进入【修改|放置幕墙】界面，单击【属性】浏览器中为【编辑类型】按钮，进入幕墙设置界面，单击【复制】，复制一个"600×1 000"的幕墙，分别设置"网格 1"间距 600，"网格 2"间距 1 000，"网格 1 竖梃"内部类型"圆形竖梃：50 mm 半径"，"网格 2 竖梃"内部类型"圆形竖梃：50 mm 半径"，单击【确定】完成设置，如图 8 - 2 - 24 所示。

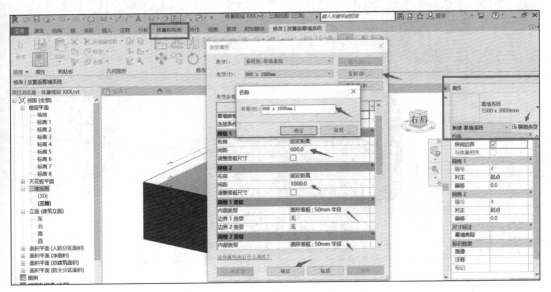

图 8-2-24

单击【修改|放置幕墙系统】选项卡,选中【选择多个】按钮后选中矩形体量南立面、西立面和圆形体量墙面,再单击【创建系统】按钮后则即可生成幕墙系统,如图 8-2-25所示。

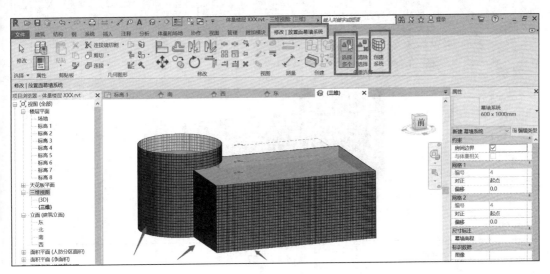

图 8-2-25

(9) 单击【体量与场地】选项卡下【屋顶】,进入【修改|放置屋顶】选项卡,单击【选择多个】按钮后选中圆形和矩形体量的顶面,再单击【创建屋顶】按钮后则可生成屋顶,如图 8-2-26 所示。

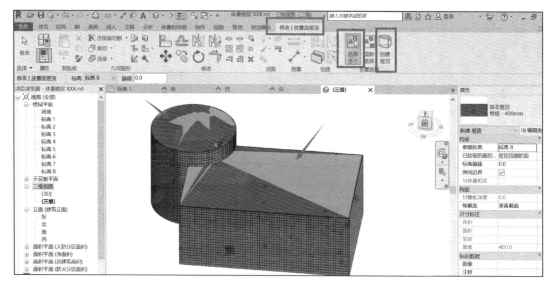

图 8 - 2 - 26

（10）单击【体量与场地】选项卡下【屋顶楼板】，进入【修改 | 放置楼板】选项卡，单击【选择多个】按钮后选中标高 1 至标高 6 的楼层面，再单击【创建楼板】按钮后则可生成各层楼板，如图 8 - 2 - 27 所示。

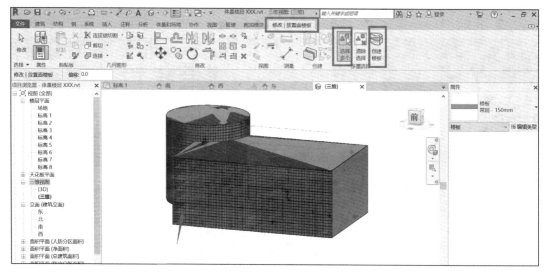

图 8 - 2 - 27

本任务需重点掌握体量的作用、分类和创建方法，学会体量与楼板、墙、幕墙和屋顶等建筑构件的转化，需要结合族的创建理念进行学习。对于大多数读者来说，体量的创建是难点，需要读者们克服困难，勇于接受挑战。

任务拓展

"1+X"练兵场：

　　按照要求创建下图体量模型，参数详见图 8-2-28，半圆圆心对齐。并将上述体量模型创建幕墙，如图 8-2-29，幕墙系统为网格布局 1 000×600 mm（横向竖梃间距为 600 mm，竖向竖梃间距为 1 000 mm）；幕墙的竖向网格中心对齐，横向网格起点对齐；网格上均设置竖梃，竖梃均为圆形竖梃，半径为 50 mm。创建屋面女儿墙以及各层楼板。请将模型以文件名"体量幕墙"保存。

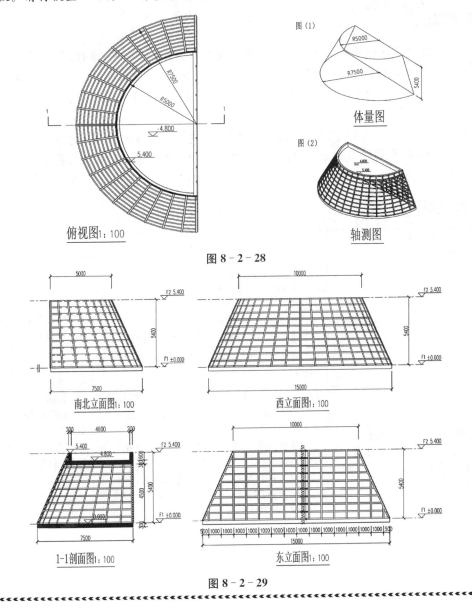

图 8-2-28

图 8-2-29

项目九

动态之美——场地与漫游

✳ 项目概述

　　场地反映建筑物地下部分及建筑周围的环境情况，场地的地貌、植被、气候条件都是影响设计决策的重要因素。Revit 场地创建可以对景观规划、环境现状、施工配套及建成后交通流量等各种影响因素进行评价及分析，进而提高设计品质，具有快速得出结果帮助决策、准确计算土方量等工作。

　　通过本项目学习，可以了解场地的相关设置，创建和编辑场地三维地形模型、场地道路、建筑地坪等构件，完成建筑场地设计后，可以在场地中添加植物、车辆和人物等场地构件以丰富场地表现。

✳ 学习目标

知识目标	能力目标	思政目标
了解场地地形表面创建，熟悉建筑地坪、子面域、场地构件的功能，完成模型场地设计	(1) 了解地形表面生成方法； (2) 了解编辑修改创建完成的地形表面的方法； (3) 能熟悉建筑地坪创建的步骤； (4) 能利用子面域完成场地道路的创建； (5) 能通过场地构件工具，丰富模型场地表现。	培养学生的规则意识，帮助学生分析服务社会，追求科学的崇高人生价值，同时引导学生遵守职业道德，弘扬工匠精神。 通过掌握场地创建，提高学生对建筑模型的美感设计，达到美育的目的。
了解 6 种视觉样式； 熟悉添加模型文字、贴花； 掌握渲染和漫游的一般步骤，完成项目渲染图片和漫游动画的制作。	(1) 了解线框模式、隐藏线模式、着色模式、一致的颜色模式、真实模式、光线追踪模式； (2) 能掌握模型文字添加重点，编辑修改模型文字；放置贴花、编辑贴花的方法； (3) 能掌握渲染的步骤，渲染图片的输出；掌握漫游的步骤，编辑漫游路径，调整漫游帧，漫游动画的导出。	

任务 1 场地与场地构件

任 务 信 息

创建"建材检测中心"场地，如图 9-1-1 所示：

图 9-1-1

知 识 详 解

9.1.1 创建地形表面

地球表面高低起伏的各种形态称为地形，地形表面是场地设计的基础。绘制地形表面，定义建筑红线之后，可以对项目的建筑区域、道路、停车场、绿化区域等做总体规划设计。Revit 有两种创建地形表面的方式分别为放置高程点和导入测量文件。

案例视频

创建地形表面

1. 放置高程点创建方法

具体步骤如下：

（1）将项目切换至场地楼层平面视图，单击【体量和场地】选项卡【场地建模】面板中的【地形表面】工具，如图 9-1-2 所示，自动切换至【修改|编辑表面】上下文选项卡，单击【工具】面板中的【放置点】工具，设置选项栏中的"高程"值为"－135"，高程值形式为"绝对高程"，如图 9-1-3 所示，即将要放置的高程点绝对标高为－0.135 m。

图 9-1-2

图 9-1-3

（2）单击鼠标左键，在"建材检测中心"四周按照图 9-1-4 所示的位置放置高程点，完成后退出放置点命令，新建"建材检测中心—草坪"，如图 9-1-5，单击【属性】面板中"材质"后的【浏览】按钮，搜索场地材质类型"草"，复制生成"建材中心—草坪"材质，并按图 9-1-6 进行设置，将"建材检测中心"的地形材质设置为草，设置完成后单击【表面】面板中的按钮"完成设置"，设置完成后切换至三维视图，完成地形表面的效果如图 9-1-7 所示。

（3）修改【属性】面板"限制条件"的"标高"为"室外地坪"，"自标高的高度偏移"值为"0"，如图 9-1-8 所示。首层室内楼板标高为±0.000，首层楼面板的厚度为 135 mm，所以首层楼板底标高为−0.135 m，因此要绘制的建筑地坪的顶标高应该为−0.135 m，即建筑地坪标高要达到首层室内楼板底处。

（4）确认【绘制】面板中的绘制模式为【边界线】，建筑地坪的绘制方式有很多，可以根据项目实际选择最便捷的绘制方式，如图 9-1-9。完成后，效果如图 9-1-10。

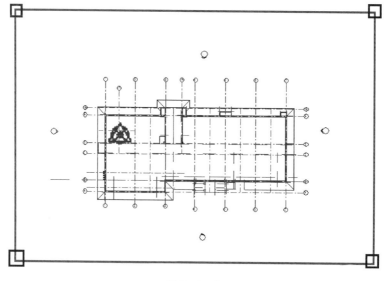

图 9-1-4

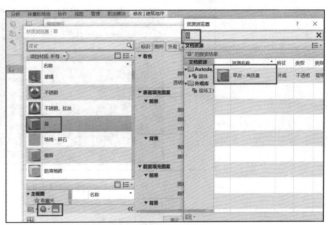

图 9-1-5 　　　　　　　　　　　　　　　　图 9-1-6

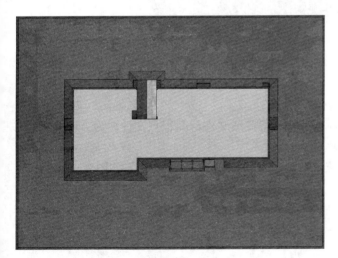

图 9-1-7

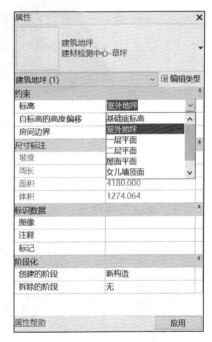

图 9-1-8

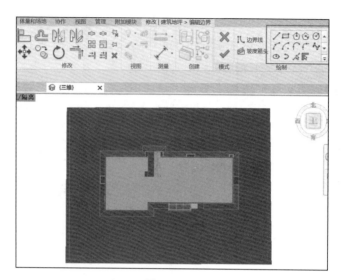

图 9-1-9

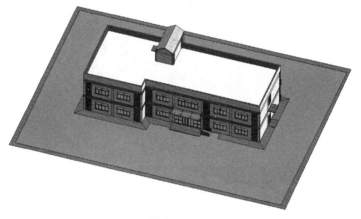

图 9-1-10

2. 通过导入数据方式创建地形表面

Revit 支持两种测绘数据文件,即 dwg 格式等高线文件与高程点文件。为方便介绍,本节内容采用 dwg 格式等高线进行讲解。

(1) 打开项目文件,在菜单栏处依次右键单击【插入】→【导入 CAD】,如图 9-1-11。

图 9-1-11

(2) 在打开的【导入 CAD 格式】对话框中选择"等高线.dwg"文件,设置"导入单位"为"米","定位"为"自动-原点到原点",单击【打开】按钮后导入 CAD 文件,如图 9-1-12。

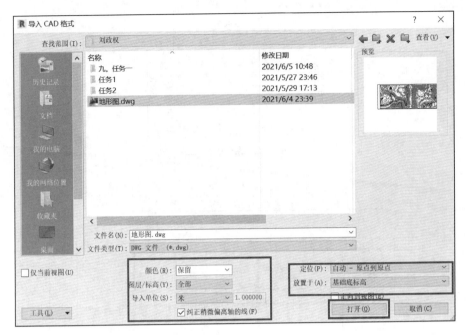

图 9－1－12

（3）打开后，将文件保存为"建材检测中心—地形表面.rvt"。

9.1.2 创建场地道路

地形表面模型绘制完成后，还要根据场地需求，添加道路、景观等。可以使用"子面域"或"拆分表面"工具将地形表面分为不同的区域，并为各区域指定不同的材质，从而得到更丰富的场地设计。还可以对现状地形进行场地平整，并生成平整后的新地形，Revit Architecture 会自动计算原始地形与平整后地形之间产生的挖填方量。为方便演示，本节内容采用上节内容通过放置高程点创建地形表面来进行演示。

1. 创建场地道路

（1）将项目切换至场地楼层平面视图【室外地坪】，然后单击【体量和场地】选项卡【修改场地】面板中的【子面域】工具，自动切换至【修改|创建子面域边界】上下文选项卡，进入【修改|创建子面域边界】状态，如图 9－1－13。使用直线绘制工具，按图 9－1－14 所示的尺寸绘制面域边界。结合修改工具下的拆分及修剪工具，使得子面域边界轮廓首尾相连，注意图中所标注的尺寸单位为 mm。

案例视频

创建场地道路

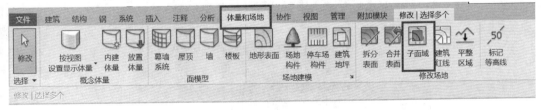

图 9－1－13

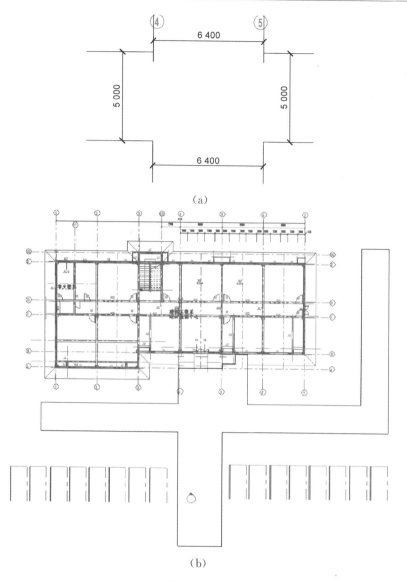

（a）

（b）

图 9 - 1 - 14

（2）修改【属性】面板中的"材质"为"沥青"，设置完成后，单击【应用】按钮应用该设置。单击【模式】面板中的【✔完成编辑模式】按钮，完成子面域绘制，如图 9 - 1 - 15。保存该项目文件至指定目录。

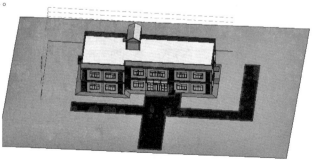

图 9 - 1 - 15

2. 修改子面域对象

双击鼠标左键选中已绘制的子面域,单击【子面域】面板下的【编辑边界】工具,进入【子面域】边界轮廓编辑状态。Revit 的场地对象不支持表面填充图案,因此即使用户定义了材质表面填充图案,也无法显示在地形表面的子面域中。

> 【提示】"拆分表面"工具与"子面域"工具功能类似,都可以将地形表面划分为独立的区域。两者的不同之处在于"子面域"工具将局部复制原始表面,创建一个新面,而"拆分表面"则将地形表面拆分为独立的表面。要删除"子面域"工具创建的子面域,直接将其删除即可,而要删除使用"拆分表面"工具创建的拆分区域,必须使用"合并表面"工具。

9.1.3　放置场地构件

案例视频

放置场地构件

Revit Architecture 提供了"场地构件"工具,可以为场地添加喷水池、停车场、树木等构件。这些构件都依赖于项目载入的族构件,必须先将构件族载入项目中才能使用这些构件,如图 9-1-16。将项目文件切换至室外地坪楼层平面视图,鼠标单击【体量和场地】选项卡下的【场地建模】面板中【场地构件】工具,在【属性】面板中选择要添加的构件,可在适当位置放置球场、路灯、遮阳伞、秋千等场地构件,如图 9-1-16、9-1-17。

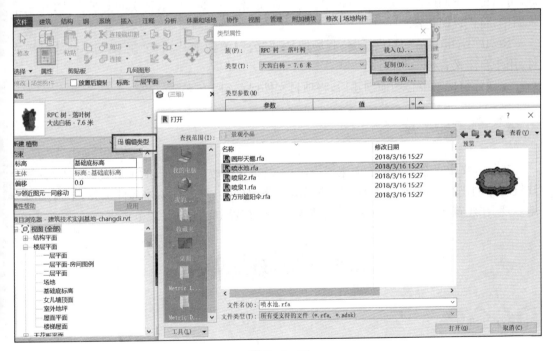

图 9-1-16

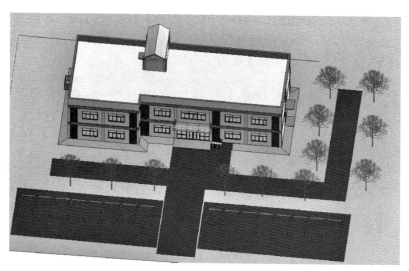

图 9－1－17

【提示】项目中所载入的场地构件族,除在【体量和场地】下的【场地构件】的【属性】中可以看到外,还可以在【建筑】→【构建】→【放置构件】的【属性】中同时找到。

RPC 族文件为 Revit Architecture 中的特殊构件类型族。通过制定不同的 RPC 渲染外观,可以得到不同的渲染效果。RPC 族仅在真实模式下才会显示真实的对象样式,在三维视图中,将仅以简化模型替代。

Revit Architecture 提供了"公制场地.rte""公制植物.rte"和"公制 RPC.rte"族样板文件,用于自定义各种场地构件。

完成建材检测中心场地创建后,将项目文件保存到指定位置。

本任务需重点掌握地形表面生成方法;了解编辑修改创建完成的地形表面的方法;熟悉建筑地坪创建的步骤;利用子面域完成场地道路的创建;能通过场地构件工具,丰富模型场地表现,在建筑场地的总体布局、平面结构和空间布置中还须满足规范要求。

▶ 任务 2　渲染与漫游 ◀

创建"建材检测中心"渲染效果图,如图 9－2－1。

图 9 - 2 - 1

9.2.1　模型渲染

BIM 三维软件相较于普通的 2D 软件,可以更加直观的表现建筑物模型,可以提供不同的效果及内容(如植物、贴花、文字、灯光等)来渲染建筑物。通过视图可以直观的展示真实的材质与纹理。通过创建效果图及动画,全方位的展现设计师的创意及成果。可以实时展示模型的透视效果、创建漫游动画、进行日光分析等,在同一个软件中可以完成从施工图设计到可视化设计的所有工作。

1. 视觉样式

(1) Revit Architecture 提供了 6 种模型的视觉样式,将项目模型视图切换至三维视图,切换不同的视觉样式,观察比较不同样式之间的区别。

(2) 单击【视图控制】栏中的【视图样式】按钮,如图 9 - 2 - 2,软件提供了线框、隐藏线、着色、一致的颜色、真实及光线追踪 6 种视觉样式,如图 9 - 2 - 3 所示。这几种视觉样式从上至下的显示效果逐渐增强,但消耗的计算机资源依次增多,可以根据需要自行调节模型的视觉样式。

案例视频

模型渲染

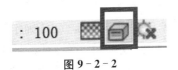

图 9 - 2 - 2

图 9 - 2 - 3

下面分别用六种不同的视觉样式展示"建材检测中心"的渲染效果图,如图 9-2-4。

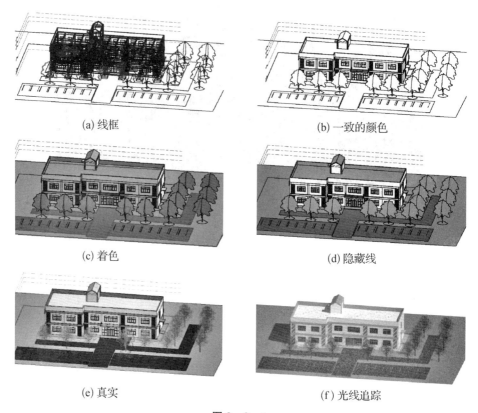

(a) 线框　　　　　　　　　　　　　　(b) 一致的颜色

(c) 着色　　　　　　　　　　　　　　(d) 隐藏线

(e) 真实　　　　　　　　　　　　　　(f) 光线追踪

图 9-2-4

图 9-2-4 中展示了 6 种不同的视觉样式,从(a)到(f)图效果逐渐逼真,深度不断加强。(a) 图显示绘制了所有边和线而未绘制表面的模型的图像;(b) 图可显示绘制了除被表面遮挡部分以外的所有边和线;(c) 图具有显示间接光及其阴影的选项。从【图形显示选项】对话框中选择【显示环境光阴影】,以模拟环境(漫射)光的阻挡,默认光源为着色图元提供照明。着色时可以显示的颜色数取决于在 Windows 中配置的显示颜色数;(d) 图显示所有表面都按照表面材质颜色设置进行着色的图像;(e) 图将根据图元对象所定义的材质贴图显示其真实图像;(f) 图可以将项目进行一种照片级真实感渲染模式。

2. 添加模型文字及贴花

Revit Architecture 中给设计者不仅提供了类似于树木、道路、停车场等场地构件,还可以通过模型文字工具可以将三维文字作为建筑物上的标记加到模型中,利用贴花工具可以将标志、绘画和广告牌等放置在模型中。

(1) 添加模型文字

1) 打开项目文件,另存为"建材检测中心—模型文字及贴花.rvt",切换至南立面视图。

2) 单击【建筑】选项卡下【模型】面板中的【模型文字】工具,如图 9-2-5 所示。进入【工作平面】设置对话框,如图 9-2-6 所示,确认勾选"拾取一个平面",点击【确定】,拾取Ⓑ轴所在南立面作为工作平面,进入文字编辑状态,在弹出的【编辑文字】对话框中输入"建材检测中心"六个字,如图 9-2-7 所示,单击【确定】后选择合适位置放置模型文字,如图 9-2-8 所示。

图 9-2-5

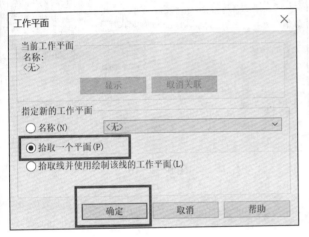

图 9-2-6

图 9-2-7

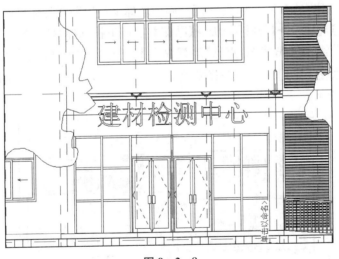

图 9-2-8

3）上节所编辑文字可进行修改，可以对模型文字的字体、大小、材质、颜色等进行编辑。选择"建材检测中心"模型文字，点击【属性浏览器】中【编辑类型】，进入【类型属性】对话框，设置"文字字体"为"华文仿宋"，"文字大小"为"450"，如图 9-2-9 所示，点击【确定】完成设置。

4）单击【属性浏览器】中的【材质】，进入【材质浏览器】对话框，按图 9-2-10 设置模型文字的材质，将材质设置为"铝合金"，完成设置后单击【确定】退出。

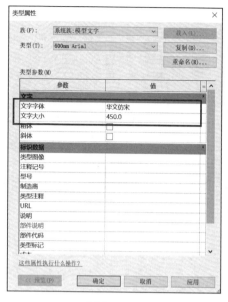

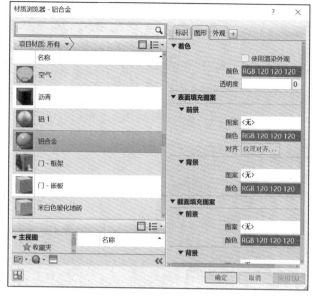

图 9－2－9   图 9－2－10

【提示】可以利用键盘的上、下、左、右键对模型文字的位置进行调整。

（2）添加模型贴花

将项目文件切换至西立面视图，在西立面的墙体上设置贴花具体操作如下：

1）在【插入】选项卡→【链接】面板→【贴花】工具，下拉选择"贴花类型"。

2）进入贴花类型编辑状态，点击【新建贴花】，新建名称为"安全施工"的贴花类型，点击"源"后【…】按钮，找到存放贴花样式文件夹，选择"安全施工"，点击【打开】，完成后，如图 9－2－11 所示。

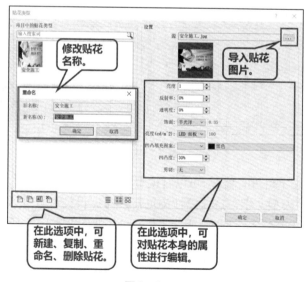

图 9－2－11

3）贴花设置完成后放置贴花，点击【插入】选项卡→【链接】面板→【贴花】工具下的"放置贴花"，在西立面视图中首层墙体靠近Ⓔ轴线的位置放置贴花，如图9-2-12所示。

图9-2-12

【提示】贴花只有在真实模式下或在渲染后才能正确显示。

图9-2-13

4）放置贴花后可以对贴花的位置及大小进行编辑，选择放置的贴花，在【属性】面板中取消勾选"固定宽高比"，将贴花"宽度"设置为"5 000"，"高度"设置为"3 000"，如图9-2-13所示。

5）完成设置后，点击【应用】，利用键盘的上、下、左、右键微调贴花位置，在真实模式下的贴花效果如图9-2-12所示，完成贴花设置后单击【保存】并关闭项目文件。

9.2.2 室外渲染

建筑物构件大部分可以在创建完成后进行渲染，方便观察建筑物具体显示的样式，便于设计者在检查方案时，找出潜在的问题，并及时进行处理。在Revit中可在渲染之前就对构件的外观材质进行设置，设置方法可参照前几章内容。

1．墙体赋予外观材质

（1）打开上节完成项目文件，另存为"建材检测中心—室外渲染.rvt"，项目切换至三维视图，保存该项目文件至指定目录。

（2）在三维视图中，选择首层墙体，在项目模型文件中会有高亮显示，如图

案例视频

室外渲染

9-2-14 所示,该墙体的类型在项目四中已经给墙体制定了材质的名称及着色视图中的表面颜色,但这两种填充图案及颜色与渲染外观没有联系。材质的渲染外观,是材质在真实模式下及渲染后的图形效果,如要更改,可打开对象的材质,在"外观"处进行设置,选中首层任意一处墙体,进入墙体材质编辑,设置墙体"外观"下的相关参数,按照图 9-2-15 所示,选择"涂料-褐色",完成外观设置。

图 9-2-14

 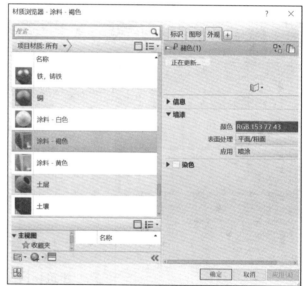

图 9-2-15

2. 创建三维透视图

Revit Architecture 提供了两种渲染方式,一种是单机渲染,另一种是 Autodesk 公司新推出的云渲染。单机渲染是利用本机设置相关参数,进行渲染;云渲染又称联机渲染,可以使用 Autodesk 云渲染服务器进行在线渲染。

设置好墙体材质后,下面对"建材检测中心"模型采用单机渲染的方式,进行室外渲染。在渲染之前要利用相机工具,为项目添加透视图,再对透视图进行渲染。操作方法如下:

(1)创建三维透视图:将项目文件切换至一层平面视图,选择【视图】选项卡→【创建】

面板→【三维视图】工具下拉菜单中的【相机】如图 9-2-16,确认选项栏中勾选"透视图",设置"偏移量"为"1 750",如图 9-2-17 所示,在视图中选择左下角适当的位置放置相机,向右上角拖动鼠标并在适当的位置单击鼠标左键生成三维透视图,如图 9-2-18 所示。

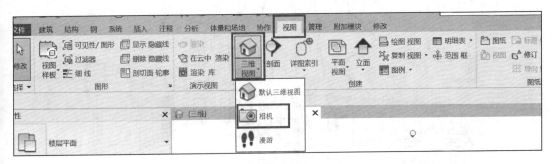

图 9-2-16

图 9-2-17

图 9-2-18

【提示】若取消勾选"透视图",则会创建出正交三维视图而不是透视视图。"偏移量"表示相机的高度。

(2)编辑三维透视图:在创建的三维透视图四周,有四个边界控制点,可以通过拖拽控制点调节视图范围的大小,如图 9-2-19。

图 9 - 2 - 19

切换至 F1 楼层平面视图,可以看到相机范围形成了一个三角形,相机中间有个红色夹点步,可以拖拽该点调整视图方向;三角形的底边表示远端的视图距离,也可以通过拖拽蓝色夹点进行移动,如图 9 - 2 - 20 所示,若"图元属性"中不勾选"远剪裁激活"选项,则视距会变得无穷,如图 9 - 2 - 21 所示。

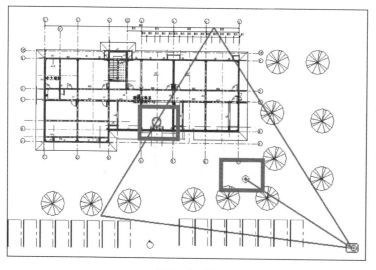

图 9 - 2 - 20

图 9 - 2 - 21

(3)渲染及输出图像

将项目文件切换至三维视图,点击【视图】选项卡【图形】面板中的【渲染】工具,将弹出【渲染】对话框,设置对话框中的相关参数,如图 9 - 2 - 22 所示,设置"质量"为"中",质量越高,图形越精细,同时占用计算机内存越大;设置"输出设置"中"打印机"为"300DPI",此处

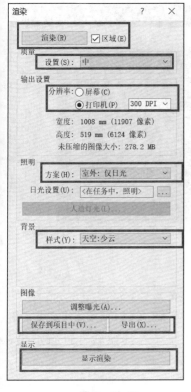

图 9 - 2 - 22

设置图像的分辨率,选择打印机模式可以设置更高的分辨率;设置"照明"为"室外:仅日光","背景"的"样式"设置为"天空:少云",此处表示渲染后模型的背景图片或颜色。设置完成后点击【渲染】,图片进入渲染状态,渲染速度取决于计算机的配置情况,如 CPU 数量多频率高则渲染快,渲染完到项目中成后的效果如图 9 - 2 - 23 所示;渲染完成可以点击【保存】,在弹出的对话框中将渲染的图片命名为"室外渲染";点击【保存到项目中】【导出】也可以将图片导出,完成后保存项目到指定位置。

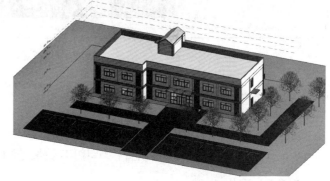

图 9 - 2 - 23

(4) 云渲染

使用 Autodesk 提供的云渲染服务时,点击【视图】选项卡→【图形】面板→【Cloud 渲染】工具,会弹出【在 Cloud 中渲染】对话框,提示如何使用云渲染工具,如图 9 - 2 - 24 所示,用户可以根据提示进行操作,点击【继续】按钮,在弹出的对话框中设置参数,如图 9 - 2 - 25 所示,设置完成后单击【开始渲染】按钮,软件就开始渲染,渲染完成后,软件会自动提示,可以在网页中下载已经渲染好的视图图像,如图 9 - 2 - 26。

图 9 - 2 - 24

图 9 - 2 - 25

图 9 - 2 - 26

【提示】使用云渲染，必须要有 Autodesk 账户，可以自己注册一个账号并使用。

除上述介绍的两种渲染方式之外，也可以将 Revit 文件导入其他软件进行渲染，Lumion、Artlantis、3ds Max 可以直接导出 FBX 格式文件。

9.2.3 漫游动画

Revit Architecture 还提供了"漫游"工具，可制作漫游动画，更直接地观察建筑物，使用户有身临其境的感觉。

案例视频

1. 设置漫游路径

（1）打开上节完成的项目文件，另存为"建材检测中心—漫游动画"，切换至一层平面视图，保存该项目文件至指定目录。

漫游动画

（2）点击【视图】选项卡→【创建】面板→【三维视图】工具，在弹出的下拉菜单中选择【漫游】，如图 9 - 2 - 27。选择适当的起点，沿建筑物外墙四周添加相机及漫游的关键帧，每单击一次鼠标即添加一个相机视点的位置，如图 9 - 2 - 28 所示，添加完成后，按【Esc】键完成漫游路径的设置，或单击【修改|漫游】上下文选项卡中【漫游】面板的【完成漫游】工具，完成漫游后 Revit 会自动在【项目浏览器】面板下新创建一个名称为"漫游"的视图类别，并在该类别下生成一个"漫游 1"视图。

图 9 - 2 - 27

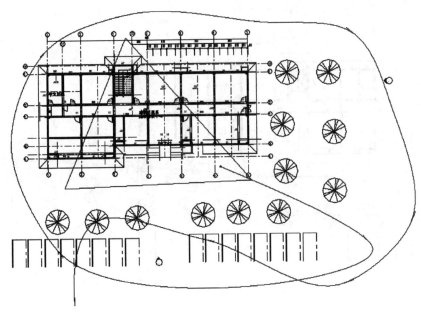

图 9 - 2 - 28

2. 编辑漫游路径

设置完漫游路径后,一般需要适当调整才能得到建筑物的最佳视角。

(1) 在 F1 平面视图中选择漫游路径,点击【修改 | 相机】上下文选项卡下【漫游】面板中的【编辑漫游】工具,此时漫游路径进入可编辑状态,可以看到 Revit Architecture 选项栏中的"控制"中有"活动相机""路径""添加关键帧"和"删除关键帧"四种修改漫游路径的方式,如图 9 - 2 - 29 所示。

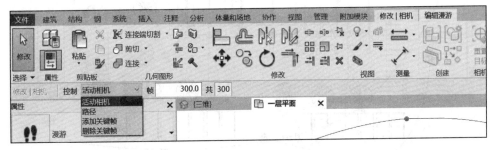

图 9 - 2 - 29

(2) 图 9 - 2 - 30 和图 9 - 2 - 31 分别是选择"活动相机"和"路径"后的显示效果。可以看到选择"活动相机",视图中会出现相机,并且可以沿着路径移动相机进而调整每个关键帧处的相机的目标点高度、视距、视线范围等;选择"路径",视图中漫游路径会出现蓝色的圆点,可以通过拖动蓝色的圆点调整每个关键帧处的相机的目标点高度、视距、视线范围等。同时也可以切换至漫游视图,通过拖动漫游视图中的剪裁边框的夹点调整漫游视图的高度和宽度。

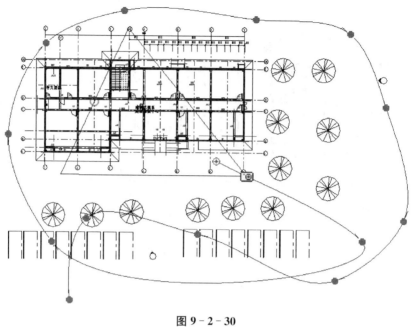

图 9－2－30

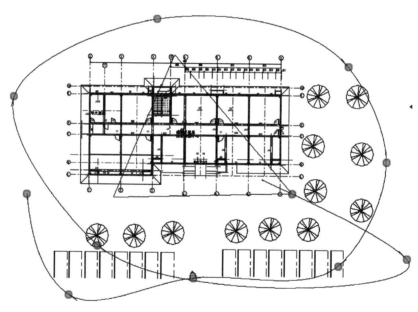

图 9－2－31

3. 调整漫游帧

设置好路径后，可以对将要生成的漫游动画总帧数及关键帧的速度进行设置。点击【属性】栏中"其他"参数"漫游帧300"，会弹出【漫游帧】对话框，如图 9－2－32 所示，可以看到一共有 7 个关键帧，即在一层平面所添加的视点数，可根据需要进行"总帧数"的设置，调整动画的播放速度。取消勾选"匀速"，则可以设置每帧的"加速器"。漫游动画的"总时间"等于总帧数/帧率(帧/秒)。

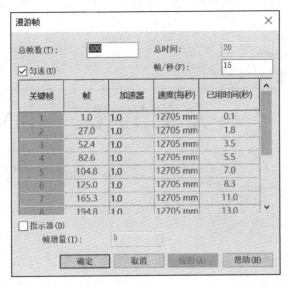

图 9 - 2 - 32

4. 播放及导出动画

设置好路径的相关参数,在漫游视图中选择漫游的裁剪边框后选择【编辑漫游】,可以进入【修改|相机】上下文选项卡,如图 9 - 2 - 33 所示,点击【播放】可以播放漫游动画。

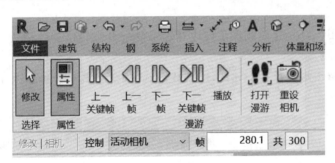

图 9 - 2 - 33

【提示】在漫游视图中,将视觉样式切换至着色或真实模式,将会看到更逼真的效果。

播放动画后如果满意,可以将漫游动画导出,点击【应用程序】按钮,"导出""图像和动画""漫游",可以将漫游动画导出成视频文件格式。导出完成后点击【保存】并关闭此项目文件。

本任务需重点掌握 6 种视觉样式熟悉添加模型文字、贴花掌握渲染和漫游的一般步骤,完成项目渲染图片和漫游动画的制作。

项目十

完美呈现——BIM 成果发布

✳ 项目概述

Revit 模型创建完成后，为了更好地表达模型的信息，需要进行图形注释，添加模型文字。而利用软件的统计功能，可以统计出建筑平面面积、占地面积、套内面积等信息，也可以统计出图元数量、材质数量、图纸列表、视图列表等信息。

在 Revit 中可以将项目中的多个视图或明细表布置在同一个图纸视图中，形成用于打印和发布的施工图纸。而 Revit 的动态设计功能保证模型与图纸的一致性，一处修改，处处更新。

除了能导出图纸，Revit 还能基于创建好的模型导出为其他多种格式的文件，最大限度地体现模型的价值。

本项目将介绍图形注释、Revit 统计、创建图纸、模型导出四个方面的内容。

✳ 学习目标

知识目标	能力目标	思政目标
了解模型导出	(1) 了解导出为 DWF/FBX/IFC 文件； (2) 了解图纸打印。	在 BIM 标记、标注和注释过程中，所有的注写应符合规范要求，培养学生细心、耐心、有责任感的职业品质。 完整、规范的施工图纸是依据，在 BIM 图纸输出中，建立起学生对规范设计与施工的基本工程认识，引导学生深入理解图纸的含义，培养学生勤奋好学、严谨细致的生活态度。
熟悉图形注释； 熟悉模型文字； 熟悉房间标记。	(1) 能掌握图形注释的创建和编辑； (2) 能掌握模型文字的创建和编辑； (3) 能掌握房间及房间标记的创建和编辑。	
掌握创建图纸； 掌握导出 CAD 文件。	(1) 能掌握图纸的创建和编辑方法； (2) 能掌握 CAD 文件的导出和设置。	

任务 1　图形注释

（1）使用 Revit 2019 添加尺寸标注、高程点标注、高程点坡度标注、文字等注释信息，如图 10-1-1(a)所示。

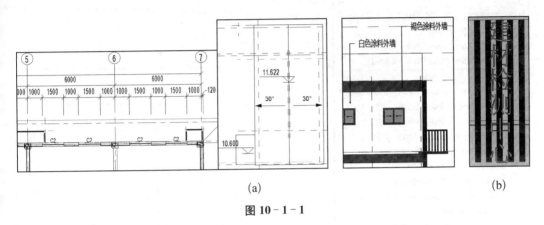

(a)　　　　　　　　　　(b)

图 10-1-1

（2）在外墙格栅上创建"建材检测中心"模型文字，如图 10-1-1(b)所示。

知识详解

10.1.1　尺寸标注

施工图纸中要完整地表达图形的信息，需要对构件进行尺寸标注，一般平面图中需进行三道尺寸线的标注，包括第一道总尺寸、第二道轴线尺寸、第三道细部尺寸。

Revit 的【注释】选项卡中的【尺寸标注】面板中，有对齐、线性、角度、半径、直径、弧长共 6 种不同形式的尺寸标注命令，如图 10-1-2 所示。

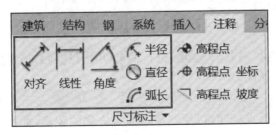

图 10-1-2

案例视频

尺寸标注

1. 创建尺寸标注

创建方法:选择【注释】选项卡→单击【尺寸标注】面板→【对齐/线性/角度/半径/直径/弧长】命令→在【属性】框的【类型选择器】中选择尺寸标注样式(如图 10-1-3 所示)→【编辑类型】→【标注尺寸】。

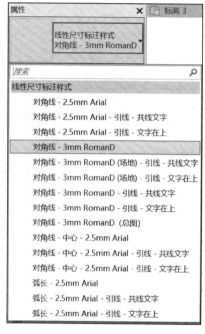

图 10-1-3

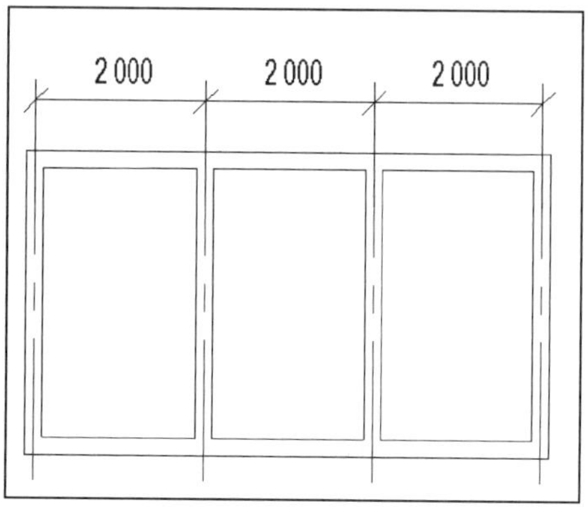

图 10-1-4

下文分别介绍 6 种不同形式的尺寸标注命令。

(1) 对齐

对齐尺寸标注用于在平行参照之间或多点之间放置尺寸标注,如图 10-1-4 所示。

在进行尺寸标注之前,需对"标注参照线/面""拾取对象"进行设置,如图 10-1-5 所示。"标注参照线/面"包括:参照墙中心线、参照墙面、参照核心层中心、参照核心层表面;"拾取对象"包括:单个参照点、整个墙。

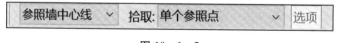

图 10-1-5

当"拾取对象"选择为整个墙时,可对其后"选项"进行编辑,单击【选项】,将弹出【自动尺寸标注选项】对话框,如图 10-1-6 所示。

(2) 线性

线性尺寸标注用于放置水平或垂直标注,以便测量参照点之间的距离,如图 10-1-7 所示。

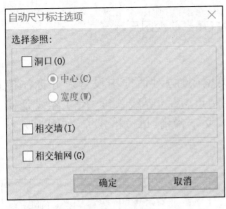

图 10 - 1 - 6

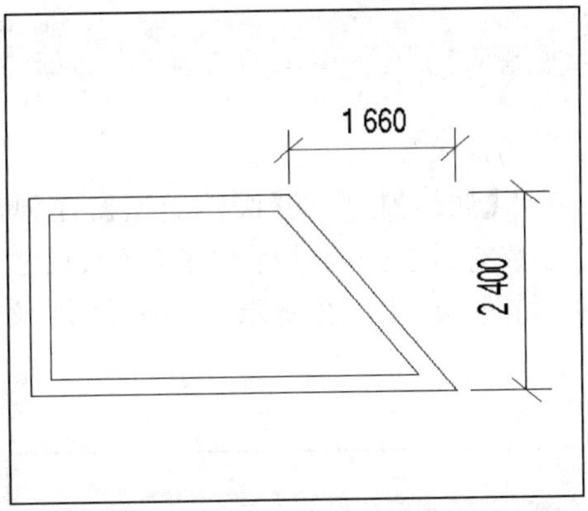

图 10 - 1 - 7

（3）角度

角度尺寸标注用于放置尺寸标注，以便测量共享公共交点的参照点之间的角度，如图 10 - 1 - 8 所示。

（4）半径

半径尺寸标注用于放置一个尺寸标注，以便测量内部曲线或圆角的半径，如图 10 - 1 - 9 所示。

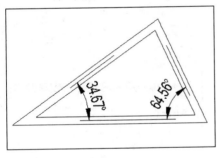

图 10 - 1 - 8

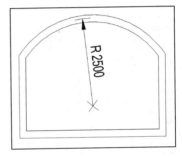

图 10 - 1 - 9

（5）直径

直径尺寸标注用于放置一个表示圆弧或圆的直径的尺寸标注，如图 10 - 1 - 10 所示。

（6）弧长

弧长尺寸标注用于放置一个尺寸标注，以便测量弯曲墙或其他图元的长度，如图 10 - 1 - 11 所示。

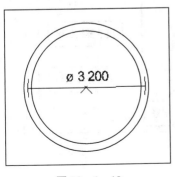

图 10 - 1 - 10

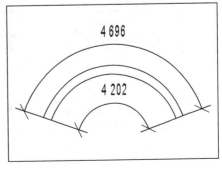

图 10 - 1 - 11

【提示】尺寸标注属于二维注释,标注的尺寸只在当前视图显示。

2. 属性设置

单击【属性】框中的【编辑类型】,在弹出的【类型属性】对话框中设置尺寸标注样式。主要参数有:记号、尺寸标注延长线、尺寸界线控制点、尺寸界线长度、尺寸界线延伸、颜色等,如图 10-1-12 所示。文字大小、文字字体、文字背景、单位格式等,如图 10-1-13 所示。

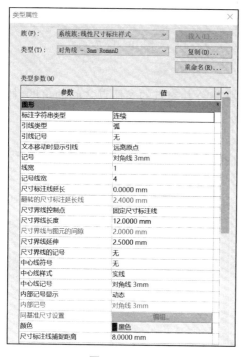

图 10-1-12

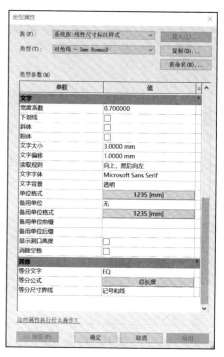

图 10-1-13

几个主要参数图解如图 10-1-14 所示。

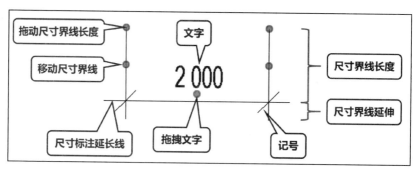

图 10-1-14

案例视频

高程点标注

10.1.2　高程点标注

1. 创建高程点标注

创建方法：选择【注释】选项卡→单击【尺寸标注】面板→【高程点】命令→在【属性】框的【类型选择器】中选择高程点样式（如图 10-1-15 所示）→【编辑类型】→标注高程点。

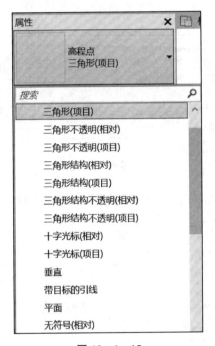

图 10-1-15

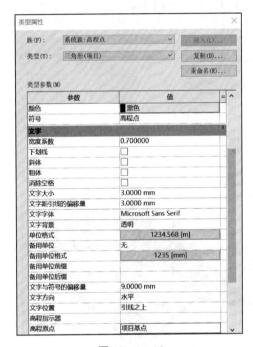

图 10-1-16

2. 属性设置

单击【属性】框中的【编辑类型】，在弹出的【类型属性】对话框中设置高程点标注样式。主要参数有：符号、文字大小、文字字体、文字背景、单位格式、文字与符号的偏移量等，如图 10-1-16 所示。

几个主要参数图解如图 10-1-17 所示。

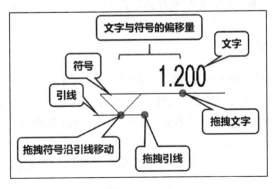

图 10-1-17

10.1.3 高程点坡度标注

创建方法：选择【注释】选项卡→单击【尺寸标注】面板→【高程点坡度】命令→【编辑类型】→标注高程点坡度，如图 10 - 1 - 18 所示。

属性设置：单击【属性】框中的【编辑类型】，在弹出的【类型属性】对话框中设置高程点坡度标注样式。主要参数有：引线箭头、文字大小、文字字体、文字背景、单位格式等，如图 10 - 1 - 19 所示。

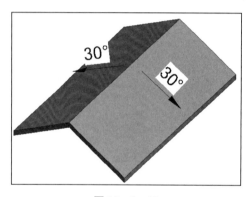

图 10 - 1 - 18

图 10 - 1 - 19

【提示】如果不希望自动提取高程值或不便于进行坡度建模，可以采用二维符号以满足标注的要求。单击【注释】选项卡【符号】面板【符号】工具，选择【属性】面板"符号类型"为"符号排水箭头"，在绘图区域单击放置坡度符号，利用空格键切换符号的方向，放置完坡度符号后按 2 次【Esc】键退出放置符号状态。

10.1.4 添加文字

案例视频

创建方法：选择【注释】选项卡→单击【文字】面板→【文字】工具（如图 10 - 1 - 20 所示）→在【属性】框的【类型选择器】中选择文字样式（如图 10 - 1 - 21 所示）→设置【引线】/【对齐】面板中文字引线方式/水平对齐方式（如图 10 - 1 - 22 所示）→【编辑类型】→标注文字。

添加文字

属性设置：单击【属性】框中的【编辑类型】，在弹出的【类型属性】对话框中设置文字标注样式。如图 10 - 1 - 23 所示。

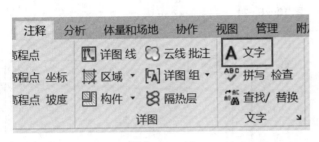

图 10 - 1 - 20

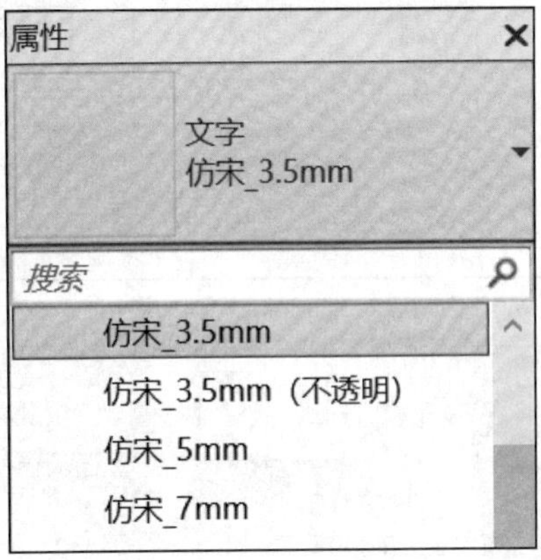

图 10 - 1 - 21

图 10 - 1 - 22

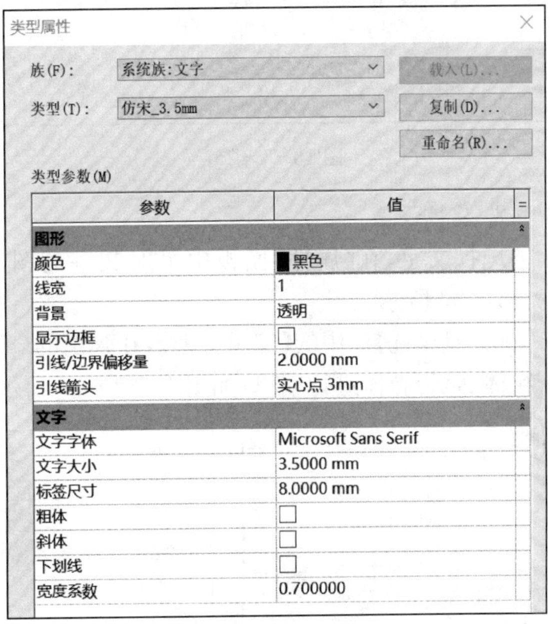

图 10 - 1 - 23

案例视频

创建模型文字

10.1.5 创建模型文字

1. 创建模型文字

创建方法：在立面视图中选择【建筑】选项卡→单击【模型】面板→【模型文字】命令（如图 10 - 1 - 24 所示）→在弹出的【工作平面】对话框中选择"拾取一个平面"，单击【确定】（如图 10 - 1 - 25 所示）→拾取平面→在弹出的【编辑文字】对话框中编辑文字（如图 10 - 1 - 26 所示）→放置文字→设置文字属性。

图 10 - 1 - 24

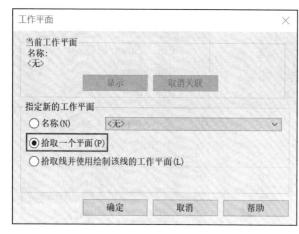

图 10 - 1 - 25

图 10 - 1 - 26

2. 属性设置

选择文字,在【属性】面板中可对文字的图形、材质、尺寸标注等信息进行编辑,如图 10 - 1 - 27 所示。

单击【属性】框中的【编辑类型】,在弹出的【类型属性】对话框中,可对文字字体、大小、是否粗体、是否斜体进行编辑,如图 10 - 1 - 28 所示。

图 10 - 1 - 27

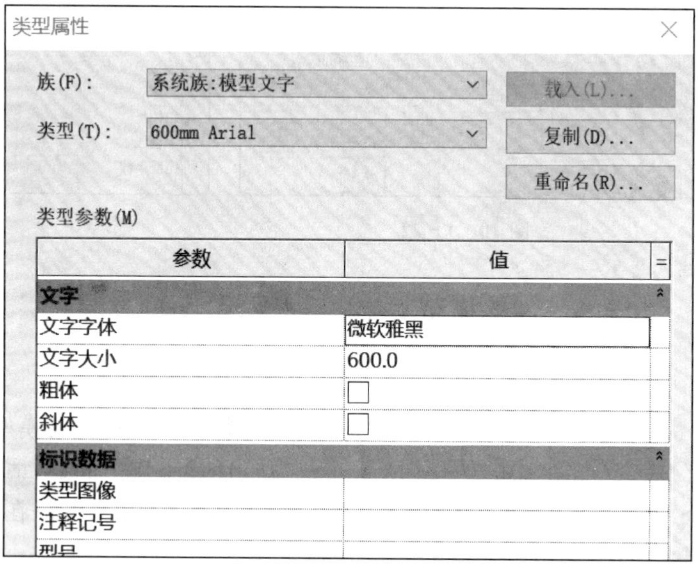

图 10 - 1 - 28

【小技巧】(1)若想改变文字放置的平面，可以选择文字，单击【放置】面板下【拾取新的 】工具，重新拾取平面即可，如图 10-1-29 所示；(2)若想改变文字水平/竖向放置方式，可在【类型属性】对话框中"文字字体"前加@符号，再通过"旋转"工具编辑即可，如图 10-1-30 所示。

图 10-1-29　　　　　　　　　　图 10-1-30

打开"建材检测中心—渲染与漫游.rvt"文件，另存为"建材检测中心—图形注释.rvt"文件。

1. 标注尺寸

(1)切换为一层楼层平面视图，单击【注释】选项卡→单击【尺寸标注】面板→【对齐】命令，此时自动切换至【修改|放置尺寸标注】上下文选项卡。

(2)设置"对齐标注"的标注样式，选择【属性】栏中的【编辑类型】进入【类型属性】对话框，复制"对角线－3 mm RomanD"标注样式，重命名为"建材检测中心—线性标注"，如图 10-1-31 所示。

图 10-1-31

（3）确认选项栏中的尺寸标注捕捉位置为"参照核心层表面"，尺寸标注"拾取"方式为"单个参照点"。鼠标依次单击Ⓔ轴线上的轴线处及门窗洞口边缘等位置，拾取完成后向上移动鼠标指针，使得当前的尺寸标注预览完全位于Ⓔ轴外侧，单击视图中任意空白处位置完成Ⓔ轴线处细部尺寸标注。

（4）按同样的方法完成Ⓓ轴线处的第二道尺寸标注及第一道尺寸标注，如图 10-1-32 所示。

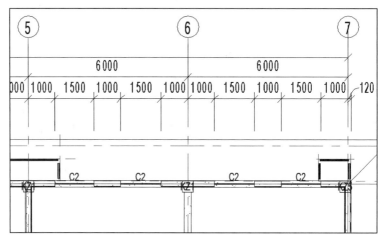

图 10-1-32

2. 添加高程点和坡度

（1）切换为楼梯屋面楼层平面视图，单击【注释】选项卡→单击【尺寸标注】面板→【高程点】命令，如图 10-1-33 所示。此时自动切换至【修改|放置尺寸标注】上下文选项卡。

（2）设置"高程点标注"的标注样式，选择【属性】栏中的【编辑类型】进入【类型属性】对话框，复制"三角形（项目）"标注样式，重命名为"建材检测中心—高程点标注"，如图 10-1-34 所示。

图 10-1-33

图 10-1-34

（3）在【选项栏】面板中，不勾选"引线""水平段"，设置"显示高程"为"实际（选定）高程"，即显示图元上选定的高程，如图 10-1-35 所示。在屋脊处单击并移动鼠标，调整"高程点"标注的方向，再次单击鼠标，完成高程点标注。

图 10 - 1 - 35

（4）单击【注释】选项卡→单击【尺寸标注】面板→【高程点 坡度】命令，如图 10 - 1 - 36 所示。

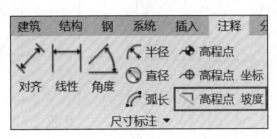

图 10 - 1 - 36

（5）设置"高程点坡度标注"的标注样式，选择【属性】栏中的【编辑类型】进入【类型属性】对话框，如图 10 - 1 - 37 所示，复制"坡度"标注样式，重命名为"建材检测中心—高程点坡度"，"引线长度"为"15.000 0 mm"，单击【单位格式】，在弹出的【格式】对话框中选择"单位"为"十进制度数"，"单位符号"为"°"，如图 10 - 1 - 38 所示，单击【确定】2 次退出。

（6）单击坡屋面，完成屋面坡度标注，如图 10 - 1 - 39 所示。

类型属性			✕
族(F)：	系统族:高程点坡度		载入(L)…
类型(T)：	建材检测中心-高程点坡度		复制(D)…
			重命名(R)…

类型参数(M)

参数	值	=
约束		
随构件旋转	☑	
图形		
引线箭头	实心箭头 30 度	
引线线宽	1	
引线箭头线宽	1	
颜色	■黑色	
坡度方向	向下	
引线长度	15.0000 mm	
文字		
宽度系数	1.000000	
下划线	☐	
斜体	☐	
粗体	☐	
消除空格	☐	
文字大小	2.4000 mm	
文字距引线的偏移量	1.5000 mm	
文字字体	Microsoft Sans Serif	
文字背景	不透明	
单位格式	12°	
备用单位	无	

图 10 - 1 - 37

图 10 - 1 - 38

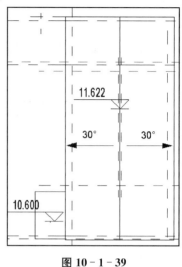

图 10 - 1 - 39

3. 添加外墙装饰做法标注

（1）切换至北立面视图，单击【注释】选项卡→单击【文字】面板→【文字】工具，系统将自动切换至【修改|放置文字】上下文选项卡。

（2）在"放置文字"上下文关联选项卡中，设置【引线】面板中文字引线方式为"二段引线"，【对齐】面板中文字水平对齐方式为"左对齐"。

（3）单击立面图中二层墙体的白色涂料墙体处作为引线起点，垂直向上移动鼠标指针，绘制垂直方向引线，在视图空白处上方生成第一段引线，再沿水平方向向右移动鼠标并绘制第二段引线，进入文字输入状态，输入"白色涂料外墙"，完成后单击空白处任意位置，完成文字输入，"褐色涂料外墙"做法同上，结果如图 10 - 1 - 40 所示。

图 10 - 1 - 40

4. 创建模型文字

（1）切换至西立面视图，单击【建筑】选项卡→单击【模型】面板→【模型文字】命令→在弹出的【工作平面】对话框中选择"拾取一个平面"，单击【确定】。

（2）移动鼠标放在外墙格栅上，当格栅表面显示蓝框时单击鼠标左键，完成平面拾取。在弹出的【编辑文字】对话框中输入"建材检测中心"，单击【确定】退出【编辑文字】对话框，如图 10 - 1 - 41 所示。

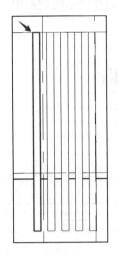

图 10 - 1 - 41

（3）移动鼠标，模型文字将随着鼠标在设置的工作平面内移动，选择合适的位置点击鼠标左键放置模型文字，此时文字是倒置的，利用【修改】面板中的【旋转】工具将文字旋转180°，将文字放正。

（4）选择文字，在【属性】面板中设置"材质"为"白杨木"，其他参数不变，如图 10 - 1 - 42所示；单击【编辑类型】，复制创建名称为"建材检测中心—模型文字"的类型，修改"文字字体"为"@宋体"，"文字大小"为"650"，其余参数不变，单击【确定】退出，如图 10 - 1 - 43所示。

（4）移动模型文字至合适的位置，切换至三维视图，最终效果如图 10 - 1 - 44 所示。

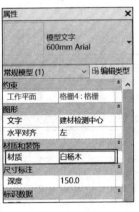
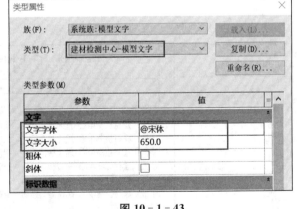

图 10 - 1 - 42　　　　　　图 10 - 1 - 43　　　　　　图 10 - 1 - 44

本任务主要介绍了尺寸标注、高程点、高程点坡度、文字标注，以及模型文字的创建与编辑方法。需熟练使用各种参数设置及编辑方法，可以创建各种不同的尺寸标注、高程点、高

程点坡度及文字样式。所有的注写应符合规范要求,读者们在规范的学习中,可加深对知识点的理解和记忆。

▶ 任务 2　Revit 统计 ◀

 任 务 信 息

(1) 创建"建材检测中心"一层平面房间,如图 10 - 2 - 1 所示;

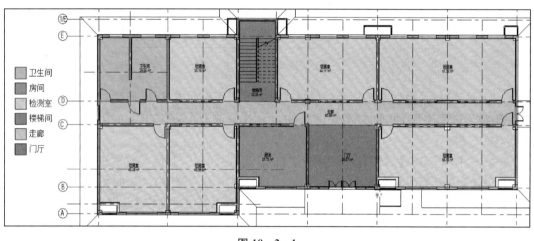

图 10 - 2 - 1

(2) 创建"建材检测中心"窗明细表和楼板材质明细表,分别如图 10 - 2 - 2 和图 10 - 2 - 3 所示。

<窗明细表>			
A	**B**	**C**	**D**
	洞口尺寸		
设计编号	宽度	高度	合计
C1	2700	1800	10
C2	1500	1800	18
C3	1500	1500	2
C4	4200	1800	1
C5	1200	2100	2
GC1	1200	900	4
GC2	2700	900	17
百叶风口-角度可变	1100	3300	1
铝合金百叶	1280	3300	6
铝合金百叶 2	1460	3300	2
铝合金百叶 3	1380	3300	2
铝合金百叶 4	700	1000	12
铝合金百叶 5	2400	1000	2
铝合金百叶 6	1200	1000	2
铝合金百叶 7	1400	1000	4

图 10 - 2 - 2

<楼板材质提取>		
A	**B**	**C**
族与类型	结构材质	材质:体积
楼板:建材检测中心-室外台阶板	钢筋混凝土	2.12
楼板:建材检测中心-玻化砖地面	C15混凝土	67.83
楼板:建材检测中心-玻化砖楼面	钢筋混凝土	73.25
楼板:建材检测中心-空调板	钢筋混凝土	1.23
楼板:建材检测中心-防滑地砖地面	C15混凝土	6.48
楼板:建材检测中心-防滑地砖楼面	钢筋混凝土	5.94
楼板:建材检测中心-阳台板	钢筋混凝土	0.42
楼板:建材检测中心-雨篷板	钢筋混凝土	0.63
楼板:建材检测中心-雨篷玻璃-13mm	玻璃	0.17

图 10 - 2 - 3

Revit模型创建完成后，利用软件的"房间"工具创建房间，配合"标记房间"和"明细表"统计项目房间信息，可以统计出平面面积、占地面积、套内面积等信息，还可以利用"明细表"功能对图元数量、材质数量、图纸列表、视图列表等进行统计。

10.2.1　房间和面积统计

Revit可以利用"房间"工具在项目中创建房间对象。"房间"属于模型对象类别，可以像其他模型对象图元一样使用"标记房间"提取显示房间参数信息，如房间名称、面积、用途等。

1. 创建房间

在Revit中为模型创建房间，要求对象必须具有封闭边界，模型中的墙、柱、楼板、幕墙等均可作为房间边界。

创建方法：选择【建筑】选项卡→单击【房间和面积】面板→【房间】工具（如图10-2-4所示）→在【属性】框的【类型选择器】中选择房间的编辑类型并设置约束条件（如图10-2-5所示）→放置房间。

放置房间前，确保【标记】面板中【在放置时进行标记】工具处于激活状态，如图10-2-6所示，移动鼠标指针至任意房间内，Revit将以蓝色显示自动搜索到的房间边界，如图10-2-7所示，单击鼠标放置房间。

案例视频

房间与
面积统计

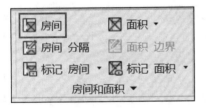

图10-2-4

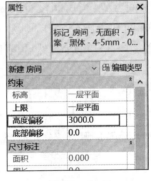

图10-2-5

图10-2-6

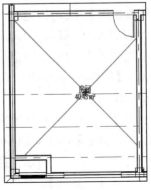

图10-2-7

2. 编辑房间

（1）设置房间面积和体积的计算规则：单击【建筑】选项卡【房间和面积】面板中的黑色三角形图标 ▼，展开"房间和面积"菜单，单击【面积和体积计算】工具，在弹出的【面积和体积计算】对话框中设置"房间面积计算"方式，如图 10-2-8 所示。

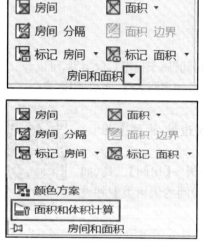
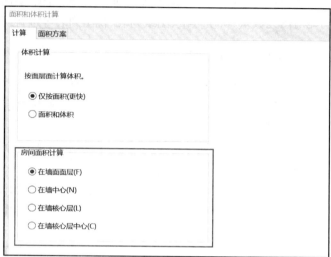

图 10-2-8

（2）房间分隔：当房间没有封闭边界，不能直接标记房间。例如非封闭式楼梯间，没有墙体将楼梯间和走廊分隔开，则无法单独标记楼梯间。此时可先用【房间分隔】工具将房间封闭，如图 10-2-9 所示，然后再用【房间】工具对其进行房间标记。

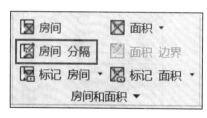

图 10-2-9

（3）修改房间名称：可以通过两种方式修改房间名称。其一，在已经创建房间对象的房间内移动鼠标指针，双击"房间"两个字，如图 10-2-10 所示，可以直接修改其房间名称；其二，鼠标在房间内移动时当房间对象呈高亮显示时单击选择房间（不是选择房间标记），选中后在【属性】面板中可以直接修改"标识数据"下的"名称"，对房间名称进行修改，如图 10-2-11 所示。

（4）生成房间标记：若在放置房间之前，【标记】面板的【在放置时进行标记】工具处于激活状态，则放置房间后房间和房间标记同时生成，如图 10-2-10 所示；否则，放置房间后只生成房间，如图 10-2-12 所示。此时若要生成房间标记，需选择【建筑】选项卡下【房间和面积】面板中的【标记房间】工具中的"标记房间"，如图 10-2-13 所示，点击鼠标左键至各房间，将完成各房间的标记。

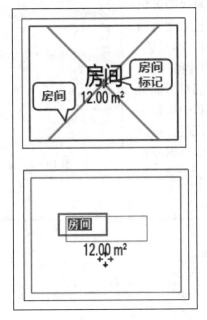

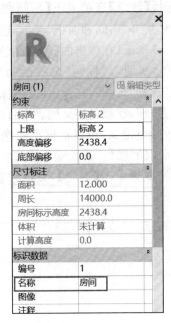

图 10 - 2 - 10　　　　　　　　　　　　　　　　　图 10 - 2 - 11

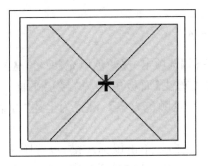

图 10 - 2 - 12　　　　　　　　　　　　　　　　　图 10 - 2 - 13

【提示】房间标记和房间对象是两个不同的图元,删除了房间标记,房间对象仍然存在。

3. 添加房间图例

（1）在【项目浏览器】面板中"楼层平面"视图中选中"一层平面",点击鼠标右键,在弹出的菜单中选择"复制视图"的【复制】命令,点击鼠标右键,在弹出的菜单中选择"重命名",在弹出的对话框中将视图名称修改为"一层平面—房间图例",如图 10 - 2 - 14 所示。切换至"一层平面—房间图例"楼层平面视图,此时房间标记的名称并没有显示出来,按照上文"生成房间标记"知识点的做法,完成各房间的标记。

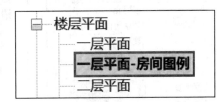

图 10 - 2 - 14

（2）选择【建筑】选项卡下【房间和面积】面板的黑色三角图标 ▼ 展开"房间和面积"菜单，选择"颜色方案"，如图 10‐2‐15 所示，在弹出的【编辑颜色】对话框中，设置："类别"选择"房间"，"标题"名称改为"一层平面房间图例"，"颜色"选择"名称"，在弹出的【不保留颜色】对话框中单击【确定】按钮，在颜色定义列表中自动为项目中所有房间名称生成颜色定义，可以根据需要修改房间颜色，点击每个房间对应的"颜色"进入颜色修改状态，可以根据需要自行修改，完成后单击【确定】，完成设置如图 10‐2‐16 所示。

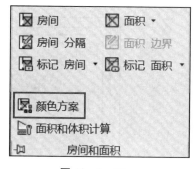

图 10‐2‐15

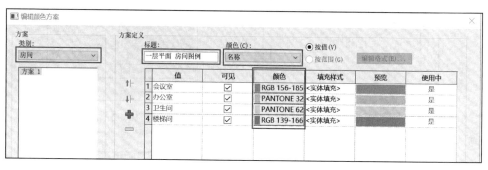

图 10‐2‐16

图 10‐2‐17

（3）选择【注释】选项卡→【颜色填充】面板→【颜色填充图例】工具，点击【属性】面板中选择"楼层平面——一层平面—房间图例"，单击【颜色方案】，设置为上述"方案 1"，如图 10‐2‐17 所示。

（4）在视图中空白处单击鼠标左键，放置图例，在弹出的【选择空间类型和颜色方案】对话框中将"空间类型"设置为"房间"，如图 10‐2‐18 所示，点击【确定】完成图例放置。添加图例后的房间效果如图 10‐2‐19 所示。

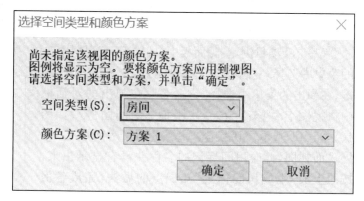

图 10‐2‐18

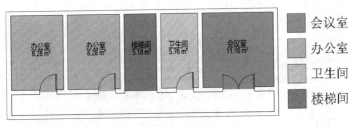

图 10－2－19

【提示】房间图例仅在当前视图中有效,在其他楼层平面中不会显示。

10.2.2　明细表统计

明细表视图可以统计项目每个图元对象,生成各种不同样式的明细表。Revit 通过提取项目中图元的属性信息生成明细表,明细表与项目模型自动关联,以表格的形式显示图元信息。

明细表的种类有 6 种:明细表/数量、图形柱明细表、材质提取、图纸列表、注释块、视图列表,如图 10－2－20 所示。

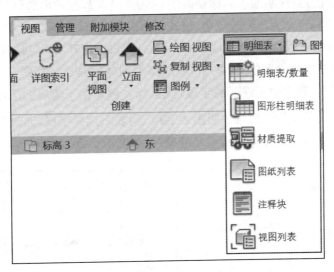

图 10－2－20

1.创建明细表(以窗明细表为例)

创建方法:选择【视图】选项卡→单击【创建】面板→【明细表】下拉列表→【明细表/数量】→在弹出的【新建明细表】对话框的"类别"列表中选择"窗",在"名称"文本框中会显示默认名称,也可以根据设计需求修改名称,如图 10－2－21 所示。

案例视频

明细表统计

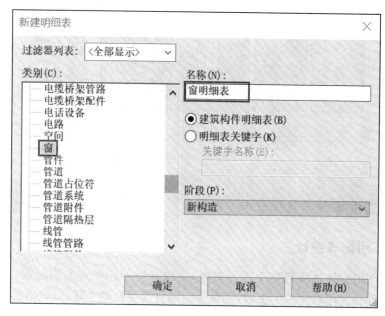

图 10-2-21

2. 属性设置

（1）明细表属性：新建明细表名称修改后，单击【确定】，在弹出的【明细表属性】中有 5 中不同的面板：字段、过滤器、排序/成组、格式、外观，如图 10-2-22 所示。

（2）编辑明细表字段：在【字段】选项卡中，鼠标左键选中并双击"可用的字段"列表中的字段（或鼠标左键选中字段后单击【➡】），将其添加到"明细表字段"列表中；鼠标左键选中并双击"明细表字段"列表中不需要的字段（或鼠标左键选中不需要的字段后单击【⬅】），将其移除出"明细表字段"列表。在"明细表字段"列表下选择字段，通过单击【⬆（上移）】或【⬇（下移）】，调整字段在明细表中显示的顺序，如图 10-2-23 所示。

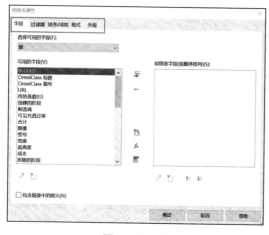

图 10-2-22

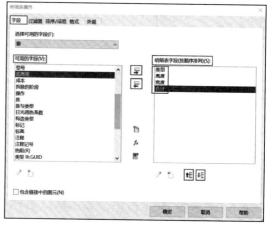

图 10-2-23

在【明细表属性】对话框单击【过滤器】选项卡，可根据需要设置过滤条件，也可选择多个过滤条件,如图 10 - 2 - 24 所示。

　　在【明细表属性】对话框单击【排序/成组】选项卡,选择字段的排序方式,也可选择多个字段,实现叠加的排序方式。根据设计需求勾选"页眉""页脚""空行""总计""逐项列举每个实例"参数,如图 10 - 2 - 25 所示。

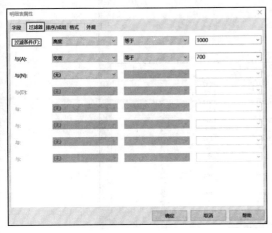

图 10 - 2 - 24

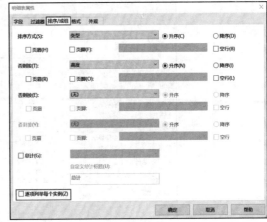

图 10 - 2 - 25

　　在【明细表属性】对话框单击【格式】选项卡,选择"字段"列表中的字段,修改"标题"文本框中显示的字段的名称,如图 10 - 2 - 26 所示。根据窗明细表的名称内容要求一一修改。

　　在【明细表属性】对话框单击【外观】选项卡,设置明细表内部网格线、外轮廓线以及"标题文本""标题""正文"的文字样式,如图 10 - 2 - 27 所示。

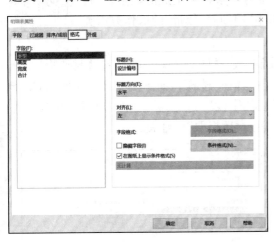

图 10 - 2 - 26

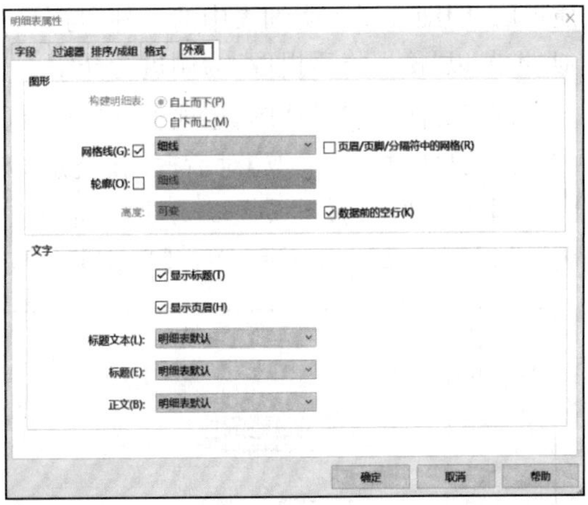

图 10 - 2 - 27

3. 编辑明细表

　　单击【确定】完成明细表属性设置,软件自动切换至窗明细表视图,在选项卡上显示【修改明细表/数量】工具面板,在窗明细表视图中可以进一步编辑明细表的参数、列、行、标题和页眉、外观。单击"每一列"或者"窗明细表"都会出现相对应的明细表修改工具,如图 10 - 2 - 28 所示。

　　在【属性】面板中,可对明细表的字段、过滤器、排序/成组、格式、外观重新进行编辑。

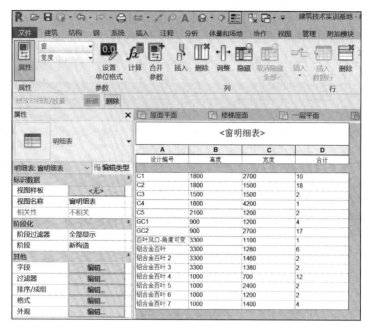

图 10-2-28

10.2.3 材料统计

在预算工程量以及施工过程中均需要知道材料的种类、数量等信息，Revit 提供了"材质提取"明细表工具，用于统计项目中各对象材质生成的数量。"材质提取"明细表属于明细表中的一种，与上一节中"明细表/数量"的操作方法类似，本节以"楼板材质提取"为例进行介绍。

材料统计

创建方法：选择【视图】选项卡→单击【创建】面板→【明细表】下拉列表→【材质提取】→在弹出的【新建材质提取】对话框的【类别】列表中选择"楼板"，如图 10-2-29 所示，单击【确定】→在弹出的【材质提取属性】对话框中设置"字段""过滤器""排序/成组""格式""外观"，如图 10-2-30 所示，单击【确定】，生成"楼板材质提取"明细表。

图 10-2-29

图 10-2-30

　　软件自动切换至楼板材质提取视图,在选项卡上显示"修改明细表/数量"工具面板,在楼板材质提取视图中可以进一步编辑明细表的参数、列、行、标题和页眉、外观,如图 10-2-31 所示。

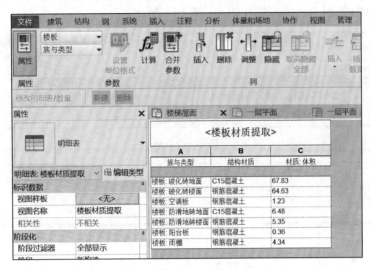

图 10-2-31

任 务 实 施

　　打开"建材检测中心—图形注释.rvt"文件,另存为"建材检测中心—Revit 统计"文件。

1. 一层平面房间统计

　　(1)单击【建筑】选项卡【房间和面积】面板中的黑色三角形图标 ,展开"房间和面积"菜单,如图 10-2-32 所示,单击"面积和体积计算"工具,在弹出的【面积和体积计算】对话框中,设置"房间面积计算"方式为"在墙核心层",如图 10-2-33 所示。

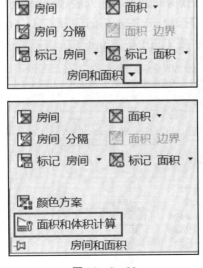

图 10-2-32

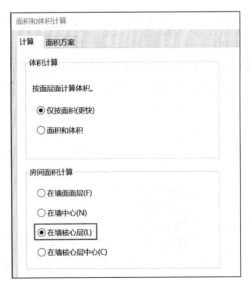

图 10-2-33

（2）切换至一层楼层平面视图，大厅ⓒ轴处和楼梯间①轴线处没有墙体分隔，不能直接标记房间。单击【建筑】选项卡下的【房间和面积】面板中的【房间分隔】工具，利用直线绘制分割线将其封闭，如图 10-2-34 和图 10-2-35 所示。

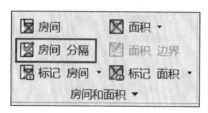

图 10-2-34

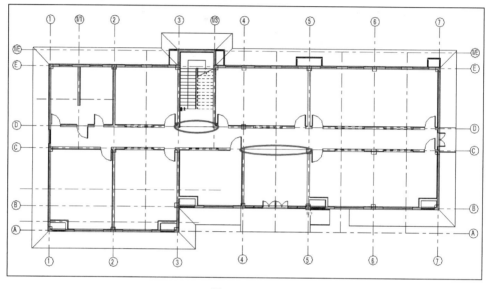

图 10-2-35

（3）单击【建筑】选项卡下的【房间和面积】面板中的【房间】工具，在列表中选择"房间工具"，如图 10-2-36 所示，将切换至【修改|放置房间】选项卡，进入房间放置模式。在【属性】面板中选择房间的编辑类型为"标记_房间-有面积-施工-仿宋-3 mm-0-67"，同时设置"限制条件"中的"高度偏移"为"3 900"，如图 10-2-37 所示。

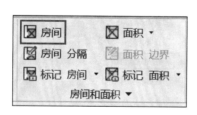

图 10-2-36

图 10-2-37

（4）移动鼠标指针至"建材检测中心"任意房间内，确保【标记】面板中【在放置时进行标记】工具处于激活状态，单击鼠标放置房间，同时生成房间标记，修改房间名称，如果10-2-38所示。

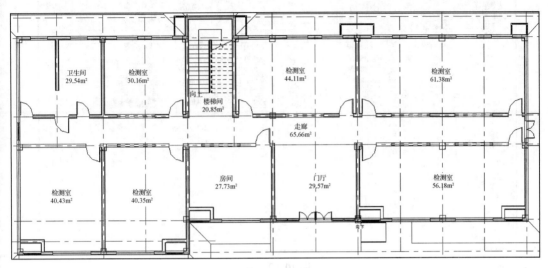

图 10-2-38

（5）在【项目浏览器】面板中"楼层平面"视图中选中"一层平面"，复制一个"一层平面—房间图例"平面视图，如图10-2-39所示。切换至"一层平面—房间图例"楼层平面视图，完成各房间的标记。

（6）选择【建筑】选项卡下【房间和面积】面板的黑色三角图标 ▼ 展开"房间和面积"菜单，选择"颜色方案"，如图10-2-40所示，在弹出的【编辑颜色】对话框中，设置"类别"为"房间"，"标题"名称改为"一层平面房间图例"，"颜色"选择"名称"，在弹出的【不保留颜色】对话框中单击【确定】按钮，完成后单击【确定】，完成设置如图10-2-41所示。

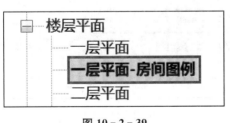

图 10-2-39

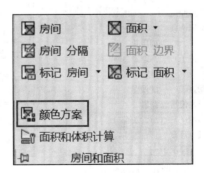

图 10-2-40

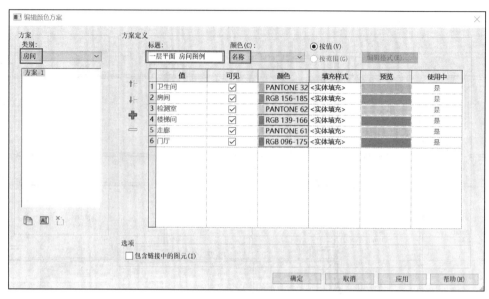

图 10－2－41

图 10－2－42

（7）选择【注释】选项卡下的【颜色填充】面板中的【颜色填充图例】工具，点击【属性】面板中选择"楼层平面——一层平面—房间图例"，单击【颜色方案】，设置为上述"方案1"，如图10－2－42所示。

（8）在视图中空白处单击鼠标左键，放置图例，在弹出的【选择空间类型和颜色方案】对话框中将"空间类型"设置为"房间"，如图10－2－43所示，点击【确定】完成图例放置。添加图例后的房间效果如图10－2－44所示。

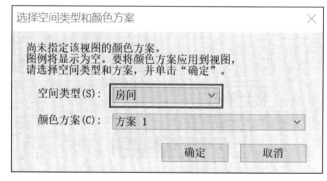

图 10－2－43

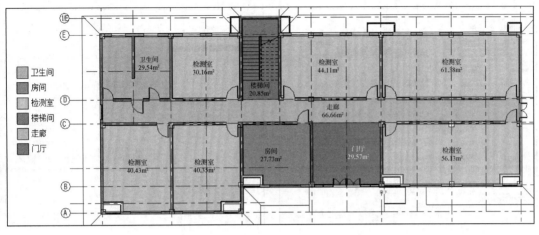

图 10-2-44

2. 创建窗明细表

（1）选择【视图】选项卡→单击【创建】面板→【明细表】下拉列表→【明细表/数量】→在弹出的【新建明细表】对话框的"类别"列表中选择"窗"，在"名称"下面文本框输入"窗明细表"，如图 10-2-45 所示。

（2）单击【确定】，弹出【明细表属性】对话框，在【字段】选项卡下的"可用的字段"下拉列表中，依次将列表中的"类型""高度""宽度""合计"添加到右侧的"明细表字段"中。通过"上移"和"下移"参数按钮，调整"明细表字段"中的字段顺序。如图 10-2-46 所示。

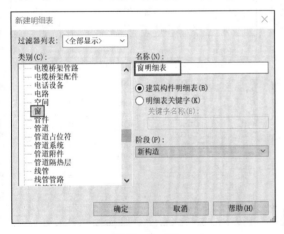

图 10-2-45

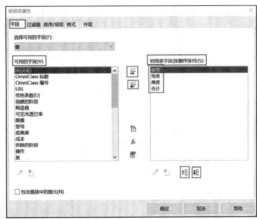

图 10-2-46

（3）单击【排序/成组】选项卡，如图 10-2-47 所示，弹出【明细表属性】对话框，设置"排序方式"为"类型"，排序顺序为"升序"，不勾选"总计"和"逐项列举每个实例"选项。

（4）单击【格式】选项卡→【字段】列表中所有可用字段。单击【类型】字段，在"标题"文本框中修改为"设计编号"，如图 10-2-48 所示。剩余"字段"根据窗明细表所需要的名称一一对应修改。

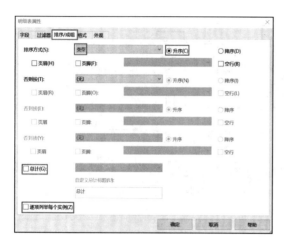

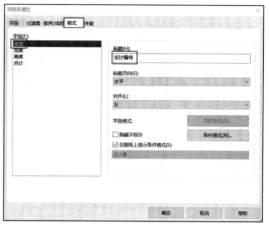

图 10 - 2 - 47　　　　　　　　　　　　图 10 - 2 - 48

（4）单击【外观】选项卡→勾选"网格线"和"轮廓"→设置"网格线"和"轮廓"线型。勾选"显示标题"和"显示页眉"，设置"标题文本""标题""正文"字体为"宋体 5 mm"，如图 10 - 2 - 49 所示。单击【确定】按钮完成明细表属性面板参数设置。

（5）在窗明细表视图中，单击【宽度】并按住鼠标左键移动至"高度"，单击【明细表/数量】选项卡中的"成组"工具，生成新的单元格，单击新的单元格，输入"洞口尺寸"为新的页眉名称，如图 10 - 2 - 50 所示。至此完成窗明细表的编辑。

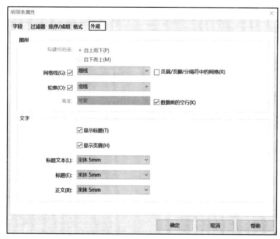

图 10 - 2 - 49

<窗明细表>			
A	**B**	**C**	**D**
	洞口尺寸		
设计编号	宽度	高度	合计
C1	2700	1800	10
C2	1500	1800	18
C3	1500	1500	2
C4	4200	1800	1
C5	1200	2100	2
GC1	1200	900	4
GC2	2700	900	17
百叶风口-角度可变	1100	3300	1
铝合金百叶	1280	3300	6
铝合金百叶 2	1460	3300	2
铝合金百叶 3	1380	3300	2
铝合金百叶 4	700	1000	12
铝合金百叶 5	2400	1000	2
铝合金百叶 6	1200	1000	2
铝合金百叶 7	1400	1000	4

图 10 - 2 - 50

3. 创建楼板材质明细表

（1）单击【视图】选项卡→【明细表】，在下拉列表中单击【材质提取】，如图 10 - 2 - 51 所示，在弹出的【新建材质提取】对话框中单击【类别】下拉列表中的"楼板"。在"名称"下面文本框中输入"楼板材质提取"，如图 10 - 2 - 52 所示。

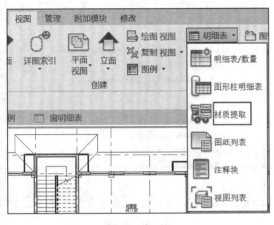

图 10 - 2 - 51

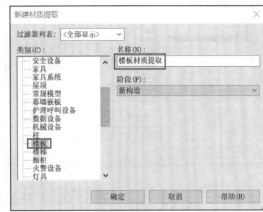

图 10 - 2 - 52

（2）单击【新建材质提取】对话框的【确定】按钮。弹出的【材质提取属性】对话框,在【字段】选项卡下的"可用的字段"下拉列表中,依次将列表中的"族与类型""结构材质""材质:体积"添加到右侧的"明细表字段"中,如图 10 - 2 - 53 所示。

（3）切换到【排序/成组】选项卡,设置按"排序方式"为"族与类型","排序顺序"为"升序",不勾选"总计"和"逐项列举每个实例"选项,如图 10 - 2 - 54 所示。

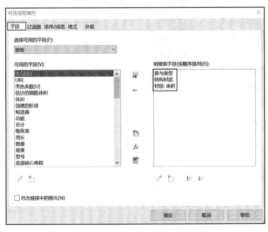

图 10 - 2 - 53

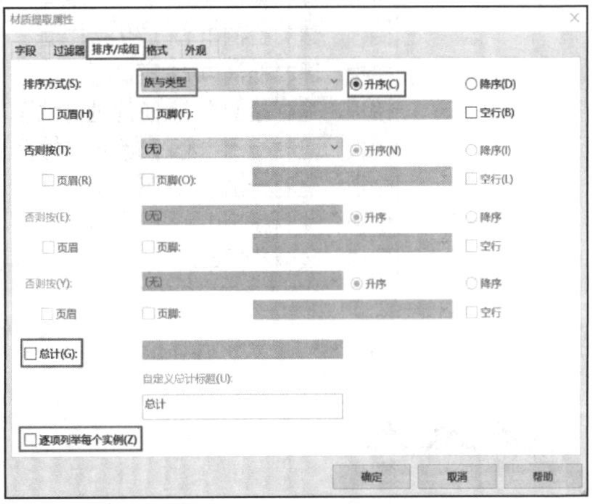

图 10 - 2 - 54

（5）切换至【格式】选项卡,在"字段"列表中单击"材质:体积",选择"计算总数",如图 10 - 2 - 55 所示。切换至【外观】选项卡,勾选"网格线"和设置"网格线"和"轮廓"线型。勾选"显示标题"和"显示页眉",设置"标题文本""标题""正文"字体为"宋体 5 mm",如图 10 - 2 - 56 所示。

（6）单击【确定】按钮,完成【材质提取属性】对话框设置。自动切换至【楼板材质明细表】视图,如图 10 - 2 - 57 所示。

图 10 - 2 - 55

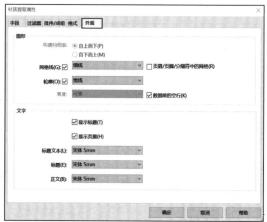

图 10 - 2 - 56

〈楼板材质提取〉		
A	**B**	**C**
族与类型	结构材质	材质：体积
楼板：建材检测中心-室外台阶板	钢筋混凝土	2.12
楼板：建材检测中心-玻化砖地面	C15混凝土	67.83
楼板：建材检测中心-玻化砖楼面	钢筋混凝土	73.25
楼板：建材检测中心-空调板	钢筋混凝土	1.23
楼板：建材检测中心-防滑地砖地面	C15混凝土	6.48
楼板：建材检测中心-防滑地砖楼面	钢筋混凝土	5.94
楼板：建材检测中心-阳台板	钢筋混凝土	0.42
楼板：建材检测中心-雨篷板	钢筋混凝土	0.63
楼板：建材检测中心-雨篷玻璃-13mm	玻璃	0.17

图 10 - 2 - 57

本任务主要介绍了房间及标记、窗明细表、楼板材质提取的创建与编辑方法。需熟练掌握各种参数设置及编辑方法，可以创建房间面积和图例，以及不同图元对象的明细表。

▶ 任务 3　创建图纸 ◀

（1）将"建材检测中心"一层平面图布置在 A0 图纸上，调整至合适大小，如图 10 - 3 - 1

所示。

（2）设置项目信息：① 项目名称：建材检测中心；② 项目地址：广西××市××县。

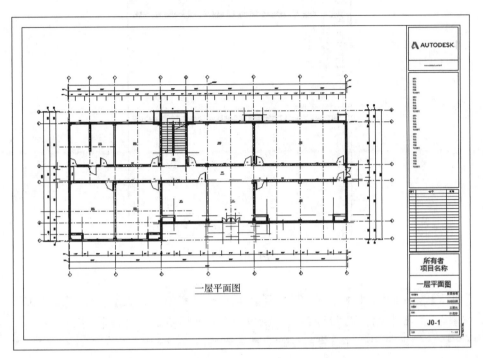

图 10-3-1

　　在建筑设计的过程中，图纸是交给业主或者施工单位的成品资料。在 Revit 中可以将项目中的多个视图或明细表布置在同一个图纸视图中，形成用于打印和发布的施工图纸。本任务主要介绍如何创建图纸、视图排布和编辑、项目信息设置等内容。

案例视频

10.3.1　创建图纸

（1）单击【视图】选项卡→【图纸组合】面板→【图纸】按钮，如 10-3-2 所示。在弹出的【新建图纸】对话框中选择标题栏（图框），如 10-3-3 所示。完成标题栏的选择后单击【确定】按钮，自动切换到图纸视图，完成图纸的新建。

创建图纸

图 10-3-2

图 10 - 3 - 3

【提示】若此时"选择标题栏"下拉列表中无标题栏可选,可通过单击【载入】按钮,在弹出的【载入族】对话框中,找到系统族库文件夹,选择所需的标题栏,如图 10 - 3 - 4 所示,单击【打开】即可把软件自带的标题栏载入到项目中。

(2) 创建图纸视图后,在项目浏览器中"图纸"项下自动增加了图纸"J0-1-未命名",根据制图或出图需要,可将图纸名称重命名,如图 10 - 3 - 5 所示。

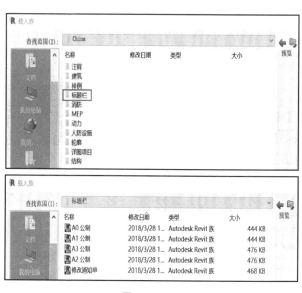

图 10 - 3 - 4

图 10 - 3 - 5

10.3.2　视图排布与编辑

创建图纸后即可在图纸中添加建筑的一个或多个视图,包括楼层平面、场地平面、天花板平面、立面、三维视图、剖面、详图视图、绘图视图、图例视图、渲染视图及明细表视图等。

（1）设置图纸属性:在项目浏览器中双击选中图纸"J0-1-未命名",打开图纸视图,在图纸【属性】面板中,包括了审核者、设计者、图纸编号、图纸名称等实例属性,可以进行编辑修改,如图 10-3-6 所示。例如"图纸名称"修改为"一层平面图",则项目浏览器中图纸变为"J0-1-一层平面图"。

（2）单击选中标题栏(图框),在标题栏【属性】面板中,通过类型属性可以修改标题栏类型,如图 10-3-7 所示。

图 10-3-6

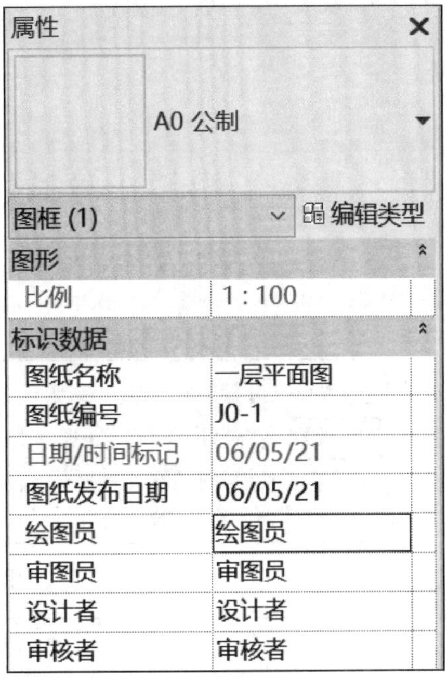

图 10-3-7

（3）放置视图:在"J0-1-一层平面图"图纸视图中,在项目浏览器中左键单击"一层平面"并按住鼠标左键,拖拽楼层平面"一层平面"到"J0-1-一层平面图"图纸视图,放开鼠标左键,将出现"一层平面"视图边框,在合适位置再次单击鼠标左键完成放置,如图 10-3-8 所示。

【提示】另一种放置视图的方法为,在"J0-1-一层平面图"图纸视图中,单击【视图】→【图纸组合】→【视图】按钮,在弹出的【视图】对话框中选择"楼层平面:一层平面"选项,如图 10-3-9 所示,单击【在图纸中添加视图】按钮。所添加的视图在绘图区域以方框显示,单击鼠标左键将"一层平面"视图放置在图框内。

（4）添加图名:选择拖进来的一层平面视图(在图纸中放置的视图成为"视口"),可见视口【属性】中"图纸上的标题"系统默认为视图名称,可根据需要修改,如图 10-3-10 所示。

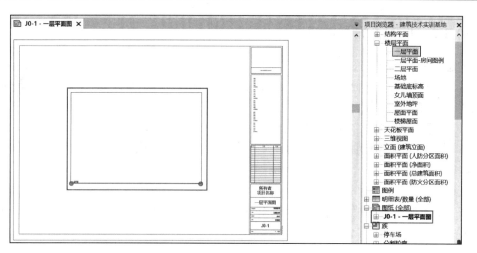

图 10 - 3 - 8

图 10 - 3 - 9

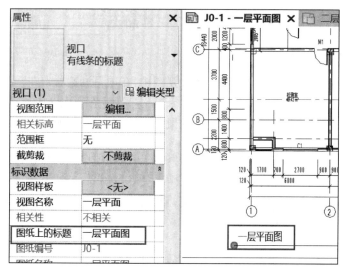

图 10 - 3 - 10

（5）改变图纸比例：如需修改视图比例，可在图纸中选择"一层平面图"并单击【视口】→【激活视图】命令。此时，图纸标题栏灰显，单击绘图区域左下角"视图控制栏"中【1：100】，弹出比例列表，可选择列表中的任意比例值，也可选择"自定义"选项，如图10-3-11 所示。

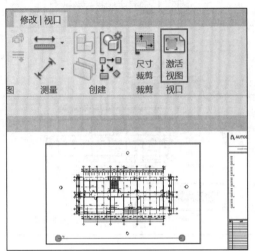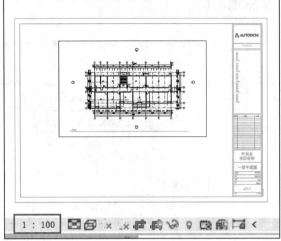

图 10-3-11

【提示】在视口【属性】面板中也可改变图纸比例，如图 10-3-12 所示。

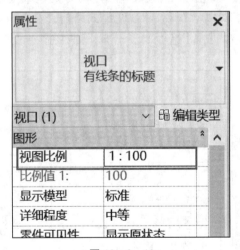

图 10-3-12

（6）裁剪视口区域：在视图激活状态下，单击绘图区域左下角"视图控制栏"中【显示裁剪区域】，单击显示出来的裁剪区域框，通过控制点拖动改变裁剪区域框大小，完成调整后单击【裁剪视图】，再单击【隐藏裁剪区域】，即完成区域调整，如图 10-3-13 所示。

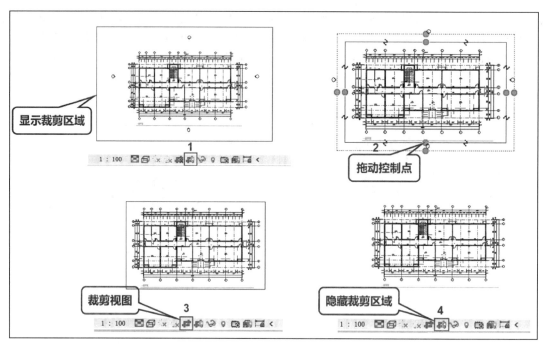

图 10 - 3 - 13

【提示】若想让拖动到图纸中的平面视图中不显示"地形""场地""植物""环境""立面标记"等内容,可在平面视图中单击【属性】面板的【可见性/图形替换】后的【编辑】按钮,如图 10 - 3 - 14 所示,弹出【一层平面的可见性/替换】对话框,在【模型类别】选项卡中取消勾选"地形""场地""植物""环境"选项,使视图中的场地、树、车图元类型在视图中不显示。单击【注释类别】选项卡,对"立面"选项取消勾选,隐藏视图中立面标记。

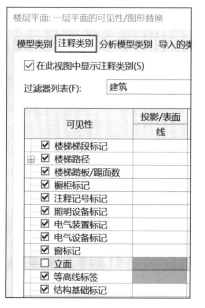

图 10 - 3 - 14

（7）视图修改好后,在空白处双击鼠标左键即可退出"视口激活"状态。若视口位置有问题,可选中将其拖动到图纸内合适位置即可。

打开"建材检测中心—Revit 统计.rvt"文件,另存为"建材检测中心—创建图纸"文件。

1. 创建一层平面图

（1）单击【视图】选项卡→【图纸组合】面板→【图纸】按钮,在弹出的【新建图纸】对话框中选择"A0 公制"标题栏,如 10-3-15 所示。单击【确定】按钮,软件自动切换到"J0-1-未命名"图纸视图。

（2）在图纸【属性】面板中,设置"审核者"为"苏黎","设计者"为"王国兆","审图员"为"许庭春","绘图员"为"王国兆","图纸编号"为"J0-1","图纸名称"为"一层平面图",如图 10-3-16 所示。

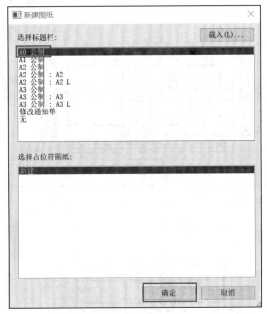

图 10-3-15

图 10-3-16

（3）在"J0-1-一层平面图"图纸视图中,在项目浏览器中左键单击"一层平面"并按住鼠标左键,拖拽楼层平面"一层平面"到"J0-1-一层平面图"图纸视图,放开鼠标左键,将出现"一层平面"视图边框,在合适位置再次单击鼠标左键完成放置,如图 10-3-17 所示。

（4）选择拖进来的一层平面视图,如图 10-3-18 所示,在视口【属性】中设置"图纸上的标题"为"一层平面图"。设置完成后单击视图名称"一层平面图",选择视图名称,单击鼠标左键按住不放,移动鼠标将其移动到合适位置。

（5）选中视口并单击【视口】面板→【激活视图】命令,此时图纸标题栏灰显,单击绘图区域左下角"视图控制栏"中【1：100】,在弹出的比例列表中选择【1：50】,如图 10-3-19 所示。

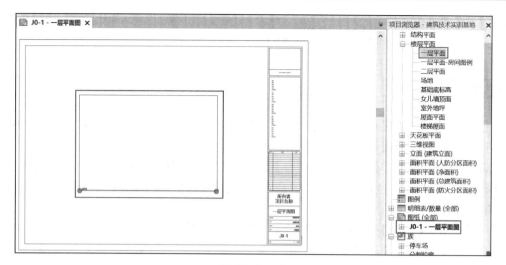

图 10 - 3 - 17

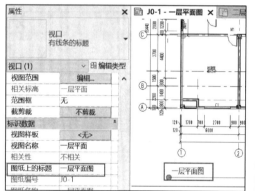

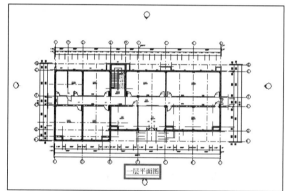

图 10 - 3 - 18

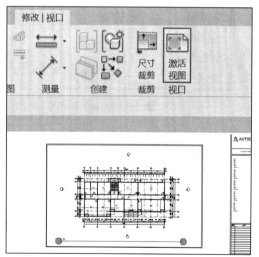

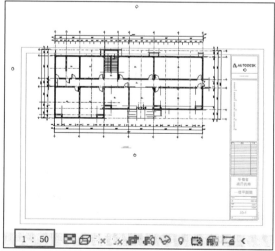

图 10 - 3 - 19

（6）单击绘图区域左下角"视图控制栏"中【显示裁剪区域】，单击显示出来的裁剪区域框，通过控制点拖动改变裁剪区域框大小，将原视口中的东、西、南、北立面图图标框在裁剪区域外，完成调整后单击【裁剪视图】，再单击【隐藏裁剪区域】，即完成区域调整，如图10-3-20所示。

（7）视图修改好后，在空白处双击鼠标左键即可退出"视口激活"状态。再将视口拖动到图纸内合适位置，如图10-3-21所示。

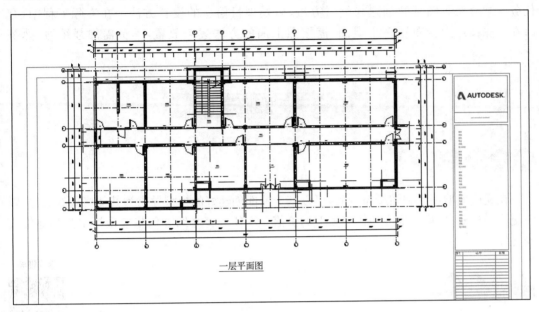

图 10-3-20

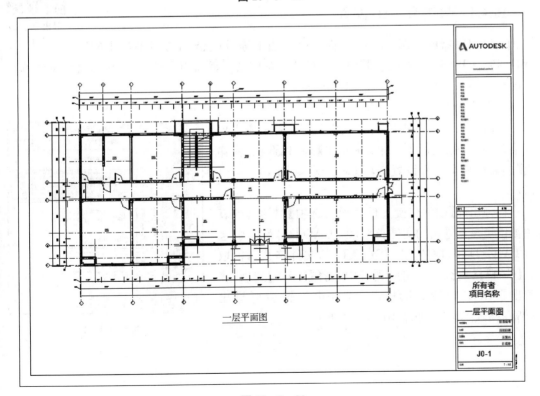

图 10-3-21

工程图纸被称为工程师沟通的"语言"，对于图纸的输出，读者们必须严谨细致。本任务主要介绍了图纸的创建与编辑方法，以及项目信息的设置方法。在实际工程中，有时在一张图纸上会布置多个视图，需按照上面的方法逐个放置，学员需加强练习，熟练掌握。

▶ 任务 4　模型导出 ◀

在完成模型创建和图纸布置后，可以基于前面创建好的模型导出为其他格式的文件，以便交流设计成果，最大限度地体现模型的价值。本任务将介绍如何将模型导出为其他格式的文件。

案例视频

10.4.1　导出为 CAD 文件

项目浏览器的视图（平面、立面、剖面、图纸等）可以导出成 DWG、DXF、DGN 和 ACIS(SAT)格式。其中，DWG 格式的图纸是目前使用较多的，也是目前设计单位不同专业协同设计、指导现场施工的依据。

1. 导出命令

单击应用程序菜单下方的【文件】选项，弹出应用程序菜单列表，在应用程序菜单中单击【导出】选项，将弹出【创建交换文件并设置选项】对话框，如图 10 - 4 - 1 所示。

在弹出的【创建交换文件并设置选项】对话框列表中提供了多种导出的文件类型，以"CAD 格式"为例，包含 DWG、DXF、DGN、ACIS(SAT)的文件格式。拾取到【CAD 格式】，在弹出的列表中选择【DWG】选项，将弹出【DWG 导出】对话框，完成导出设置后可导出 DWG 格式的文件，如图 10 - 4 - 2 所示。

导出为 CAD 文件

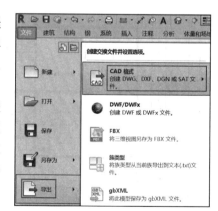

图 10 - 4 - 1

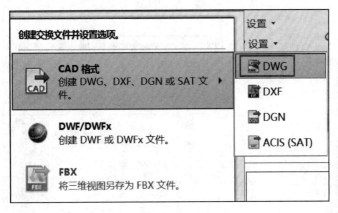

图 10-4-2

2. 导出设置

在 Revit 中没有图层的概念,而 CAD 图纸中图元均有自己所属的图层,在导出时可对图层进行设置。

单击【DWG 导出】对话框中的【选择导出设置】后方的【修改导出设置···】按钮,弹出【修改 DWG/DXF 导出设置】对话框,如图 10-4-3 所示。

在【修改 DWG/DXF 导出设置】对话框中,可通过右下方的按钮新建样式,如图 10-4-4所示。

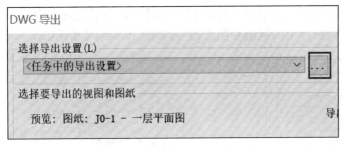

图 10-4-3　　　　　　　　　　　　　图 10-4-4

单击【确定】按钮完成新样式的创建,在选项中可依次对导出的层、线、填充图案、文字和字体、颜色、实体、单位和坐标进行设置,如图 10-4-5 所示。设置完成后单击【确定】按钮后关闭【修改 DWG/DXF 导出设置】对话框,并在 DWG 导出窗口中的"选择导出设置"下拉列表选择刚刚设置的样式作为导出样式,如图 10-4-6 所示。

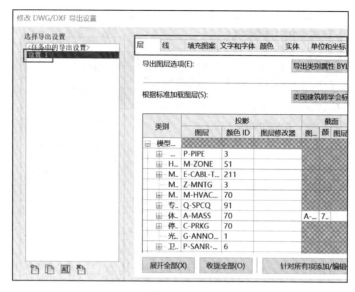

图 10 - 4 - 5

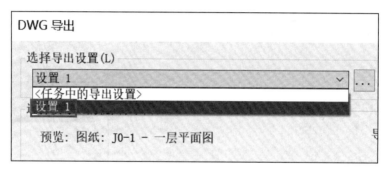

图 10 - 4 - 6

默认情况下,软件会以当前视图作为导出图纸。若想导出其他视图或图纸,可以在【导出】后方的下拉列表中选择"任务重的视图/图纸集",【按列表显示】后方的下拉列表中选择"模型中的所有视图和图纸",勾选需要导出的视图和图纸即可,如图 10 - 4 - 7 所示。

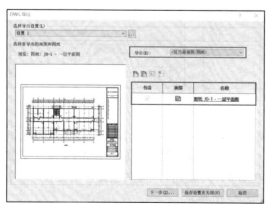
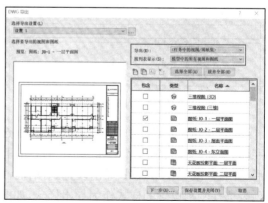

图 10 - 4 - 7

3. 图集设置

为了方便导出后的图纸管理，可以设置图集。单击【DWG 导出】对话框中【新建 📄 】按钮，新建一个图纸集，将其名称命名为"建筑"，如图 10-4-8 所示。在弹出的窗口勾选项目中所有的建筑图纸，包括平面图、立面图、剖面图以及详图等，如图 10-4-9 所示。勾选完成后，单击【下一步】按钮进入【导出 CAD 格式—保存到目标文件文件夹】对话框。

图 10-4-8

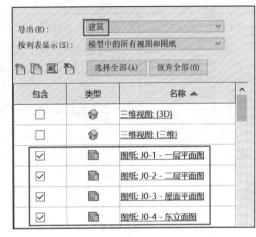

图 10-4-9

在设置保存位置的对话框下方可设置文件保存的位置、CAD 版本、命名方式等息，注意一般不要选择"将图纸上的视图和链接作为外部参照导出"，若勾选时，视图中的链接文件以及图纸中的视图视口将导出为单独的 DWG 文件，并以外部参照的方式链接到直接导出的视图中；如果不勾选，则导出为一个独立文件，如图 10-4-10 所示。

图 10-4-10

【提示】在出图时，经常会将不必要的图元进行隐藏，如果采用的是临时隐藏隔离，在导出时会弹出"临时隐藏/隔离中的导出"提示对话框，如图 10-4-11 所示，在这里，需要选择"将临时隐藏/隔离模式保持为打开状态并导出"，如果选择的不是此项，视图中的隐藏隔离不仅会在导出的图纸中失效，并且会在项目中重新显示出来。

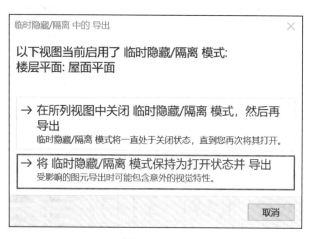

图 10-4-11

10.4.2 导出为其他格式文件

1. 导出 DWF/FBX/IFC 文件

选择左上角的文件【导出】可选择"DWF""FBX"或"IFC"文件格式如图 10-4-12 所示，导出的这些格式可在其他软件中查看或编辑。

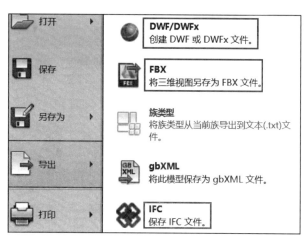

图 10-4-12

（1）DWF 文件：若要归档施工图文档，可以生成 DWF 文件或 PDF 文件，导出到 DWF。例如将图纸集导出到 DWF，以便用图纸保存项目信息。

（2）FBX 文件：可将 Revit 项目中的三维视图导出为 FBX 文件，并将该文件导入到 3ds

Max 中。然后在 3ds Max 中，可以为设计创建复杂的渲染效果，与客户分享。

（3）IFC 文件：IFC 是国际通用的 BIM 标准格式，将项目保存为 IFC 文件，可用于经过 IFC 认证且不使用 RVT 文件格式的应用程序。

导出的文件在编辑或查看的过程中，需要明确与之前的模型构件相比是否有构件的缺失。比如能够通过 Revit 导出 IFC 文件，在其他设计或分析软件中打开并编辑，并且其他软件能够通过构件的信息进行"再生"，这样就不怕构件的缺失。反之有时在 Revit 导出的 IFC 文件会造成构件的缺失，原因是软件之间族可能不同，Revit 无法识别其他软件的构建类型。

2. 导出动画与图像

导出动画首先要制作漫游动画，而导出图像首先应制作图像，也就是导出"渲染"的场景并制作成的图像。

在应用程序菜单下方单击【文件】，选择【导出】，拾取到【图像和动画】，在弹出的列表中选择【漫游】/【图像】选项，如图 10-4-13 所示。

图 10-4-13

（1）选择导出【漫游】，将弹出【长度/格式】对话框，可对导出的帧、导出视觉样式、分辨率大小进行设置，如图 10-4-14 所示。

（2）选择导出【图像】，将弹出【导出图像】对话框，可对导出范围、图像尺寸、格式等进行设置，如图 10-4-15 所示。

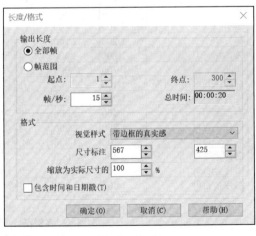

图 10-4-14

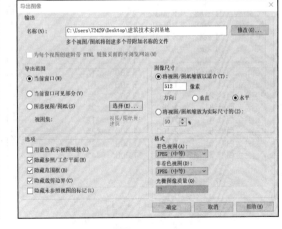

图 10-4-15

【提示】导出视觉样式影响到导出视频的显示效果，越真实效果越好。帧数影响视频的流畅度，帧数越多越流畅，视频质量越高，渲染的时间也越长。

3. 导出明细表

明细表有两种导出方式，一种是将明细表拖拽至图纸中，和图纸一起导出为 DWG 格式或打印为 PDF 格式；另一种是通过应用程序菜单中的"导出报告"功能进行导出。

第一种导出方式可参照图纸导出的内容。本小节以窗明细表为例，介绍报告导出的方法。

在窗明细表视图中，单击左上角的【文件】，选择【导出】，在弹出的列表中选择【报告】选项，如图 10-4-16 所示。

图 10-4-16

【提示】导出明细表时需打开明细表，否则在导出明细表时会显示灰色无法导出，需新建或复制一个新的明细表类型。

Revit 导出的明细表为"txt"文本格式，如图 10-4-17 所示，可将文本复制到 EXCel 表格中，转换为表格形式，如图 10-4-18 所示。

图 10-4-17

窗明细表			
设计编号	洞口尺寸		合计
	宽度	高度	
C1	2 700	1 800	10
C2	1 500	1 800	18
C3	1 500	1 500	2
C4	4 200	1 800	1
C5	1 200	2 100	2
GC1	1 200	900	4
GC2	2 700	900	17
百叶风口-角度可变	1 100	3 300	1
铝合金百叶	1 280	3 300	6
铝合金百叶 2	1 460	3 300	2
铝合金百叶 3	1 380	3 300	2
铝合金百叶 4	700	1 000	12
铝合金百叶 5	2 400	1 000	2
铝合金百叶 6	1 200	1 000	2
铝合金百叶 7	1 400	1 000	4

图 10-4-18

案例视频

10.4.3　图纸打印

Revit 项目浏览器中的图纸和视图可以通过打印机打印出来，在打印之前需要将打印机与计算机连接和设置好。

图纸打印

单击应用程序菜单【打印】选项，弹出"打印"对话框，如图 10-4-19 所示。在对话框中可以选择打印机，设置保存位置，设置打印范围等。

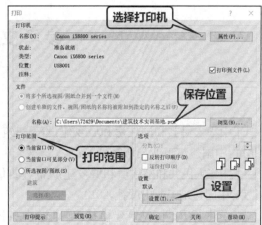

图 10-4-19

单击"设置"栏的【设置】按钮，弹出【打印设置】对话框，如图 10-4-20 所示，可以对打印纸张的尺寸、方向、页面的位置、缩放比例、打印效果进行设置。

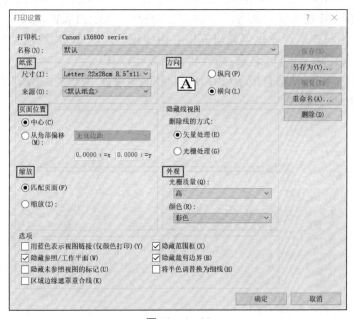

图 10-4-20

本任务主要介绍了 CAD/DWF/FBX/IFC 格式文件，以及导出动画和图形，导出明细表的方法。同时也介绍了图纸打印的步骤。读者们需牢记，能够导出和查看对于 BIM 来说不是首要的，能够明确构件的信息才是 BIM 的所需。

参考文献

［1］中华人民共和国住房和城乡建设部.建筑信息模型施工应用标准:GB/T51235－2017［S].北京:中国建筑工业出版社,2017.

［2］中华人民共和国住房和城乡建设部.建筑信息模型分类和编码标准:GB/T51269－2017［S].北京:中国建筑工业出版社,2018.

［3］汤建新.Revit 建筑建模技术［M].北京:机械工业出版社,2018.

［4］高华.BIM 应用教程:Revit Architecture 2016［M].湖北:华中科技大学出版社,2018.

［5］孙仲健.BIM 技术应用-Revit 建模基础［M].北京:清华大学出版社,2018.

［6］王鑫.建筑信息模型(BIM)建模技术［M].北京:中国建筑工业出版社,2018.

［7］孙庆霞.BIM 技术应用实务［M].北京:北京理工大学出版社,2018.

［8］廊坊市中科建筑产业化创新研究中心组织编写."1＋X"建筑信息模型(BIM)职业技能等级证书－教师手册［M].北京:高等教育出版社,2019.

［9］陈瑜."1＋X"建筑信息模型(BIM)职业技能等级证书－学生手册(初级)［M].北京:高等教育出版社,2019.